新学習指導要領対応

学校でも、家庭でも
教科書レベルの力がつく！
理科
小学6年生
習熟プリント
西川典克
藤原拓也
著

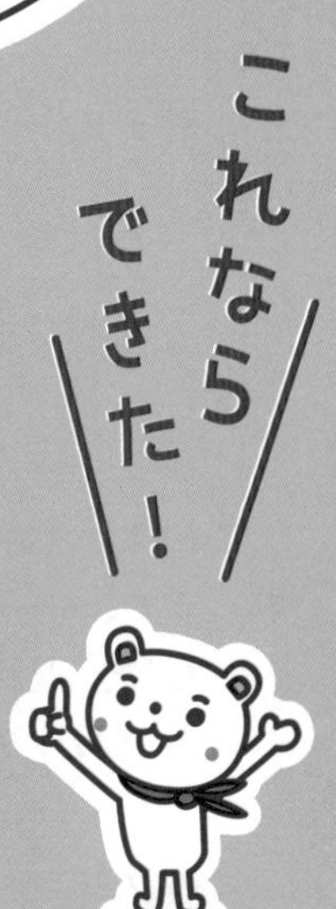
これなら
できた！

清風堂書店

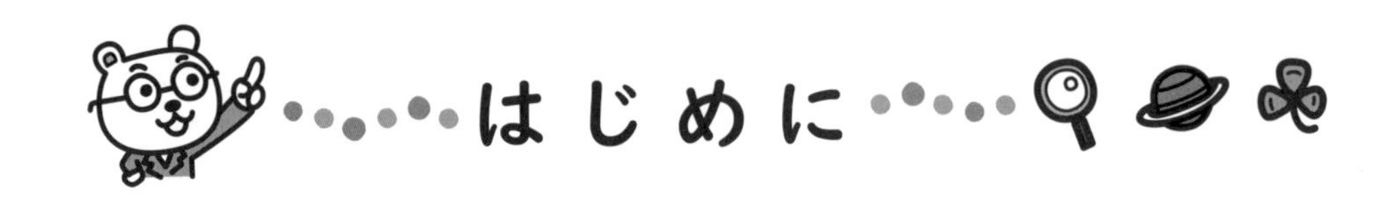

本書は、学校や家庭で長年にわたり支持され、版を重ねてまいりました。その中で貫き通してきた特長が

○ 通常のステップよりも、さらに細かくして理解しやすくする
○ 大切なところは、くり返し練習して習熟できるようにする
○ 教科書レベルの力がどの子にも身につくようにする

です。新学習指導要領の改訂にしたがい、その内容にそってつくっていますが、さらにつけ加えた特長としては

○ 読みやすさ、わかりやすさを考えて、「太めの手書き文字」を使用する
○ 学校などでコピーしたときに「ページ番号」が消えて見えなくする
○ 解答は本文を縮小し、その上に赤で表し、別冊の小冊子にする

などです。これらの特長を生かし、十分に活用していただけると思います。

さて、理科習熟プリントは、それぞれの内容を「イメージマップ」「習熟プリント」「まとめテスト」の３つで構成されています。

イメージマップ	各単元のポイントとなる内容を図や表を使いまとめました。内容全体が見渡せ、イメージできるようにすることはとても大切です。重要語句のなぞり書きや色ぬりで世界に1つしかないオリジナル理科ノートをつくりましょう。
習熟プリント	実験や観察などの基本的な内容を、順を追ってわかりやすく組み立ててあります。 基本的なことがらや考え方・解き方が自然と身につくよう編集してあります。順を追って、進めることで確かな基礎学力が身につきます。
まとめテスト	習熟プリントのおさらいの問題を２～４回つけました。100点満点で評価できます。 各単元の内容が理解できているかを確認します。わかるからできるへと進むために、理科の考えを表現する問題として記述式の問題（★印）を一部取り入れました。

このような構成内容となっていますので、授業前の予習や授業後の復習に適しています。また、ある単元の内容を短時間で整理するときなども効果を発揮します。

さらに、理科ゲームとして、取り組むことのできる内容も追加しました。遊びながら学ぶ機会があってもよいのではと思います。

このプリント集が、多くの子どもたちに活用され、「わかる」から「できる」へと自ら進んで学習できることを祈ります。

目　次

ものの燃え方…………4
空気のはたらき
酸素と二酸化炭素
まとめテスト

ヒトや動物の体…………20
呼吸のはたらき
消化と吸収
心臓と血液
まとめテスト

植物のつくり…………38
植物と水
植物と空気
植物と養分
まとめテスト

水よう液の性質…………54
水よう液の仲間分け
とけているもの
水よう液と金属
まとめテスト

月と太陽…………70
太陽の見え方
月の形の見え方
月と太陽のようす
まとめテスト

大地のつくりと変化…………90
水のはたらきと地層
たい積岩と火成岩
大地の変化
火山と地しん
まとめテスト

生物とかん境…………110
食べ物のつながり
水のじゅんかん
空気のじゅんかん
私たちの暮らし
まとめテスト

電気の利用…………130
電気をつくる・ためる
発電と電気の利用
まとめテスト

てこのはたらき…………150
てこの３つの点
てこのつりあい
てこを使った道具
まとめテスト

理科ゲーム…………170
クロスワードクイズ
答えは、どっち？
まちがいを直せ！

ものの燃え方

ものの燃え方と空気の成分

ものが燃え続けるには、新しい空気が必要

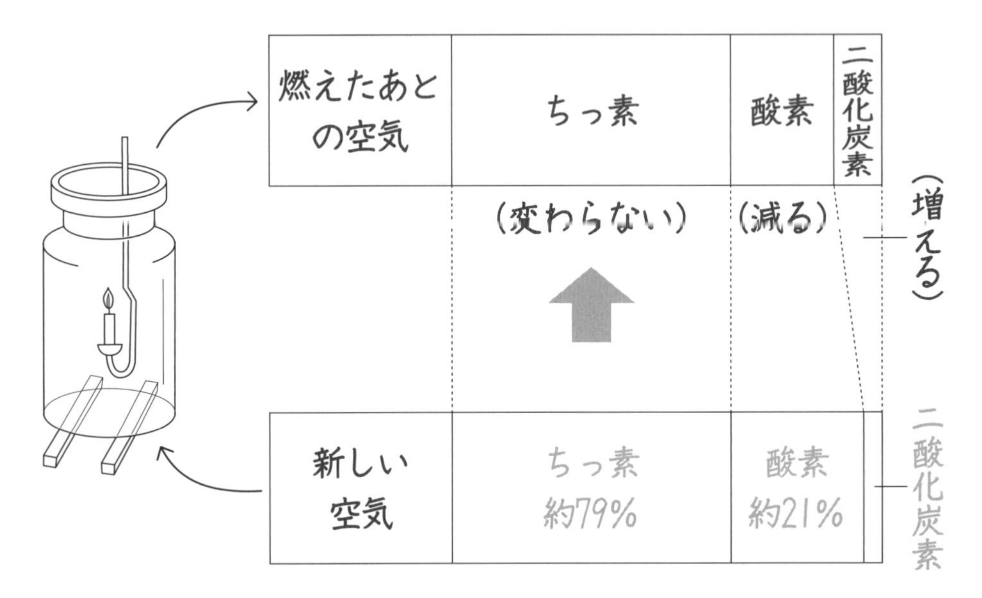

酸素のはたらき

ものを燃やすはたらき

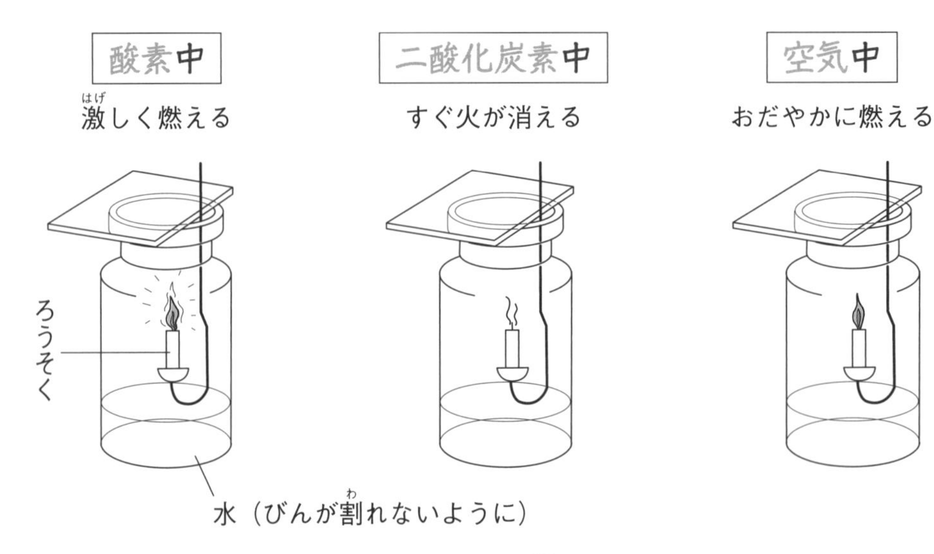

月　　日　名前

二酸化炭素のはたらき

石灰水（せっかいすい）を白くにごらせる
ものを燃やすはたらきはない

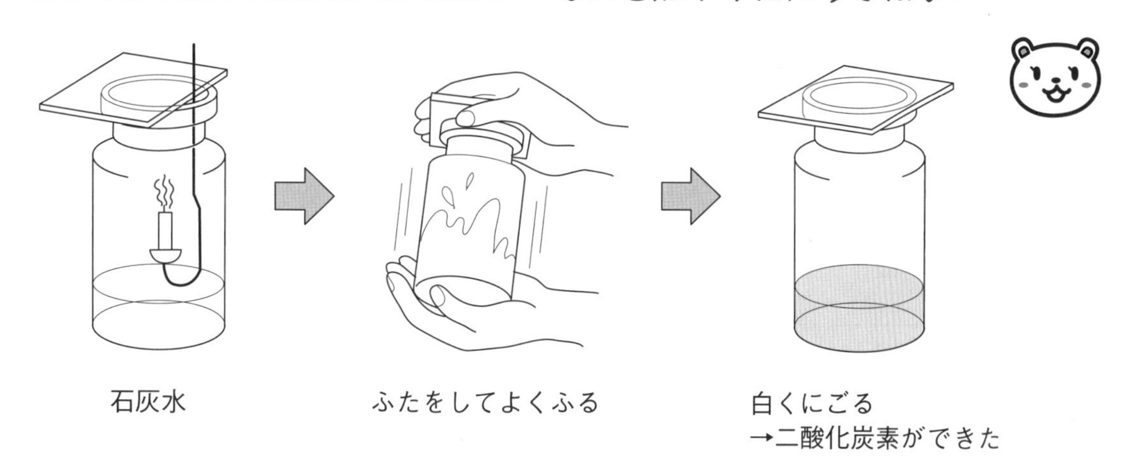

気体検知管の使い方

二酸化炭素用検知管（0.03～1％用）

酸素用検知管（6～24％用）

酸素用検知管は、熱くなるので、ゴムのカバーを持つ

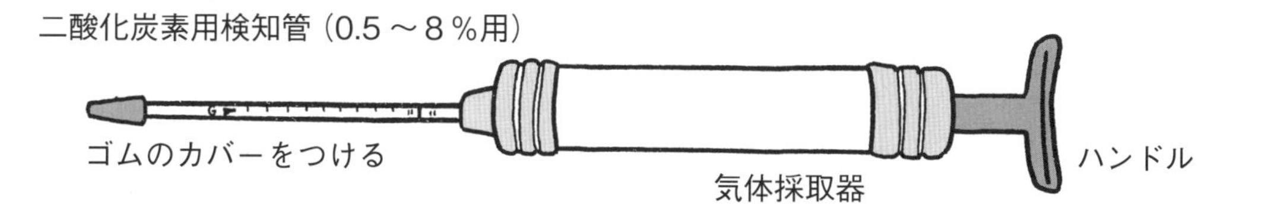

① 気体検知管の両はしを折り、ゴムのカバーをつける
② 気体採取器にとりつける
③ ハンドルを引き、気体検知管にとりこむ
④ 決められた時間後、目もりを読む

ものの燃え方 ①

空気のはたらき

1 びんの中でろうそくを燃やしたときの燃え方を調べました。次の(　　)にあてはまる言葉を□から選んでかきましょう。

(1) びんにふたをかぶせます。

びんの中の空気は、入れ(①　　　　　)ので、ろうそくの火は(②　　　　)。

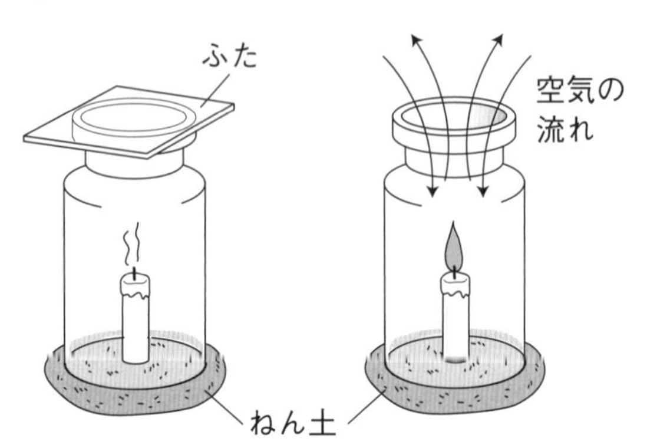

かわらない　　消えます

(2) ふたをしないとき、びんの中の空気は、入れ(①　　　　)ので、ろうそくの火は(②　　　　　　)。びんの中でろうそくの火が燃え続けるには、新しい(③　　　　)が必要です。

空気　　かわる　　燃え続けます

(3) 図のように、下のすき間に、火のついた線こうを近づけると、線こうのけむりが(①　　　　)から吸(す)いこまれ、そして(②　　　　　)から出ていきます。

けむりの動きから、すき間から空気が(③　　　　)、びんの口から(④　　　　)ことがわかります。

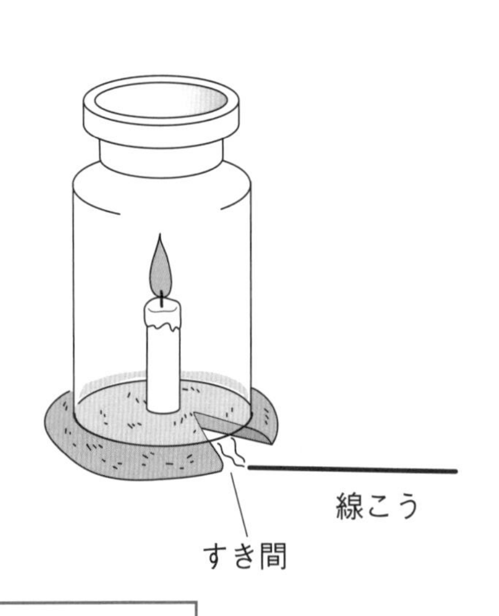

入り　　出る　　すき間　　びんの口

月　　日 名前

びんの中でろうそくが燃えるとき、空気中の酸素が使われて、燃えたあとは二酸化炭素が発生します。

2 次の(　　)にあてはまる言葉を□から選んでかきましょう。

燃やす前の空気には、約79％の(①　　　)と約21％の(②　　　)、わずかな(③　　　)などがあります。ろうそくが燃えると、空気中の(④　　　)が、使われて(⑤　　　)ができます。

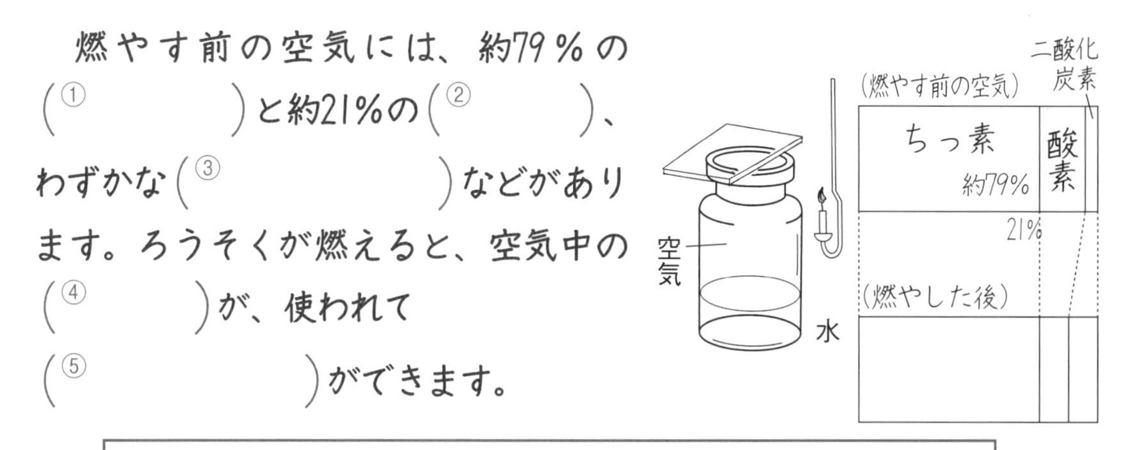

酸素　　二酸化炭素　　ちっ素　　◉2回使う言葉もあります。

3 次の(　　)にあてはまる言葉を□から選んでかきましょう。

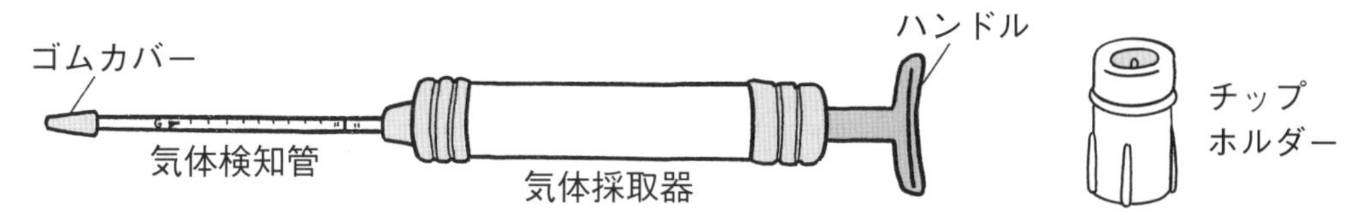

(1) (①　　　)を使うと、空気中にふくまれる酸素や(②　　　)の(③　　　)を調べることができます。

二酸化炭素　　割合(わりあい)　　気体検知管

(2) 気体検知管の(①　　　)をチップホルダーで折り、ゴムカバーをつけます。そして(②　　　)に取りつけ、ハンドルを引いて、気体を取りこみます。決められた時間後、色が(③　　　)ところの目もりを読みます。

気体採取器　　変わった　　両はし

もののの燃え方 ②

空気のはたらき

1 次の(　　)にあてはまる言葉を□から選んでかきましょう。

(1) 火が消えるまで集気びんの中でろうそくを燃やしました。新しい火のついたろうそくを入れると、火は(①　　　　)しまいます。

このことから、ろうそくを燃やす前とあとでは、空気に(②　　　　)があることがわかります。空気のちがいは、(③　　　　)や(④　　　　)を使って調べます。

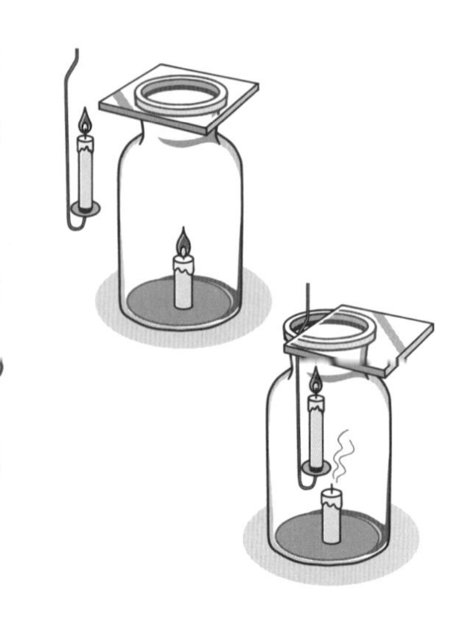

ちがい	石灰水(せっかいすい)	気体検知管	消えて

(2) 燃える前の空気に、石灰水を入れると(①　　　　)でした。

燃えたあとの空気に石灰水を入れると(②　　　　)ました。このことから、燃えたあとの空気には(③　　　　)が多くふくまれていることがわかります。

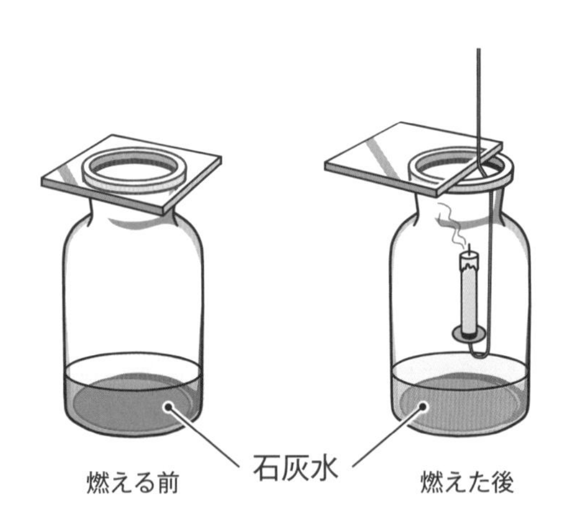

白くにごり	二酸化炭素	変化しません

月　　日 名前

燃えたあとの空気を石灰水を使って調べます。酸素と二酸化炭素の量の変化を学びます。

2 次の(　　)にあてはまる言葉を［　］から選んでかきましょう。

(1) 燃える前の空気と、燃えたあとの空気を(①　　　　　　)を使って調べました。

燃える前の空気の酸素は約(②　　　　)ふくまれていましたが、燃えたあとは約(③　　　　)で、酸素の割合は(④　　　　)なりました。

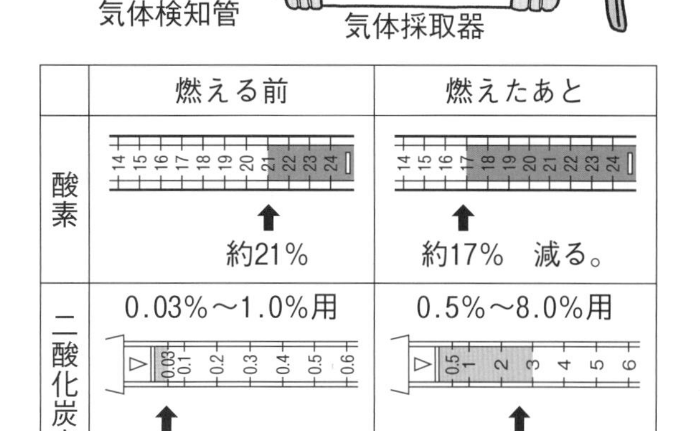

気体検知管	小さく	21%	17%

(2) 燃える前の空気には、二酸化炭素は、ほとんど(①　　　　　　)が、燃えたあとの空気では、約(②　　　　)で、二酸化炭素の割合は(③　　　　)なりました。

ありません	3%	大きく

(3) このことから、ものが燃えるときには、空気中の(①　　　　)の一部が使われて、(②　　　　　　)ができることがわかります。

酸素	二酸化炭素

ものの燃え方 ③

酸素と二酸化炭素

1 次の(　　)にあてはまる言葉を□から選んでかきましょう。

(1) 酸素を集めたびんの中に火のついたろうそくを入れました。ろうそくは、空気中で燃やすよりも(①　　　　)燃えました。

燃やしたあとのびんに(②　　　　　)を入れてふると、(③　　　　)にごりました。それは、燃えることによって(④　　　　　　)ができたからです。

激しく(はげ)	白く	二酸化炭素	石灰水(せっかいすい)

(2) このように、空気中の(①　　　　)は、ものを(②　　　　　)はたらきがあります。(③　　　　　)や木炭などを燃やすときも、酸素が使われて、(④　　　　　　)ができます。

燃やす	酸素	二酸化炭素	線こう

(3) 二酸化炭素を集めたびんの中に火のついたろうそくを入れました。

すると、ろうそくの火はすぐに(①　　　　)ました。(②　　　　　　)には、ものを燃やすはたらきは(③　　　　　　)。

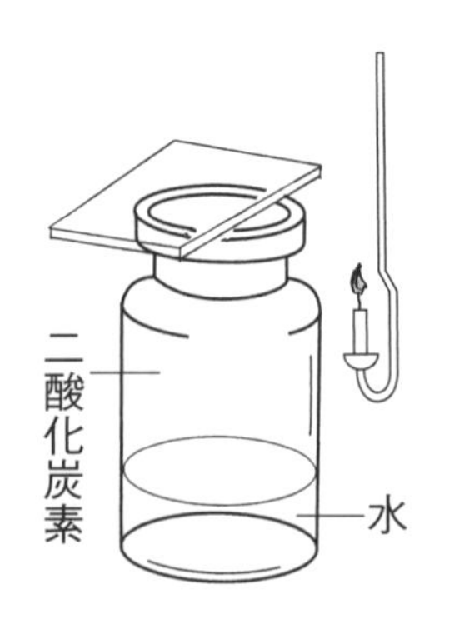

二酸化炭素	ありません	消え

月　　日 名前

びん中に酸素や二酸化炭素を入れて燃え方を調べます。

2 びんの中にいろいろな気体を集め、火のついたろうそくを入れました。ろうそくのようすで正しいものを線で結びましょう。

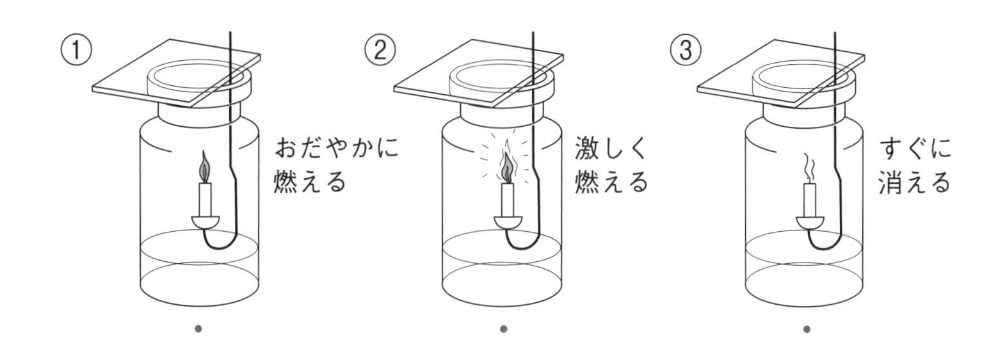

㋐ 酸素　　㋑ 二酸化炭素　　㋒ 空気

3 次の（　　）にあてはまる言葉を□から選んでかきましょう。

酸素を入れたびんの中に熱したスチールウール（鉄の細い線）を入れました。すると（①　　　）を出して激しく燃え、そのあとに黒いかたまりができました。

燃えたあとのびんに石灰水を入れてよくふりました。びんの中の石灰水は（②　　　　　）でした。

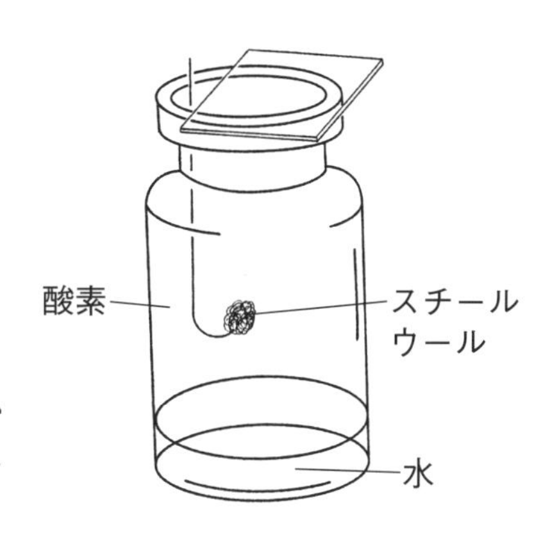

これは鉄を燃やしても（③　　　　　）はできないことを示しています。

火花　　白くにごりません　　二酸化炭素

まとめテスト

ものの燃え方

1 ねん土に火のついたろうそくを立て、底のないびんをかぶせました。あとの問いに答えましょう。（各５点）

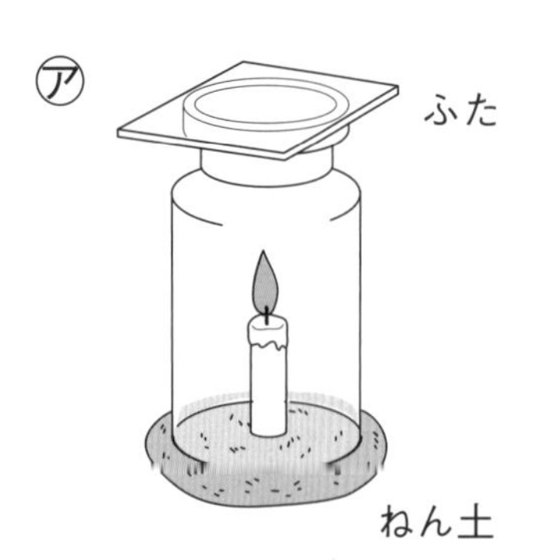

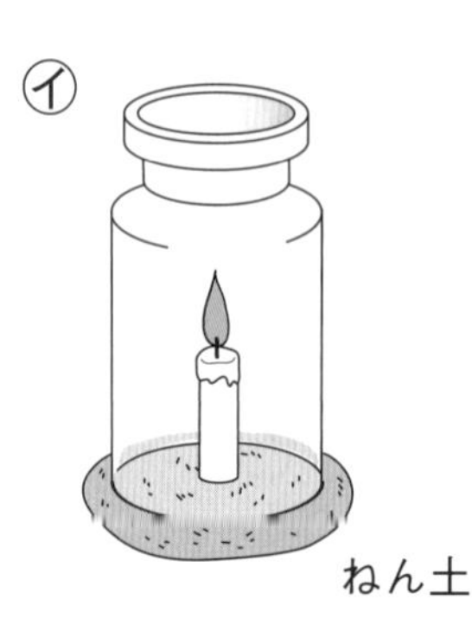

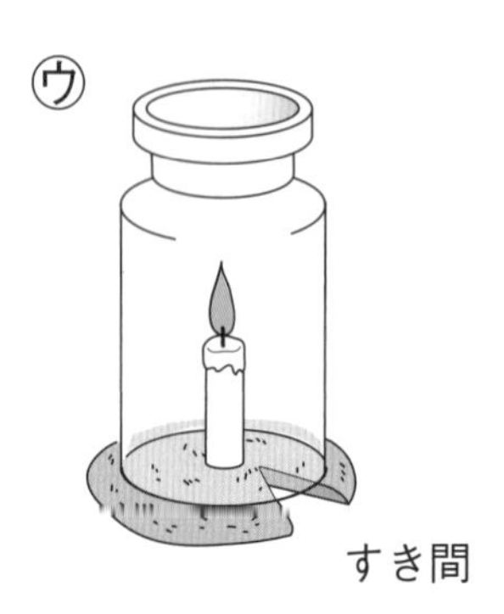

(1) ㋐～㋒の中で、ろうそくが一番よく燃えるものを選びましょう。

（　　）

(2) ㋒の下のすき間に、線こうのけむりを近づけるとどうなりますか。右の図にけむりのようすをかきましょう。

2 気体検知管を使ってろうそくが燃える前と燃えたあとの酸素の割合（わりあい）を調べました。（各10点）

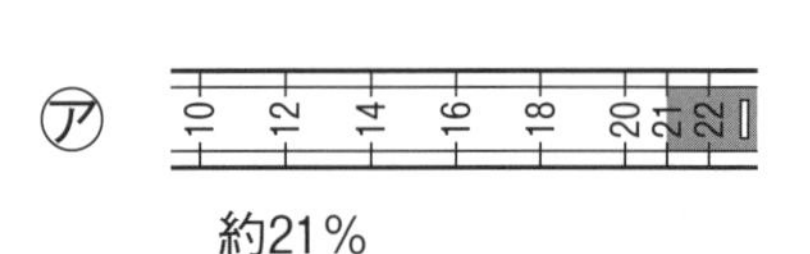

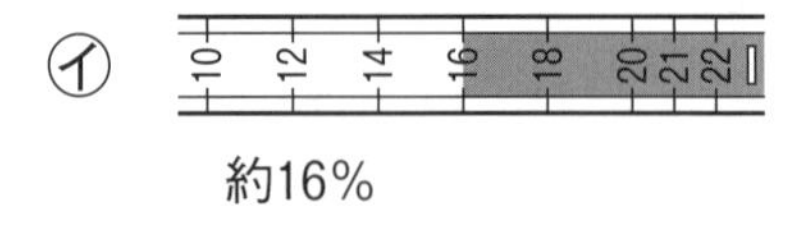

(1) 燃える前の酸素の割合を表しているのは㋐、㋑のどちらですか。

（　　）

(2) ろうそくが燃えるとき、使われて減る気体は何ですか。

（　　　　　）

(3) ろうそくが燃えるとき、できて増える気体は何ですか。

（　　　　　）

月　日 名前　／100点

3　次のグラフは、空気の成分を表しています。ちっ素、酸素はそれぞれ約何％ですか。（各10点）

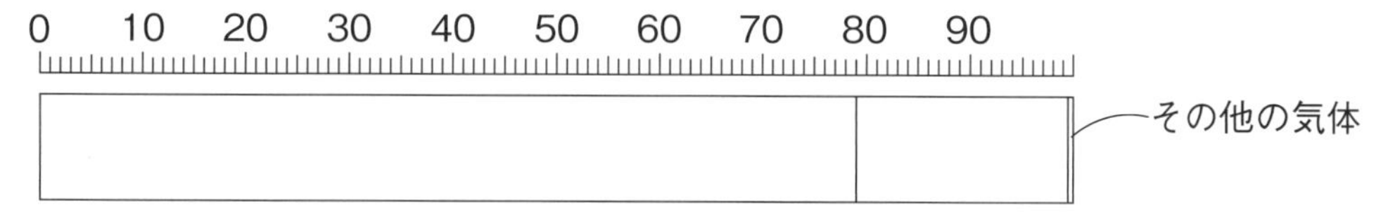

ちっ素 約（　　％）、酸素 約（　　％）、その他の気体 約0.03％

4　次の㋐～㋒のびんの中には、空気、酸素、二酸化炭素のいずれかが入っています。次の問いに答えましょう。（１つ８点）

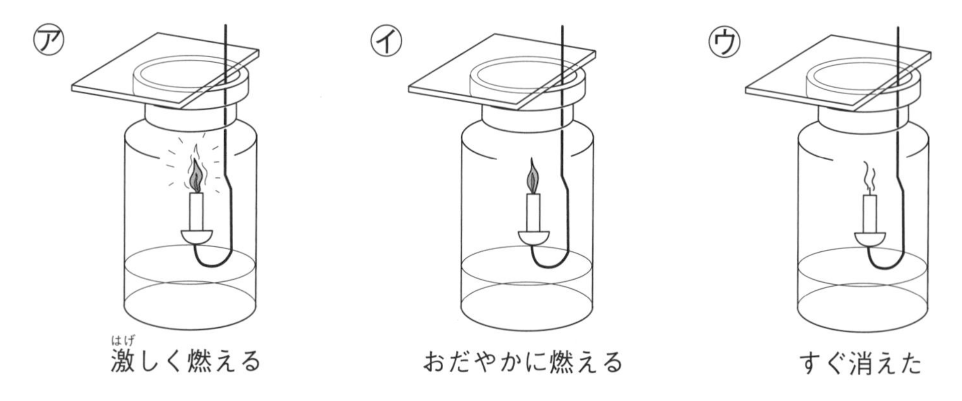

(1)　㋐～㋒のびんに、火のついたろうそくを入れると、上のようになりました。それぞれのびんに入った気体は何ですか。

㋐（　　）　㋑（　　）　㋒（　　）

(2)　㋑のろうそくの火が消えたあと、石灰水（せっかいすい）を入れてよくふると、石灰水はどうなりますか。（　　）

(3)　(2)の実験から、何ができたことがわかりますか。

（　　）

まとめテスト

ものの燃え方

1 図のように、３つの空きかんにわりばしを入れ、どれがよく燃えるか調べます。（１つ10点）

㋐

㋑

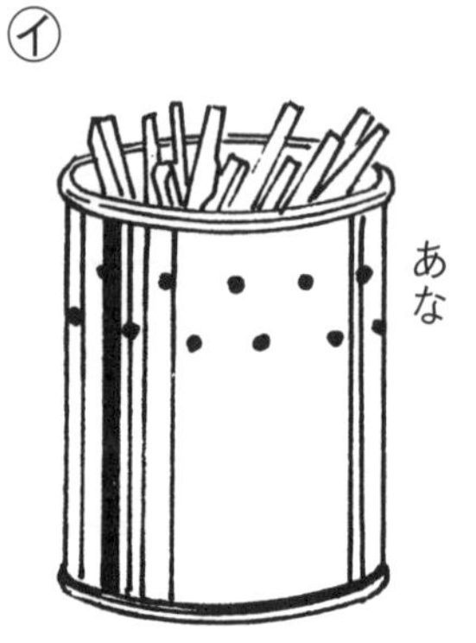

㋒

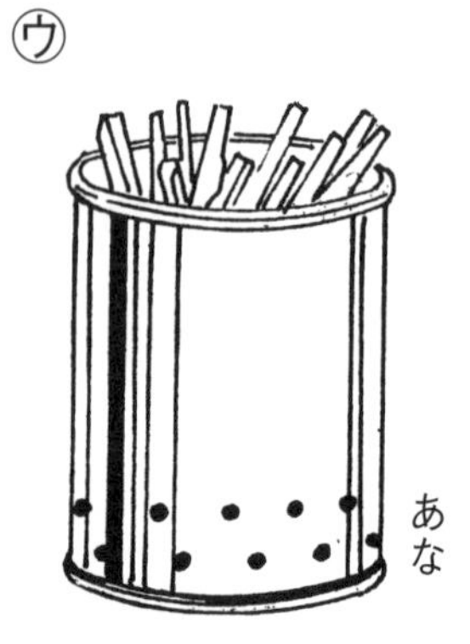

⑴ 次の(　　)にあてはまる言葉を□から選んでかきましょう。

同じ大きさの空きかん、同じ本数のわりばしを用意するのは、条件を(①　　　　)して比べたいからです。ちがっているのは、空きかんに(②　　　　)があるか、ないか、また（②）の位置によって燃え方のちがいを比べたいからです。

同じに　　あな

⑵ ㋐～㋒のうちで、わりばしが一番よく燃えたのはどれですか。

(　　　)

⑶ ⑵の理由として、正しいもの１つを選びましょう。(　　　)

① かんにあながない方がよく燃えます。

② 空気の入るあなが下にある方がよく燃えます。

③ 空気の入るあなが上にある方がよく燃えます。

月　　　日　名前　　　　　　　　　　　　　/100点

2 次の(　　)にあてはまる言葉を□から選んでかきましょう。
（各５点）

空気中には、その体積の約21%の酸素がふくまれていて、残りのほとんどをしめる気体は(①　　　　)です。

(①)の中では、線こうやろうそくは、(②　　　　　　)。

線こうやろうそくを燃やすと、空気中の(③　　　)が使われて、(④　　　　　)ができます。できた(④)の中では、線こうやろうそくは(⑤　　　　　　)。

また、この気体は(⑥　　　　)にまぜると白くにごらせる性質があります。

石灰水（せっかいすい）	酸素	ちっ素	二酸化炭素
燃えません	燃えません		

3 気体についてかかれた次の文のうち、酸素だけにあてはまるものには㋚、二酸化炭素だけにあてはまるものには㋥、両方にあてはまるものには○、両方にあてはまらないものには×をかきましょう。　（各５点）

① (　　) ものが燃えるのを助ける性質があります。

② (　　) 色もにおいもない気体です。

③ (　　) 石灰水を白くにごらせます。

④ (　　) ろうそくなどが燃えるとできる気体です。

⑤ (　　) 空気中に約79%ふくまれています。

⑥ (　　) 空気中に約21%ふくまれています。

まとめテスト

ものの燃え方

1 酸素や二酸化炭素の量を調べるものに気体検知管があります。

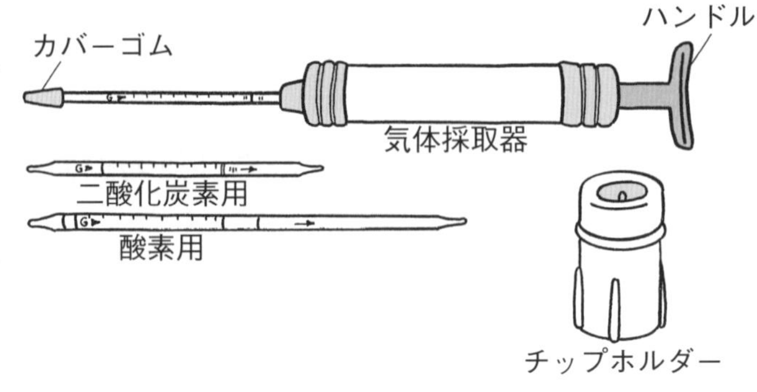

(1) 気体検知管の正しい使い方になるよう㋐～㋓を並(なら)べましょう。

（1つ5点）

㋐ 決められた時間がたってから、目もりを読み取ります。

㋑ 気体検知管を矢印の向き（⇨）に、気体採取器に取りつけます。

㋒ 気体検知管の両はしを折り、Gマーク側にゴムカバーをつけます。

㋓ 気体採取器のハンドルを引いて、気体検知管に気体を取りこみます。

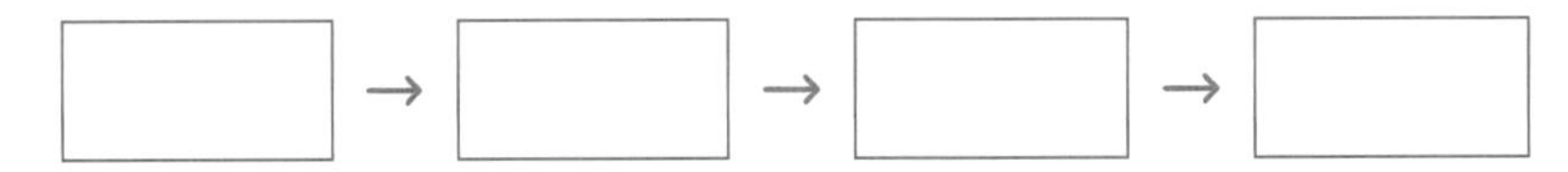

(2) 気体検知管を使って、ろうそくが燃えたあとの空気を調べました。次の(　　)にあてはまる数をかきましょう。（1つ10点）

酸素用の検知管から、酸素は(① 　　)%に減っていました。

また、二酸化炭素用の検知管から二酸化炭素は(② 　　)%に増えていました。

月　　日 名前　　　　/100点

2 酸素、二酸化炭素、ちっ素のいずれかが入ったびん①、②、③があります。

次の実験の結果からそれぞれの気体の名前を答えましょう。

（１つ10点）

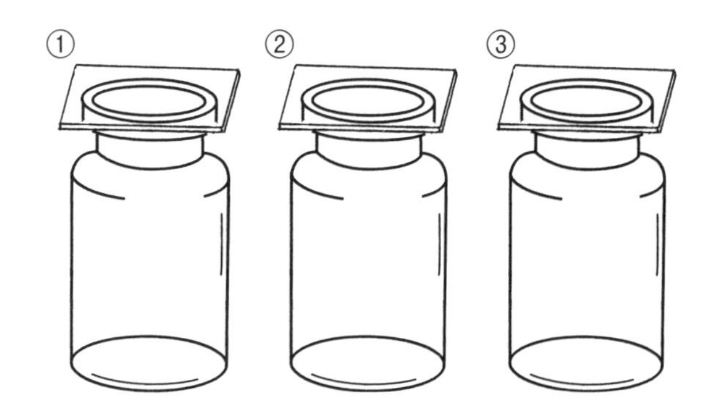

（実験１）火のついたろうそくをそれぞれのびんの中に入れました。
①、②はすぐに火が消え、③は明るくかがやいて燃えました。

（実験２）実験１のあとびんの中に石灰水（せっかいすい）を入れてよくふりました。
①、③は白くにごり、②は変化しませんでした。

①（　　　　）　②（　　　　）　③（　　　　）

3 酸素を集めたびんの中で、㋐線こう　㋑木炭　㋒スチールウールを燃やす実験をしました。

（１つ５点）

(1) それぞれどのようになりましたか。その結果を次の①～③から選びましょう。

① 激（はげ）しく燃えた　② 消えた　③ 火花をとばして燃えた

㋐（　　　　）　㋑（　　　　）　㋒（　　　　）

(3) ㋐～㋒の実験のあとに、それぞれのびんに石灰水を入れてまぜました。その結果を次の①、②から選びましょう。

① 白くにごる　② 変化しない

㋐（　　　　）　㋑（　　　　）　㋒（　　　　）

まとめテスト

ものの燃え方

1 次のグラフは、ろうそくを燃やす前の空気の成分と、燃やしたあとの空気の成分を表したものです。

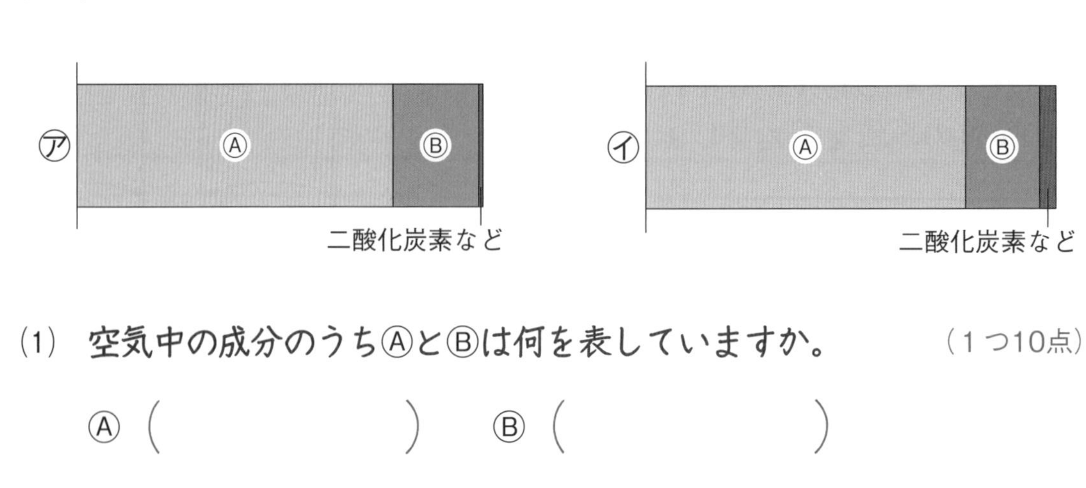

(1) 空気中の成分のうちⒶとⒷは何を表していますか。（1つ10点）

Ⓐ（　　　　　　）　Ⓑ（　　　　　　）

(2) ろうそくを燃やしたあとの空気の成分を表したグラフは㋐、㋑のどちらですか。（10点）

（　　）

★(3) (2)のように考えられる理由をかきましょう。（20点）

［　　　　　　　　　　　　　　　　　　］

月　　日　名前　　　　／100点

★
2　昔から魚などを焼くために、中で炭を燃やして使う「七輪（しちりん）」が使われてきました。
「七輪」には下の方に開け閉（し）めできる窓（まど）がついています。これはなぜでしょうか。

（25点）

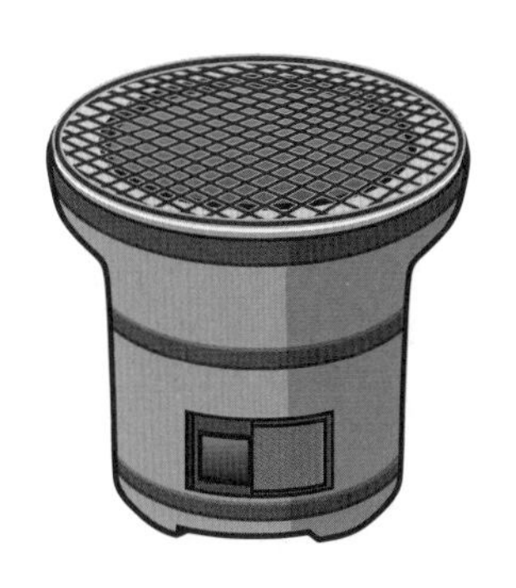

［　　　　］

★
3　バーベキューコンロを使って中の炭に火をつけるとき、一度に炭をたくさん入れず、すき間ができるように炭を入れるのがよいとされています。この理由をかきましょう。

（25点）

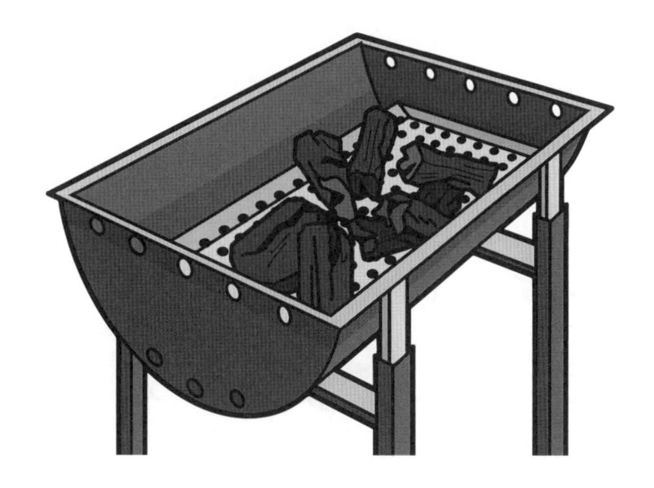

［　　　　］

イメージマップ

ヒトや動物の体

呼吸と肺

呼吸　酸素をとり入れ、二酸化炭素を出すこと

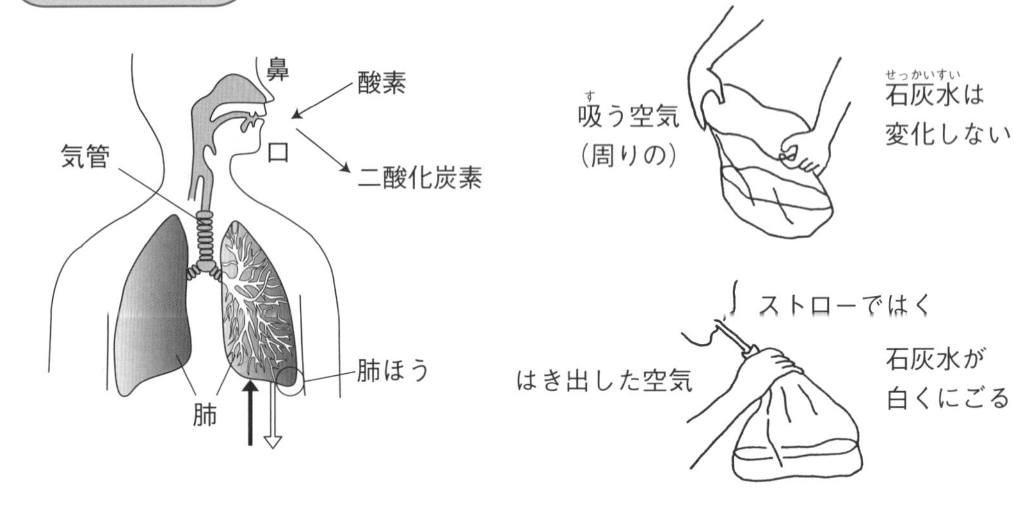

消化と吸収

消化　体に吸収されやすい養分に変える

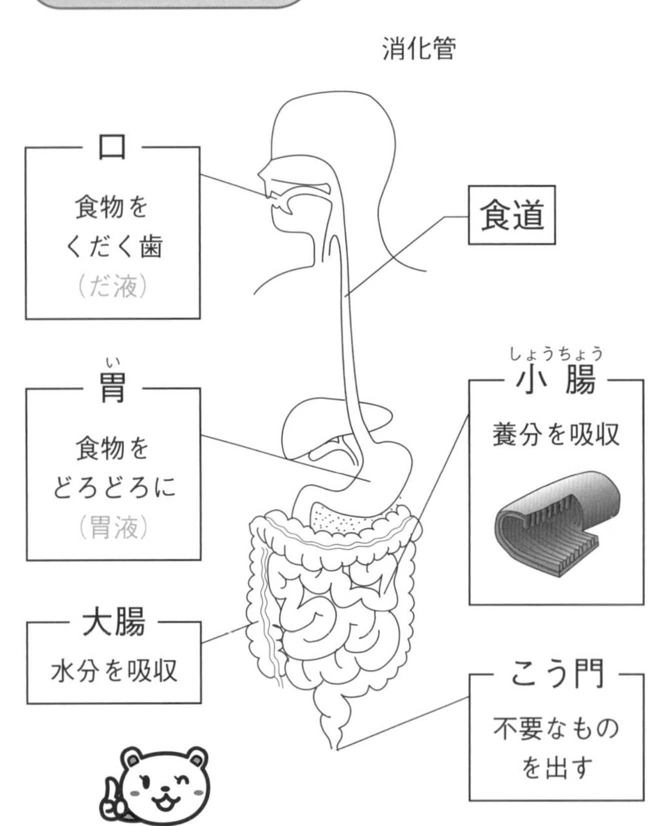

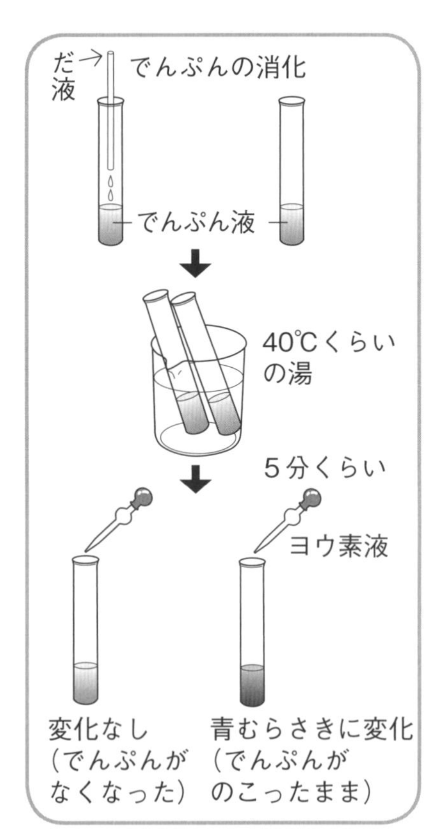

月　　日 名前

心臓と血液のはたらき

小腸から吸収された養分や肺で取り入れた酸素は、血液によって全身に運ばれる

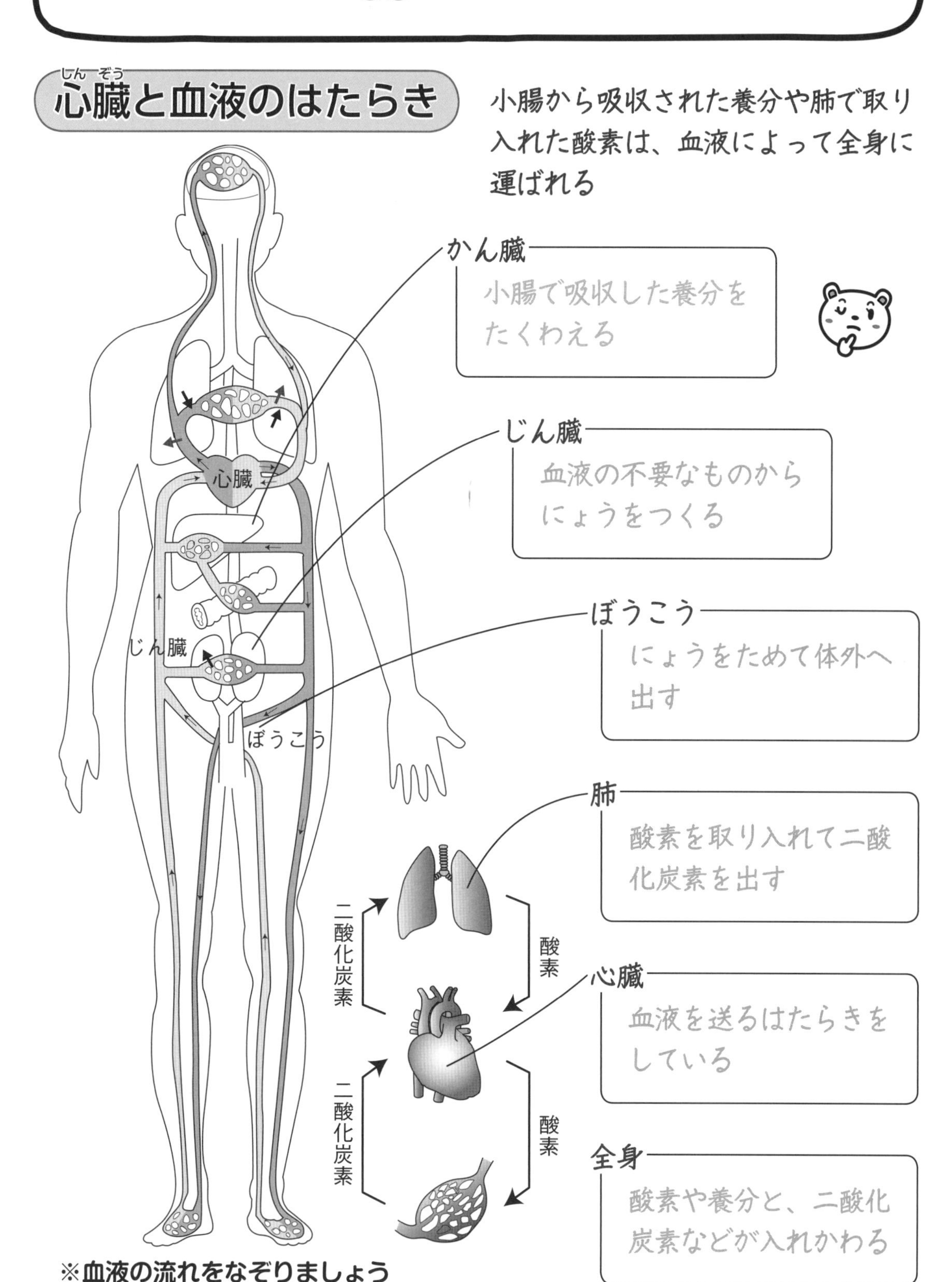

※血液の流れをなぞりましょう

ヒトや動物の体 ①

呼吸のはたらき

1 吸う空気とはき出した空気とのちがいを調べるため、次のような実験をしました。(　　)にあてはまる言葉を□から選んでかきましょう。

(1) 人は空気を吸ったり、はき出したりしています。これを(① 　　　)といいます。吸う空気をふくろに集め、石灰水を入れてよくふると、石灰水は(② 　　　　　)。

はき出した空気をふくろに集め、石灰水を入れてよくふると、石灰水は(③ 　　　　　)。

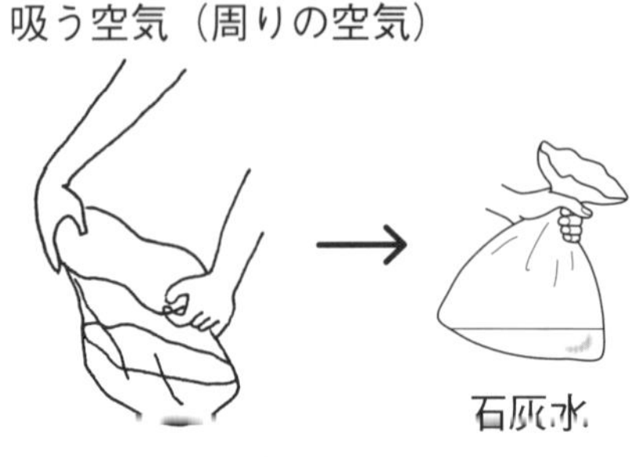

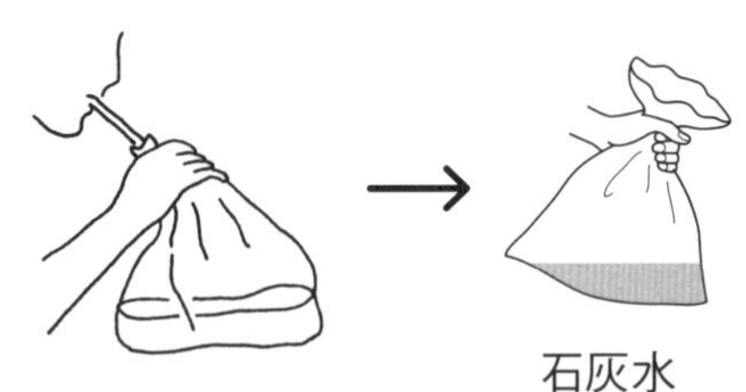

呼吸	白くにごります	変化しません

(2) 気体検知管で調べました。酸素の割合は(① 　　　)では約21%でしたが、はき出した空気では約(② 　　)%に減りました。また、二酸化炭素の割合については吸う空気では約(③ 　　)%でしたが、(④ 　　　　)では約３%に増えました。

酸素

(吸う空気)

約21%

↓

(はき出した空気)

約17%

二酸化炭素

(吸う空気)

約0.03%

↓

(はき出した空気)

約３%

吸う空気	はき出した空気	17	0.03

呼吸による酸素、二酸化炭素の変化を知ります。また、肺などの呼吸器官を学びます。

2 図は人や動物の呼吸について表したものです。(　　)にあてはまる言葉を□から選んでかきましょう。

(1) 鼻や(①　　　)から入った空気は(②　　　)を通って(③　　　)に入ります。

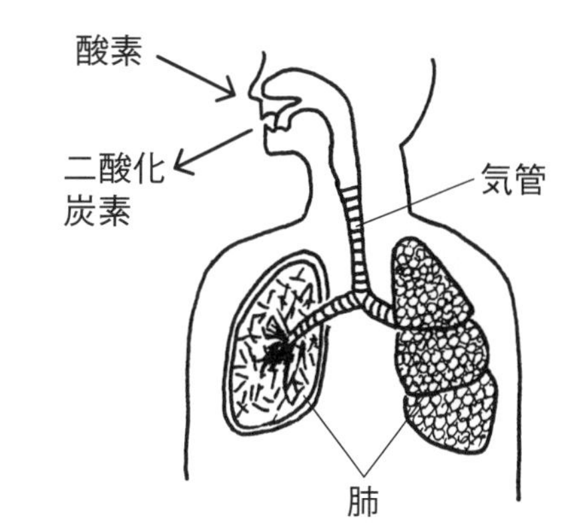

肺(はい)　口　気管

(2) 肺には(①　　　)が通っていて空気中の(②　　　)の一部が(③　　　)に取り入れられ、血液からは(④　　　)が出されます。

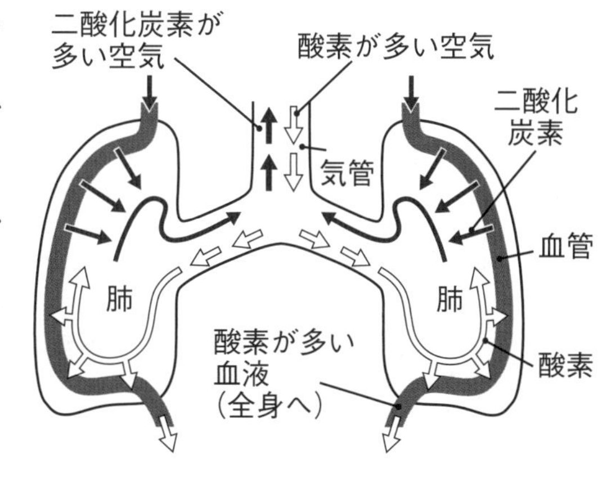

酸素　二酸化炭素
血管　血液

(3) 魚は(①　　　)で呼吸しています。水にとけている(②　　　)を取り入れ、(③　　　)を出しています。

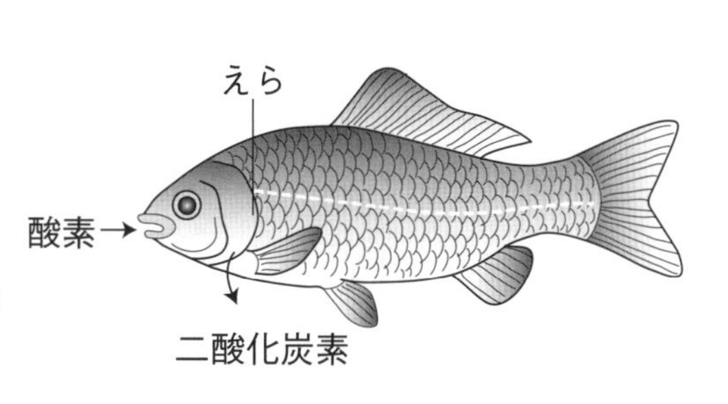

えら　酸素　二酸化炭素

ヒトや動物の体 ②

消化と吸収

1　図は人の体内を表したものです。（　　）にあてはまる名前を□から選んでかきましょう。

食道	小腸（しょうちょう）	大腸
胃（い）	こう門	

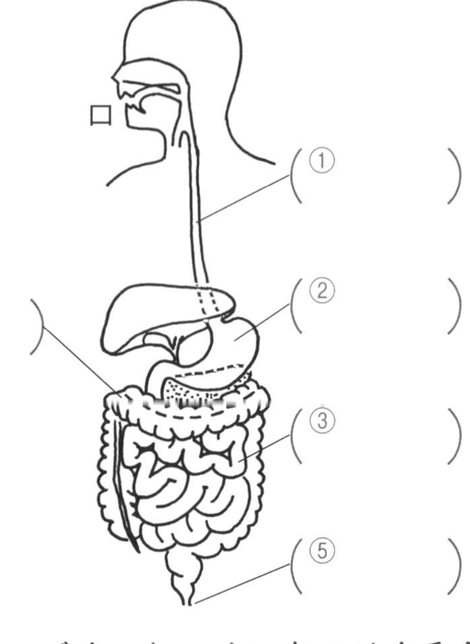

2　図は食べ物の通り道について表したものです。（　　）にあてはまる言葉を□から選んでかきましょう。

(1)　口から入った食べ物は、口→（①　　　）→（②　　　）→（③　　　）→（④　　　）を通って、こう門から出されます。

胃	小腸	大腸	食道

(2)　口から（①　　　）までの通り道を（②　　　）といいます。

食べ物はこの管を通るうちに、体内に吸収（きゅうしゅう）されやすいものに変えられます。これを（③　　　）といいます。

消化	消化管	こう門

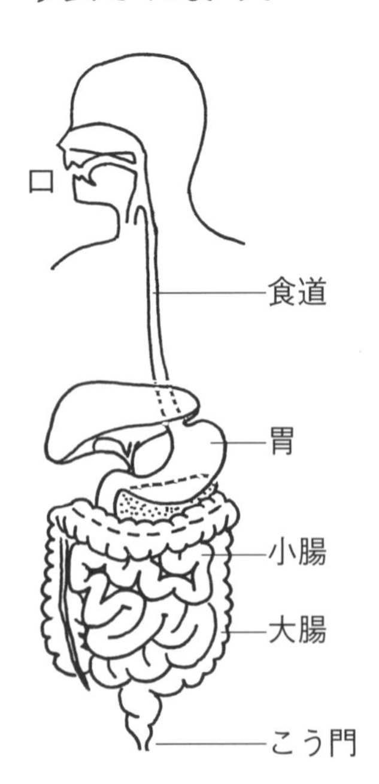

消化器官のしくみを学びます。吸収されたでんぷんの変化を調べます。

3 だ液のはたらきを、図のような実験をして調べました。(　　)にあてはまる言葉を□から選んでかきましょう。

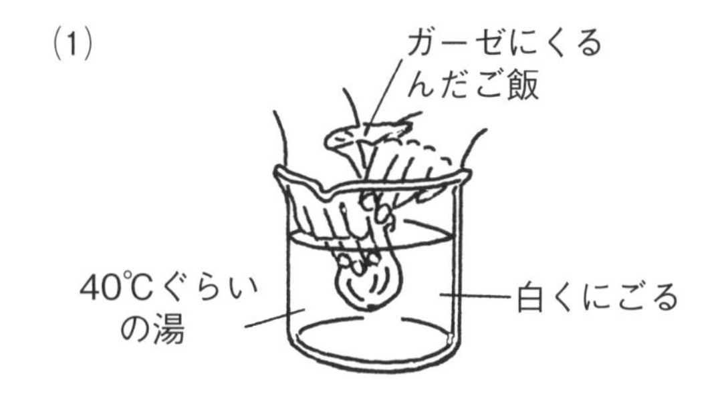

ご飯つぶ（でんぷん）をガーゼにつつみ、湯の中でよくもんで、ご飯の養分をとかし出します。これを㋐、㋑、㋒の３つのビーカーに入れます。

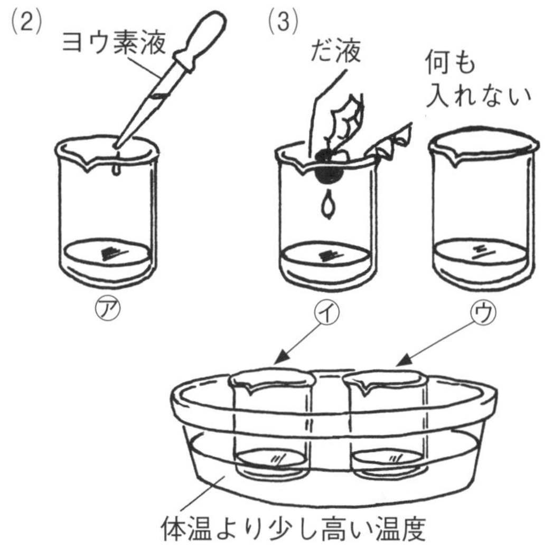

㋐のビーカーにスポイトで(①　　　　)を入れたところ、青むらさき色になりました。

㋑のビーカーにだ液を入れます。㋒のビーカーは何も入れません。

㋑と㋒のビーカーを、10分間ほど(②　　　)より少し高い温度であたためました。

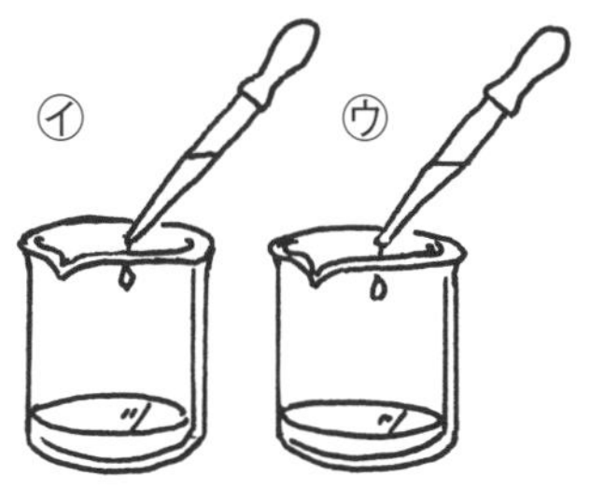

㋑と㋒のビーカーにヨウ素液を入れました。すると㋑のビーカーは(③　　　　)で、㋒のビーカーは(④　　　　)色に変化しました。

これより(⑤　　　)はでんぷんを、別のものに変えるはたらきがあることがわかりました。

ヨウ素液　　だ液　　体温　　変化しない　　青むらさき

ヒトや動物の体 ③

消化と吸収

1 図を見て、(　　)にあてはまる言葉を[　　]から選んでかきましょう。

(1) 食べ物が(①　　　)などで細かく、くだかれたり(②　　　)などで体に吸収(きゅうしゅう)されやすい(③　　　)に変えられたりすることを(④　　　)といいます。

消化	養分	歯	だ液

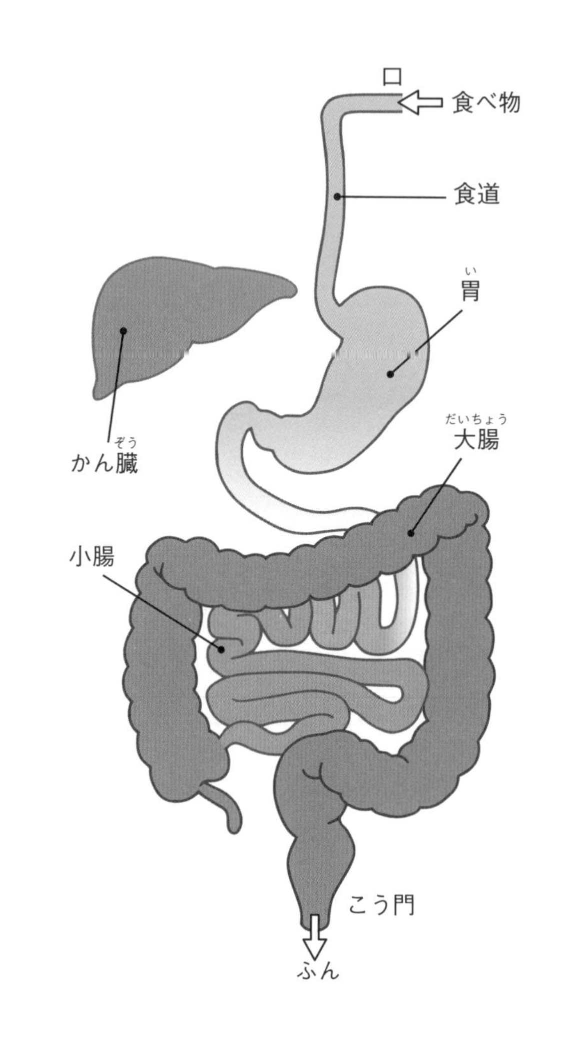

(2) だ液のほかに(①　　　)など食べ物を消化するはたらきをもつ液を(②　　　)といいます。

消化液	胃液

(3) 消化された食べ物の養分は、主に(①　　　)から吸収され、(②　　　)では水分が吸収されます。養分は(③　　　)に取り入れられて全身に運ばれます。吸収されなかったものは(④　　　　)として体外に出されます。

大腸	小腸	血液	ふん(便)

月　　日 名前

各器官から出る消化液とかん臓のはたらきを学習します。

2 図を見て、（　　）にあてはまる言葉を□から選んでかきましょう。

(1) 消化された食べ物の養分は（①　　　）で吸収されます。養分は（②　　　）によって（③　　　）に運ばれます。かん臓は運ばれてきた養分の一部を、一時的に（④　　　）、必要なときに全身に送り出すはたらきをしています。

かん臓のつくり

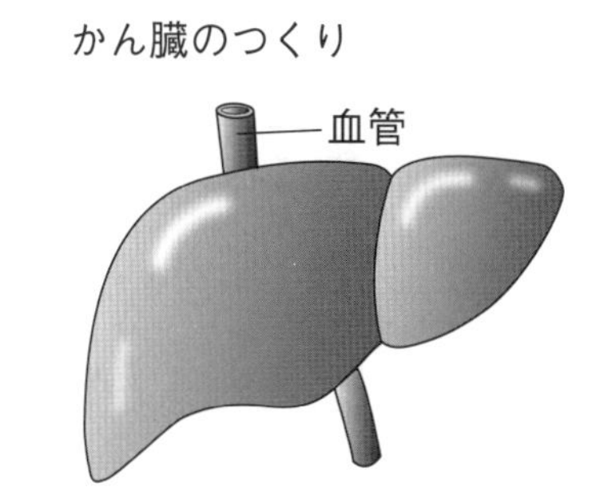

かん臓　　たくわえ　　血液　　小腸

(2) かん臓には、さまざまなはたらきがあり、（①　　　）をつくって（②　　　）で食べ物を消化するのを助けるはたらきや、（③　　　）など体に害のあるものを、（④　　　）に変えるはたらきもあります。

消化液　　害のないもの　　アルコール　　消化管

(3) 動物の（①　　　）も人と同じように（②　　　）から（③　　　）までひと続きの管になっています。

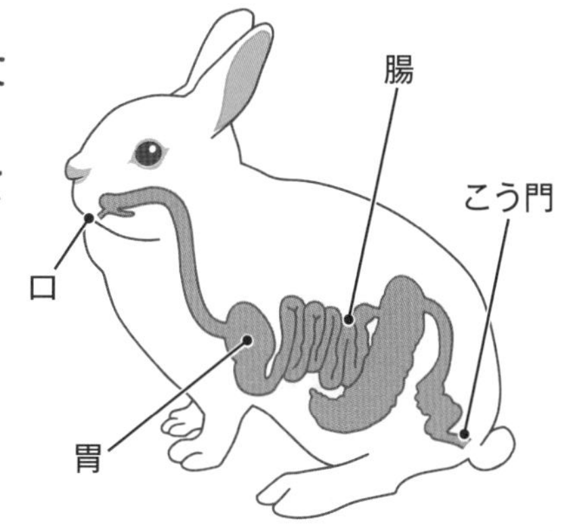

口　　こう門　　消化管

ヒトや動物の体 ④
心臓と血液

1 次の(　　)にあてはまる言葉を□から選んでかきましょう。

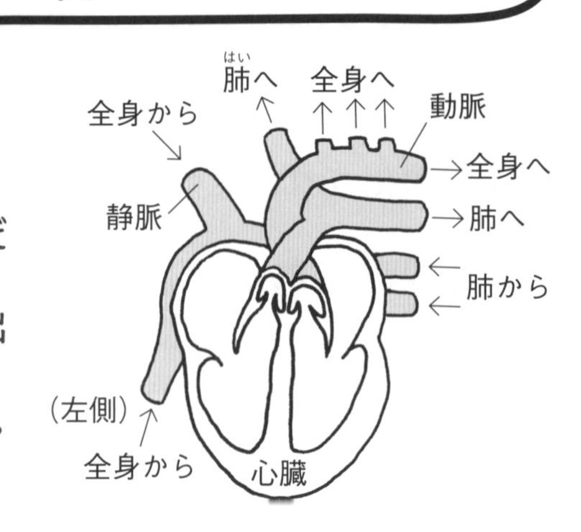

(1) 心臓は(①　　　　)、ちぢんだりして、全身に(②　　　　)を送り出す(③　　　　)の役目をしています。

のびたり　　ポンプ　　血液

(2) 心臓は(①　　　　)の部屋に分かれていて、規則正しく動いています。この動きを(②　　　　)といいます。手首の血管をおさえると(③　　　　)を調べられます。心臓から血液が出ていく血管を(④　　　　)、血液がもどってくる血管を(⑤　　　　)といいます。

動脈　　静脈　　4つ　　はく動　　脈はく

(3) 体の各部分でいらなくなったものは(①　　　　)によって(②　　　　)に運ばれます。じん臓は血液中の不要なものを取り除いて(③　　　　)をつくるはたらきをしています。つくられたにょうは(④　　　　)にためられてから、体外に出されます。

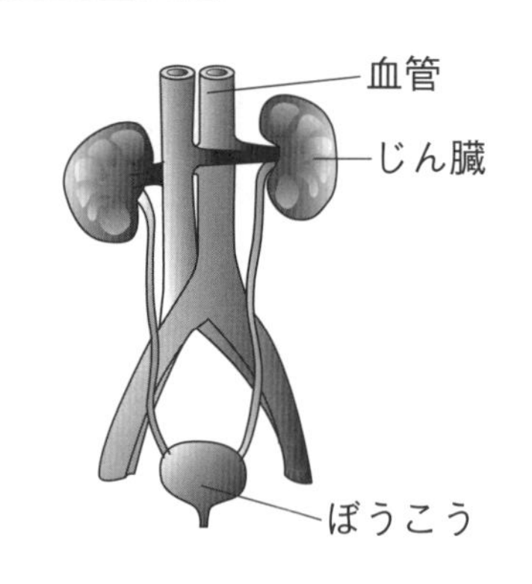

血液　　じん臓　　ぼうこう　　にょう

月　　日　名前

心臓のしくみやはたらきと血管や血液のはたらきについて学びます。

2 図は、全身の血液の流れを表したものです。次の(　　)にあてはまる言葉を□から選んでかきましょう。

(1) 血液は(①　　　)を通り体のすみずみまで運ばれます。

血液は(②　　　)から送り出され、再び心臓にもどってきます。

心臓　　血管

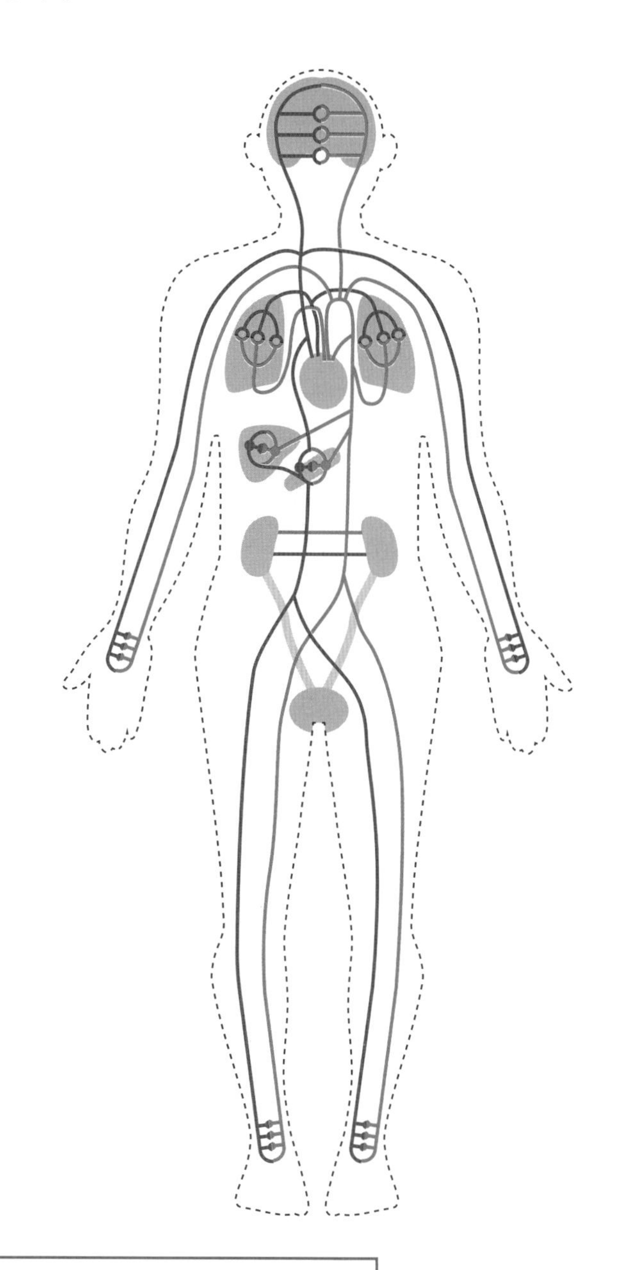

(2) 血液は、肺で取り入れた(①　　　)や小腸（しょうちょう）で吸収（きゅうしゅう）した(②　　　)などを体の各部分にわたしています。

反対に、体内でできた(③　　　　　)や(④　　　　　)を受け取って運んでいます。

養分　　酸素　　二酸化炭素　　不要なもの

まとめテスト

ヒトや動物の体

1 吸う空気とはき出した空気のちがいを調べました。あとの問いの答えを□から選んでかきましょう。（各５点）

(1) ふくろに入れた液は、何ですか。

（　　　　　　　　）

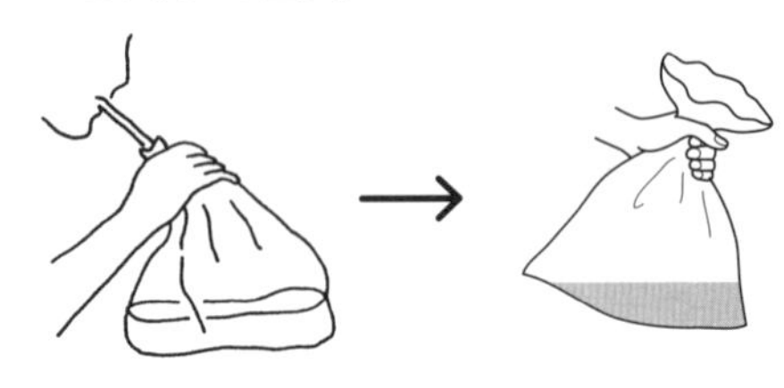

(2) (1)の液を入れてよくふると、液が白くにごるのは、吸う空気とはき出した空気のどちらですか。

（　　　　　　　　）

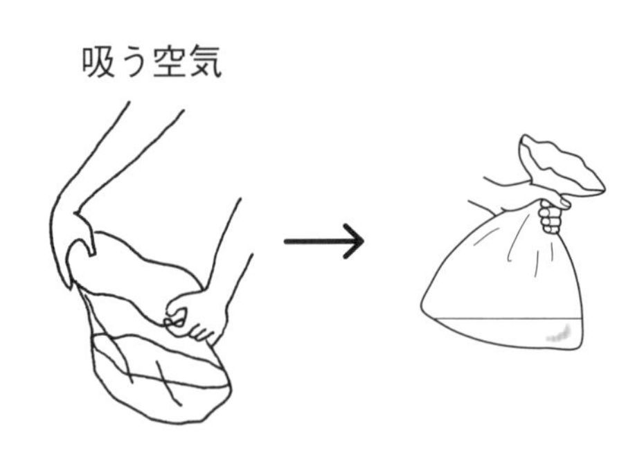

(3) 実験の結果から、吸う空気と比べて、はき出した空気に多くふくまれている気体は何ですか。

（　　　　　　　　）

はき出した空気	二酸化炭素	石灰水

2 心臓と血液のはたらきについて、正しいものには○、まちがっているものには×をかきましょう。（各５点）

①（　　）筋肉の毛細血管を通っている間に血液は、周りに酸素をあたえ、二酸化炭素を受け取っています。

②（　　）静脈を通ってきた血液は、心臓を経て、肺に運ばれ、そこで二酸化炭素と酸素を取りかえます。

③（　　）心臓から全身へ送り出される血液は、酸素をたくさんふくんでいます。

④（　　）心臓から出ていく血液が通る血管を静脈といいます。

⑤（　　）脈はく数は、心臓からはなれるにつれて減ります。

⑥（　　）心臓がのびたりちぢんだりすることで脈はくができます。

月　　日　名前

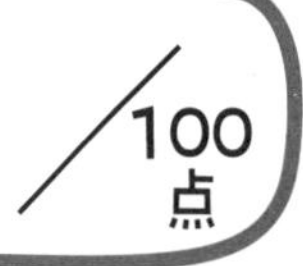

3 次の(　　)にあてはまる言葉を□から選んでかきましょう。(各5点)

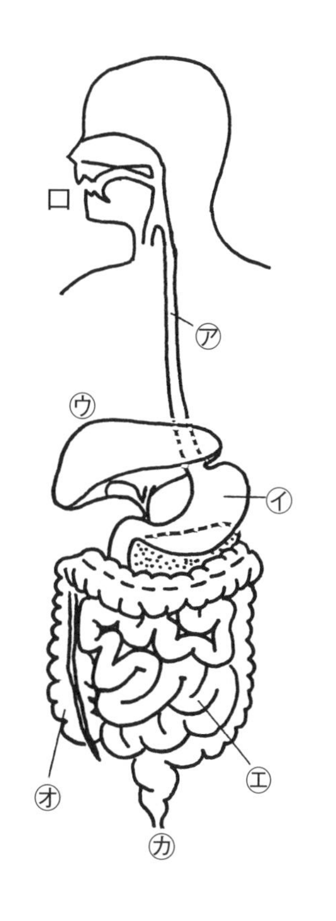

口から入った食物は、(①　　　　)でかみくだかれ、だ液とまざります。

図㋐の(②　　　　)を通って、図㋑の(③　　　　)に運ばれます。

ここでは、消化液とまざり、養分がさらに吸収(きゅうしゅう)されやすいように十分にこなされます。

さらに、㋒の(④　　　　)でつくられた消化液とまざり、㋓の(⑤　　　　)に送られ、消化液とまざります。

こなされた食物から(⑥　　　　)が吸収されます。㋔の(⑦　　　　)に送られて、(⑧　　　　)が吸収されます。

残ったものは、㋕の(⑨　　　　)から出されます。

このように、口からとり入れた食物をこなして養分を吸収しやすい形に変えることを(⑩　　　　)といい、口からこう門までを(⑪　　　　)といいます。

小腸(しょうちょう)	大腸	胃(い)	食道	かん臓	こう門
養分	消化	消化管	歯	水分	

まとめテスト

ヒトや動物の体

1 吸(す)う空気と、はき出した空気のちがいを気体検知管を使って調べました。あとの問いに答えましょう。　（各10点）

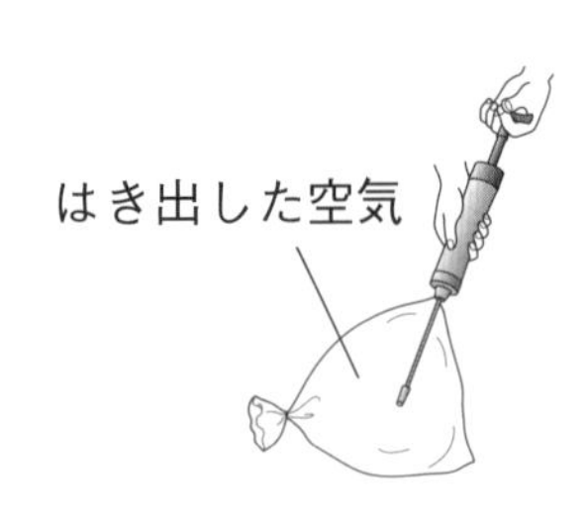

	酸　素	二酸化炭素
吸う空気	約21％	約0.03％
はいた空気	約17％	約４％

(1) 吸う空気と比べて、はき出した空気で体積の割合(わりあい)が減っている気体は何ですか。　（　　　　　　）

(2) 吸う空気と比べて、はき出した空気の二酸化炭素の体積の割合はどうなりますか。　（　　　　　　）

2 図を見て、あとの問いに答えましょう。　（１つ10点）

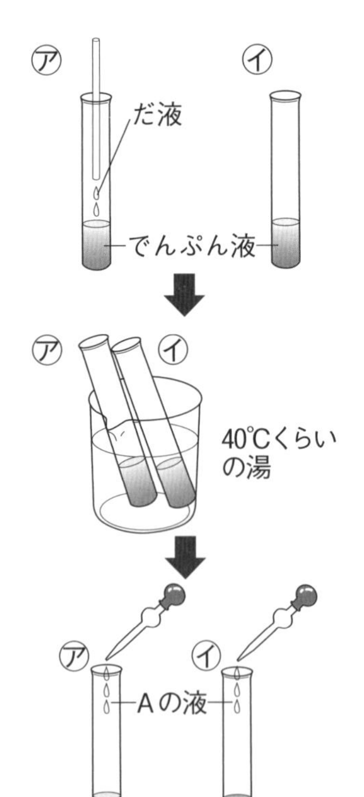

(1) でんぷんがあるかを調べるために入れるＡの液は何ですか。　（　　　　　　）

(2) ㋐、㋑の試験管の液にＡの液を入れると色は変わりますか、それとも変わりませんか。

㋐　色は（　　　　　　）

㋑　色は（　　　　　　）

(3) だ液は何を変化させますか。

（　　　　　　）

月　　日　名前　　　　／100点

3　図は血液の流れとはたらきについてかかれています。次の(　　)にあてはまる言葉を□から選んでかきましょう。（各５点）

図の㋐は（①　　　）といい、酸素を取り入れ、二酸化炭素を捨てるはたらきをしています。

㋑は（②　　　）といい、全身に（③　　　）を送り出すはたらきをしています。

胃で消化された養分は、小腸で（④　　　）されます。吸収された養分は㋒の（⑤　　　）に一時的にたくわえられます。

図の㋓は（⑥　　　）といい、血液中の（⑦　　　）や余分な水分をこしとって、㋔の（⑧　　　）から外部に出します。

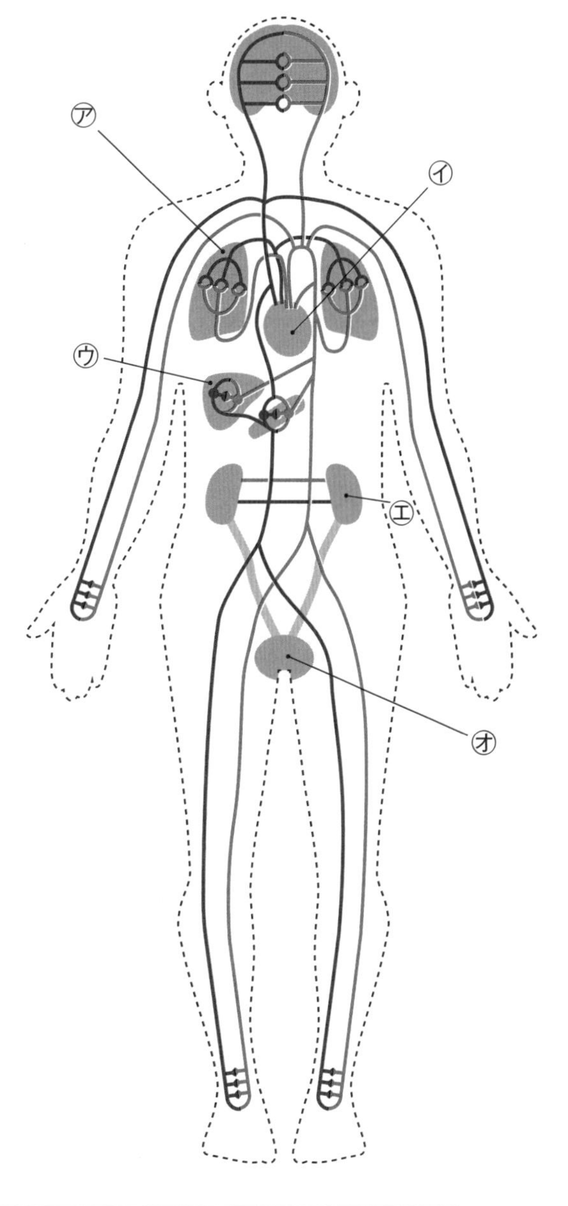

心臓	血液	かん臓	吸収	肺	ぼうこう
不要なもの	じん臓				

まとめテスト

ヒトや動物の体

1 次の（　）にあてはまる言葉を□から選んでかきましょう。（各５点）

（1） 心臓（しんぞう）は（①　　　　）、ちぢんだりして、全身に（②　　　　）を送り出す（③　　　　）の役目をしています。

全身から ㋐ 肺（はい）へ 全身へ ㋑ 全身へ 肺へ 肺から （左側） 全身から 心臓

のびたり	ポンプ	血液

（2） 心臓は（①　　　　）の部屋に分かれていて、規則正しく動いています。この心臓の動きを（②　　　　）といいます。手首や足首の血管をおさえると（③　　　　）を調べることができます。心臓から血液が出ていく血管を（④　　　　）、心臓に血液がもどってくる血管を（⑤　　　　）といいます。

動脈	静脈	４つ	はく動	脈はく

（3） 図の㋐の血管を（①　　　　）といい、（②　　　　）をたくさんふくんでいます。また、㋑の血管を（③　　　　）といい、（④　　　　）と（⑤　　　　）をたくさんふくんでいます。

動脈	静脈	酸素	二酸化炭素	養分

月　日　名前　／100点

2　図を見て、(　　)にあてはまる言葉を□から選んで答えましょう。

(各3点)

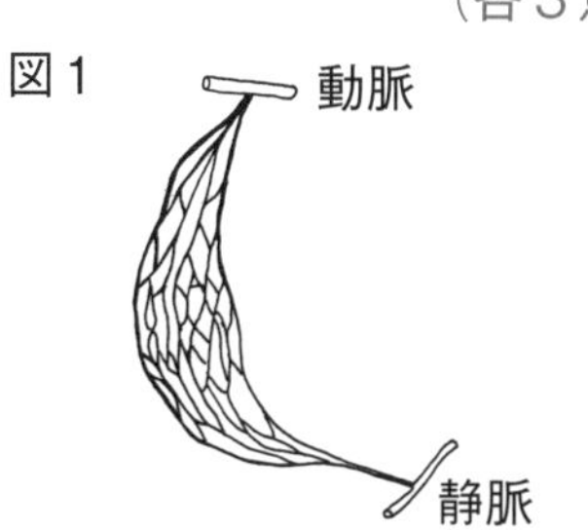

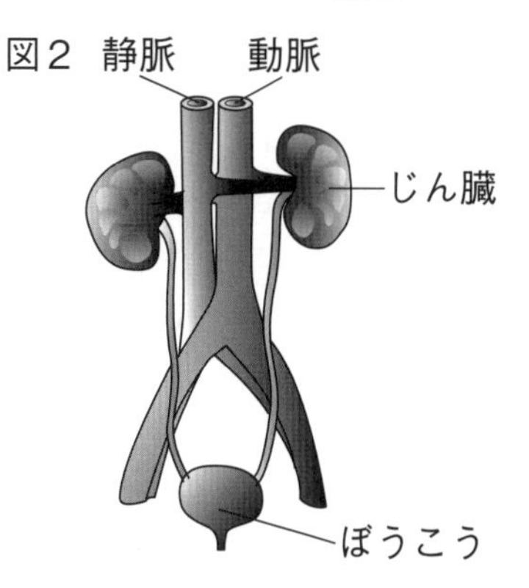

図1は動脈が酸素や(①　　　　)を体のすみずみへ運び、静脈が(②　　　　　　)や二酸化炭素を図2の(③　　　　　　)へ運ぶところです。

(③)は血液中の(②)を取り除(のぞ)いて、(④　　　　)をつくるはたらきをします。つくられた(④)は、(⑤　　　　　)にためられてから、体外に出されます。

ぼうこう　不要なもの　養分　じん臓　にょう

3　ウサギと魚の呼吸(こきゅう)について、答えましょう。　(1つ5点)

(1)　ウサギが呼吸する㋐の部分を何といいますか。(　　　　)

(2)　魚が呼吸する㋑の部分を何といいますか。(　　　　)

(3)　動物が呼吸によって、とり入れる気体と、はき出す気体は何ですか。

とり入れる気体(　　　　　　)

はき出す気体(　　　　　　)

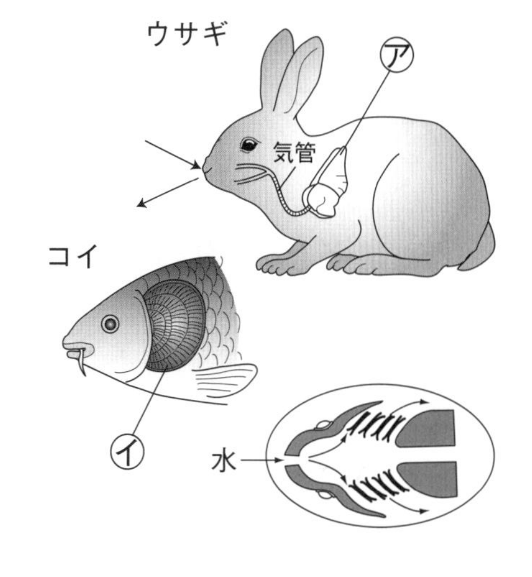

まとめテスト

ヒトや動物の体

1 次の(　　)にあてはまる臓器(ぞうき)の名前をかきましょう。 (各８点)

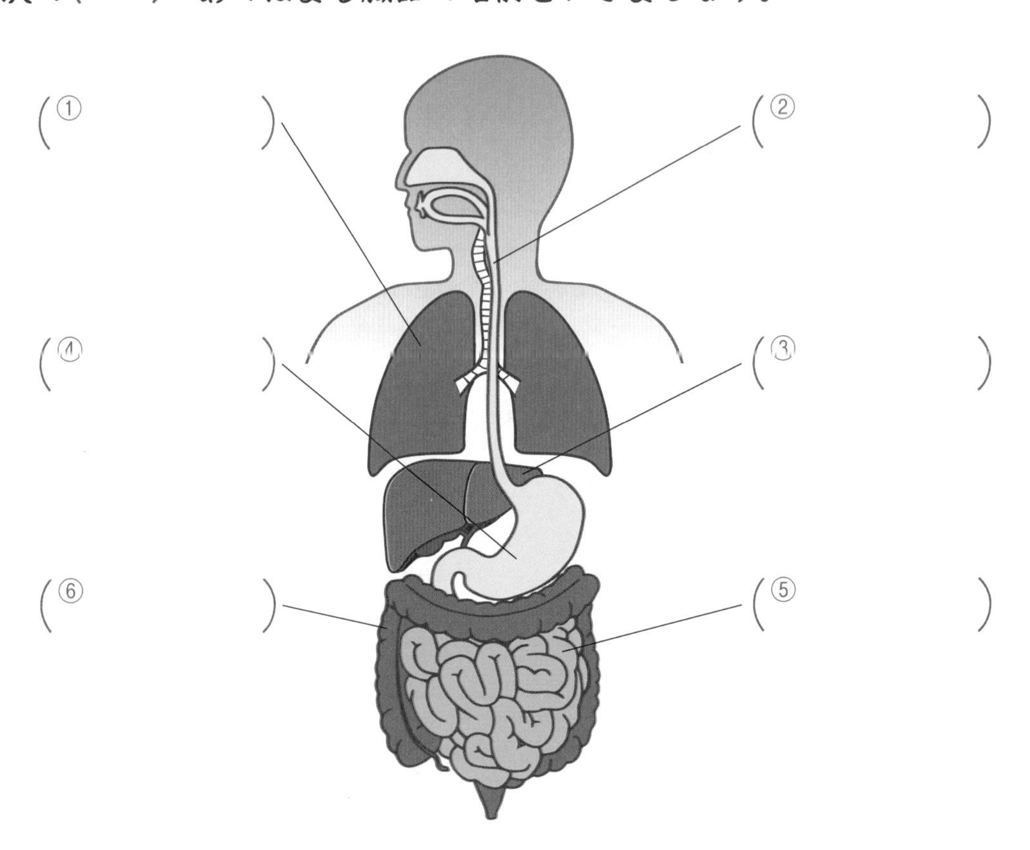

2 **1**の図を見て、次の問いに答えましょう。 (各８点)

(1) 口から②、④、⑤、⑥と続く食べ物の通り道を何といいますか。
(　　　　)

(2) 血液を全身に送り出すポンプのはたらきをしている臓器を何といいますか。
(　　　　)

(3) 小腸(しょうちょう)で吸収(きゅうしゅう)した養分をたくわえるはたらきをしている臓器を何といいますか。
(　　　　)

月　　日　名前　　　／100点

★3 (1) うすいでんぷんの液が入った試験管A、Bがあります。Aにはだ液を、Bには水を加え、約40℃の湯につけました。しばらくしてからヨウ素液を加えると、Bは色が変わりましたが、Aは変化しませんでした。その理由を説明しましょう。（14点）

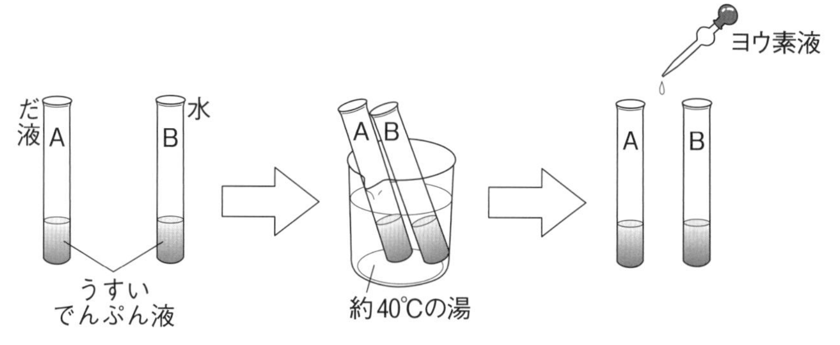

[　　　　　　　　　　　　　　　　　　　　　　　　　　　]

(2) うすいでんぷん液にだ液を加えた試験管C、Dがあります。Cは約40℃の湯に、Dは氷水に入れました。しばらくしてからヨウ素液を加えると、Dは色が変わりましたが、Cは変化しませんでした。その理由を説明しましょう。（14点）

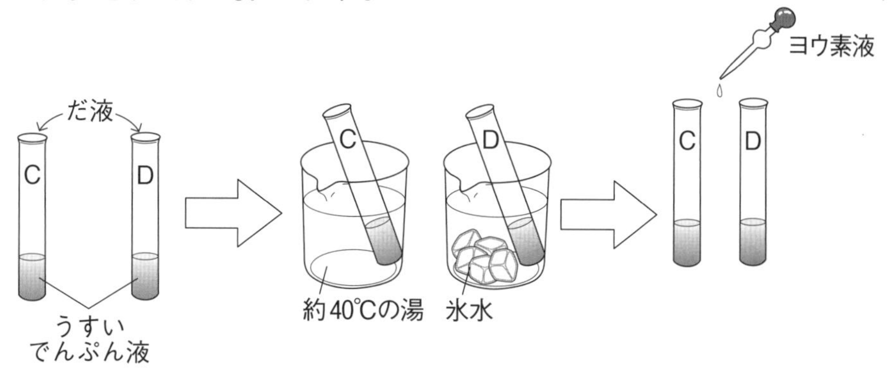

[　　　　　　　　　　　　　　　　　　　　　　　　　　　]

植物のつくり

植物と水

根からとり入れた水は、細い管のような通り道を通って、体のすみずみへ行きわたる

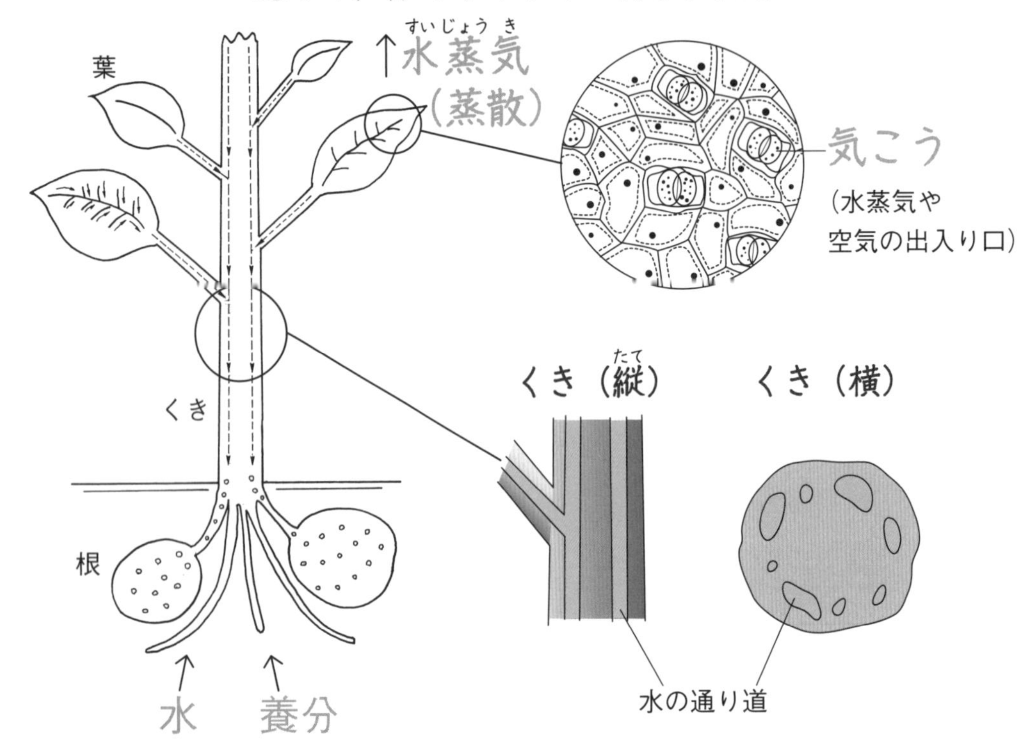

植物と養分

でんぷん＋ヨウ素液→青むらさき色

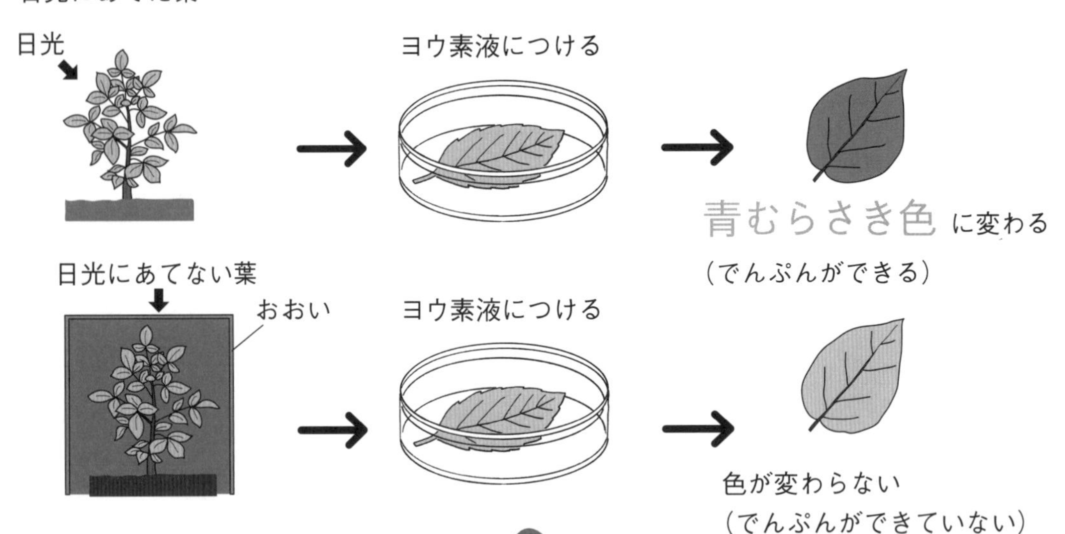

月　　　日　名前

植物と空気

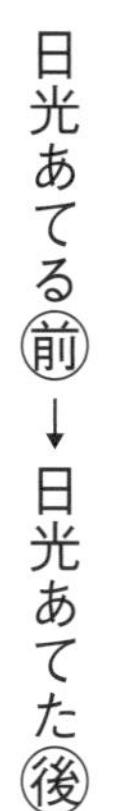

〈酸素用〉

約17%

⇩

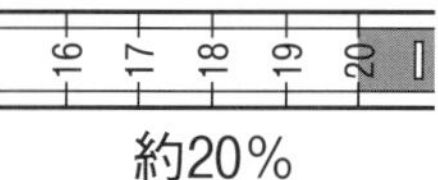

約20%

酸素が増えた

〈二酸化炭素用〉

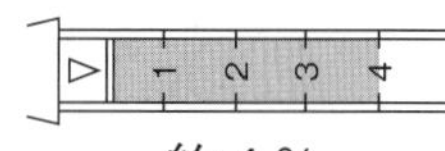

約４%

⇩

約１%

二酸化炭素が減った

日光があたっている昼間は
二酸化炭素が取り入れられ
酸素が出される

光合成

日光
⬇
二酸化炭素＋水 ➡ でんぷん＋酸素

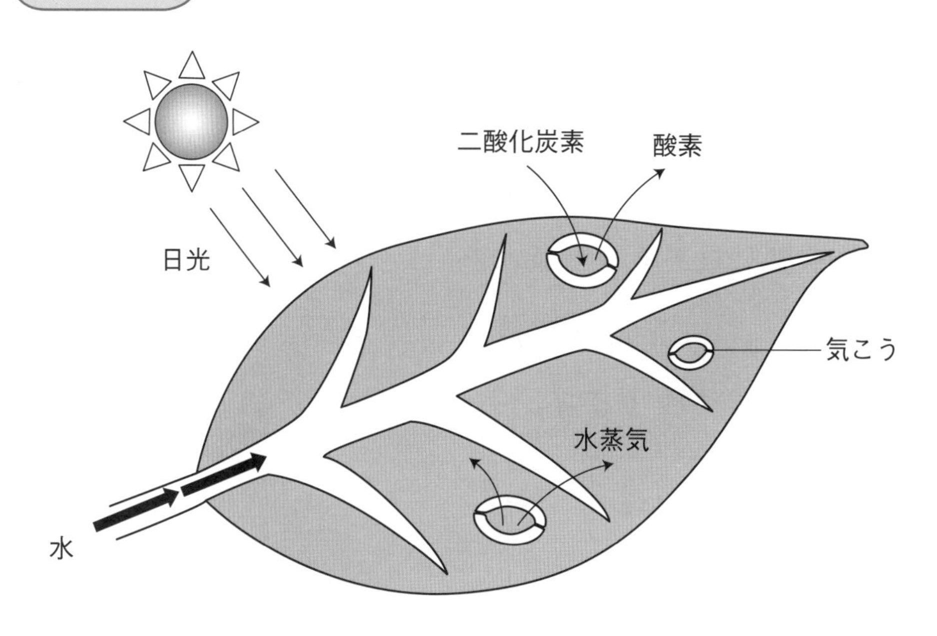

植物のつくり ①
植物と水

1 次の(　　)にあてはまる言葉を□から選んでかきましょう。

(1) 図は食べニで赤く色をつけた水にホウセンカをしばらく入れてからくきを切ったようすを表したものです。

くきの一部を横に切ってみると(①　　　)に、縦(たて)に切ってみると(②　　　)に赤くそまっていました。この赤くそまったところが(③　　　)の通り道であるとわかります。さらに、葉をとって調べてみると、葉も(④　　　)そまっていました。

水　　赤く　　円形　　縦

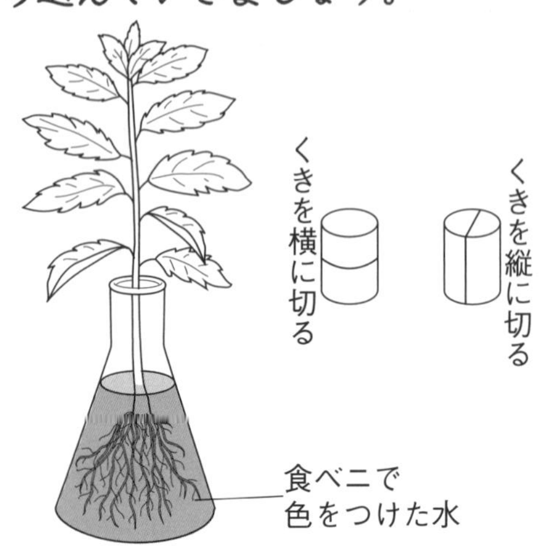

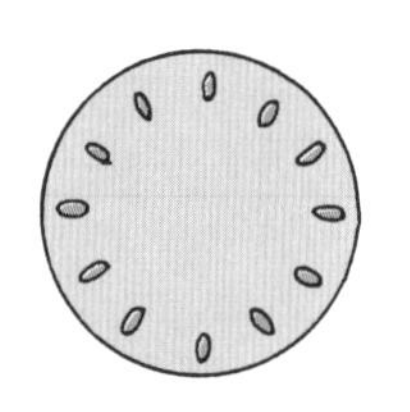

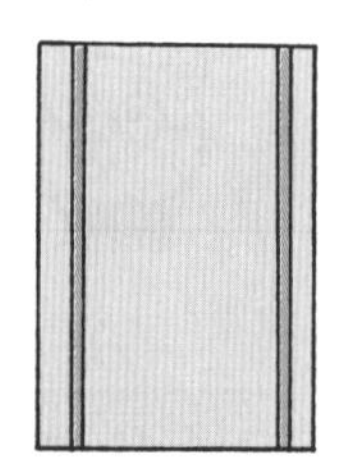

(2) このことから(①　　　)から吸(す)い上げられた水は、根・くき・葉にある(②　　　　)を通って体全体に運ばれることがわかります。

根　　水の通り道

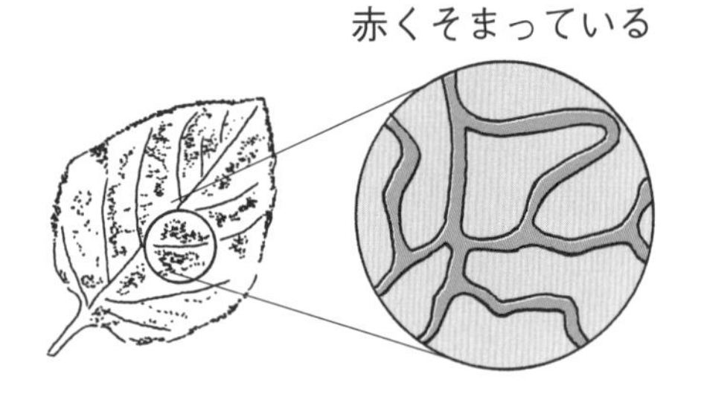

月　　日 名前

植物の根、くき、葉のはたらきと、水の通り道を学びます。

2 次の(　　)にあてはまる言葉を□から選んでかきましょう。

(1) ジャガイモの葉のついた枝㋐と、葉をすべて取った枝㋑にビニールぶくろをかぶせました。

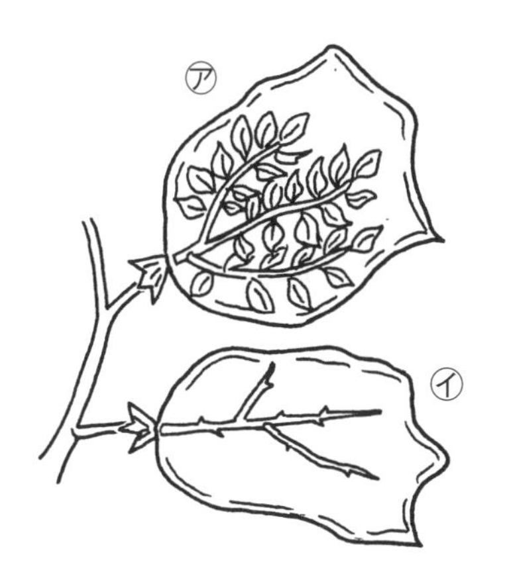

15分後、㋐のふくろには(① 　　　)がついて、ふくろは(② 　　　)ました。㋑のふくろは(③ 　　　)でした。

水てき　　くもりません　　白くくもり

(2) ジャガイモの葉をけんび鏡で観察すると、ところどころに(① 　　　)のものに囲まれた(② 　　　)というあなが見られます。(③ 　　　)から運ばれてきた水は、このあなから(④ 　　　)となって外へ出ていきます。

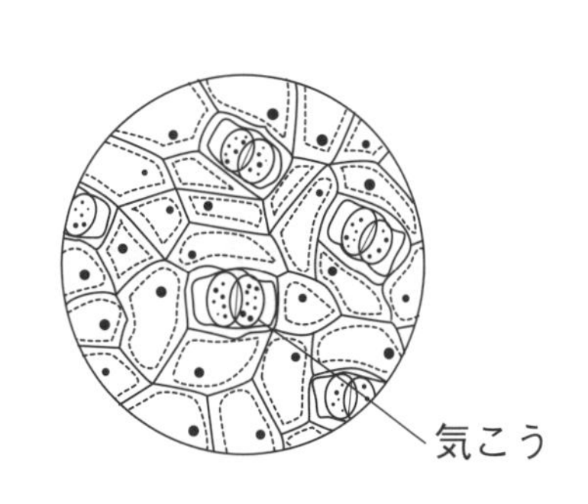

このはたらきを(⑤ 　　　)といいます。

蒸散(じょうさん)　　三日月形　　気こう　　水蒸気　　根

植物のつくり ②

植物と空気

1 植物が日光にあたったときの、空気中の酸素と二酸化炭素の量の変化を調べました。(　　)にあてはまる言葉を□から選んでかきましょう。

(1) ふくろに入った植物にストローを使って(①　　　)をふきこみました。酸素と二酸化炭素の割合(わりあい)を(②　　　　)で調べます。

息　　気体検知管

(2) 1～2時間、(①　　　)にあてておき、(1)と同じように調べると、(②　　　)は約17%から約20%に増え、(③　　　　)は約4%から約1%に減っていました。

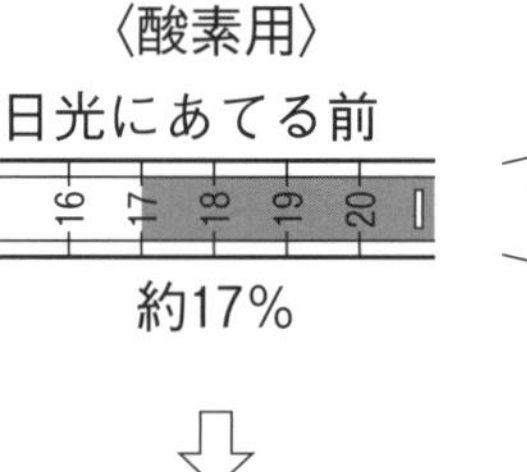

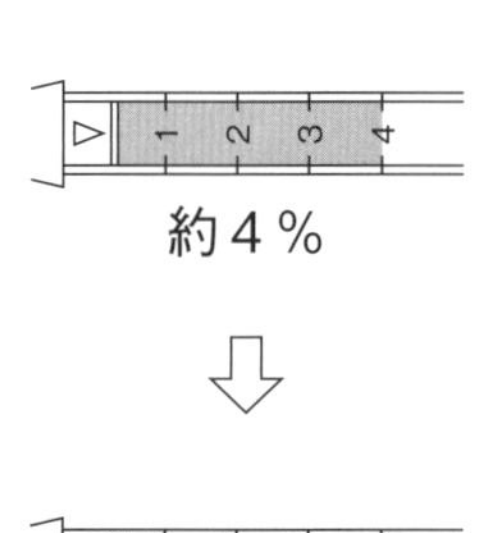

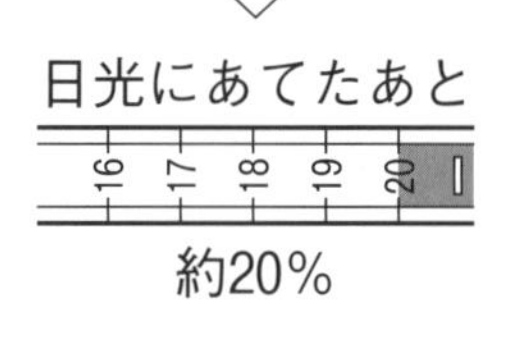

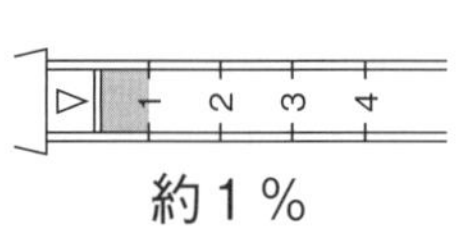

日光　　二酸化炭素　　酸素

(3) このことから葉に(①　　　)があたっているとき、空気中の(②　　　　)を取り入れ、(③　　　)を出すことがわかります。

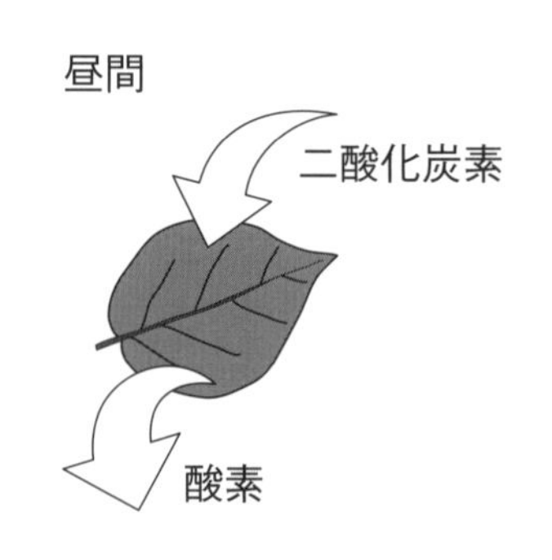

酸素　　二酸化炭素　　日光

空気の変化を調べ、日光による光合成（でんぷんをつくる）のようすと呼吸のちがいを学びます。

2 植物が日光にあたらないときの、空気中の酸素と二酸化炭素の量の変化を調べました。(　　)にあてはまる言葉や数を□から選んでかきましょう。

(1) ふくろに入った植物にストローを使って息をふきこみ、酸素と二酸化炭素の割合を調べます。

１～２時間、日光のあたらない(①　　　　)場所に置きました。

酸素は約17％から約(②　　　　)％に減り、二酸化炭素は約４％から(③　　　　)％に増えました。

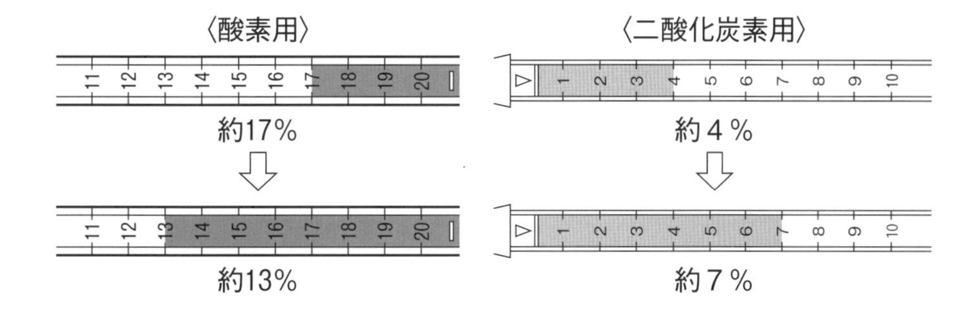

7　　13　　暗い

(2) これは植物も(①　　　　)を行っているためです。

呼吸は(②　　　　　　)昼間も行われていますが、呼吸で出す二酸化炭素の量より(③　　　　)の二酸化炭素を(④　　　　　　)ため、結果として二酸化炭素を出しているように見えません。

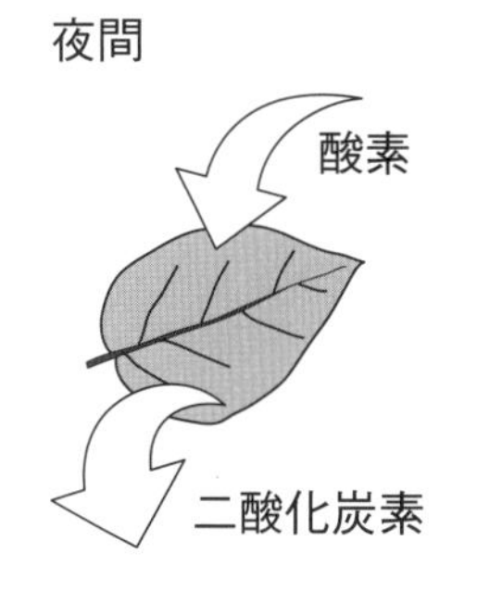

日光のあたる　　取り入れる　　多く　　呼吸

植物のつくり ③
植物と養分

1 図は葉にでんぷんがあるかを調べるための、たたき出しの方法を表したものです。(　　)にあてはまる言葉を□から選んでかきましょう。

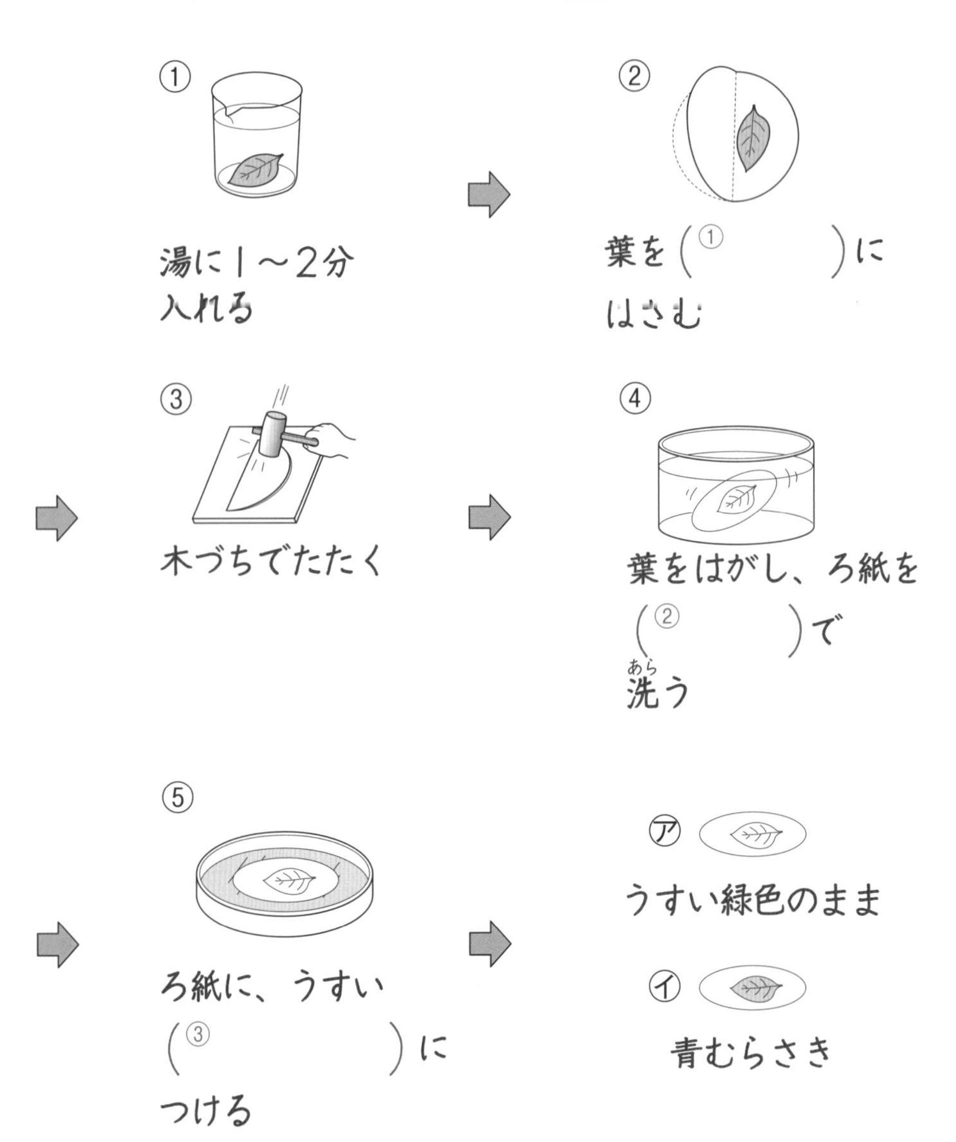

①
湯に１～２分入れる
②
葉を(①　　　)にはさむ
③
木づちでたたく
④
葉をはがし、ろ紙を(②　　　)で洗う
⑤
ろ紙に、うすい(③　　　)につける
㋐
うすい緑色のまま
㋑
青むらさき

この実験から、葉に(④　　　　)がないと㋐となり、(④)があると㋑のように色が青むらさきに変わります。

水	ヨウ素液	でんぷん	ろ紙

月　　日 名前

ポイント
光合成により葉でつくられたでんぷんについて調べます。

2 ジャガイモの葉を使って、でんぷんのでき方を調べました。次の(　　)にあてはまる言葉を□から選んでかきましょう。

(1) 前日の(①　　　　)ごろ、㋐、㋑、㋒の３つの葉をアルミニウムはくで包みます。

次の日の(②　　　　)、㋐の葉をとり、でんぷんが(③　　　　)ことを確かめます。これにより㋑と㋒にも朝の時点で(④　　　　　)がないといえます。

朝　　夕方　　ない　　でんぷん

前日夕方

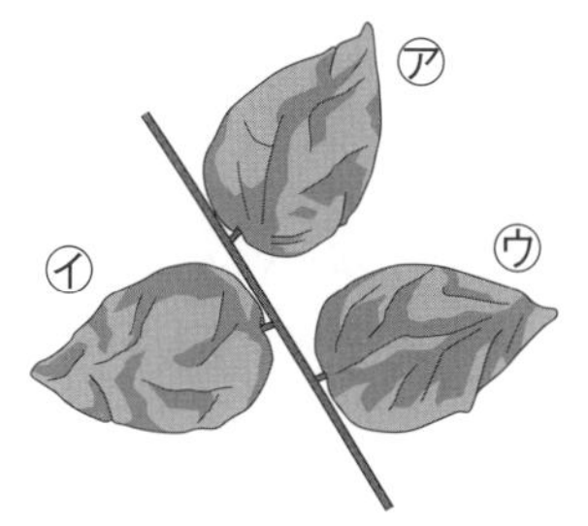

アルミニウムはくでつつむ

次の日の朝

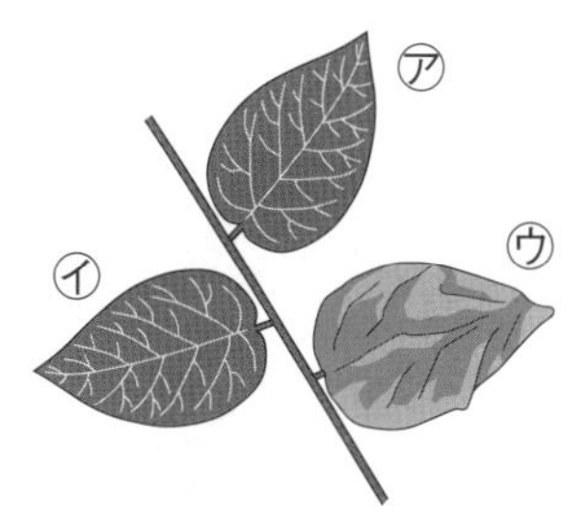

日光をあてる

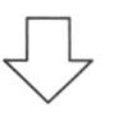

ヨウ素液につける

青むらさき

色は変化しない

(2) ㋑の葉のアルミニウムはくを外し、㋒の葉はそのまま数時間(①　　　　)をあてました。

その後、㋑と㋒の葉にでんぷんがあるかどうか(②　　　　　)を使って調べました。

結果㋑の葉にはでんぷんが(③　　　　)、㋒の葉にはでんぷんが(④　　　　　)でした。

このことから植物の葉に日光があたると(⑤　　　　)がつくられることがわかります。

でんぷん　　日光　　ヨウ素液　　ありません　　あり

まとめテスト

植物のつくり

1 図のように食べニで色をつけた水にしばらく入れてから、くきを切って観察すると赤くそまった部分がありました。あとの問いに答えましょう。（1つ5点）

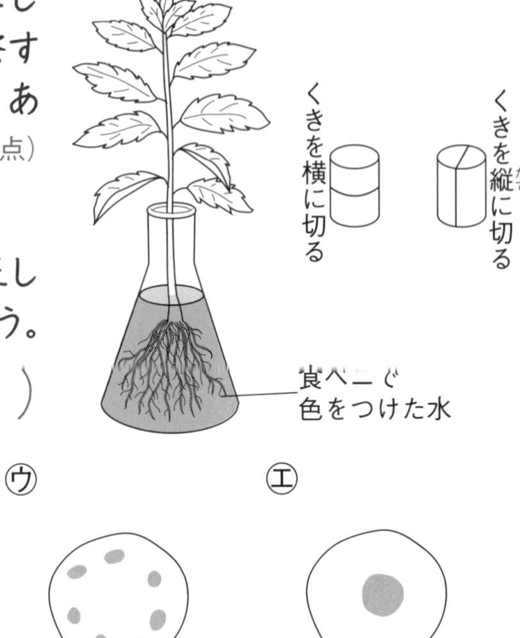

(1) 赤くそまっていたようすのうち正しく表しているものを2つ選びましょう。

（　　）（　　）

㋐
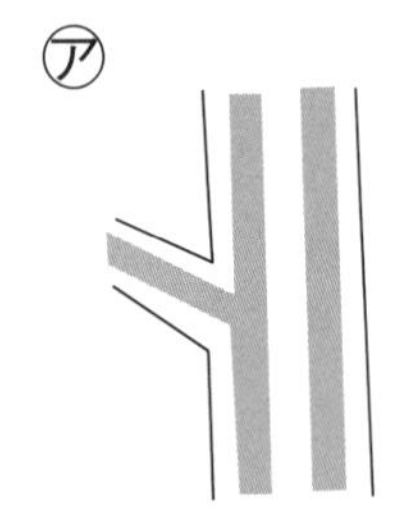

㋑
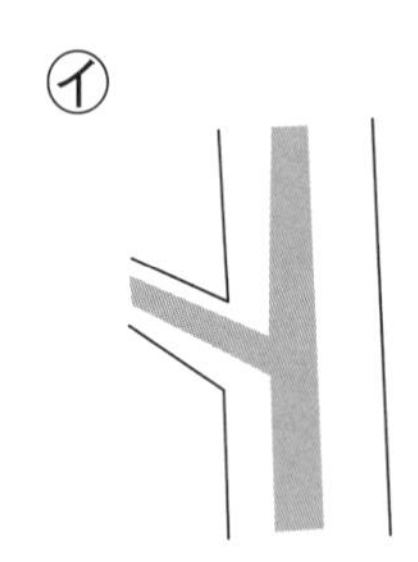

㋒
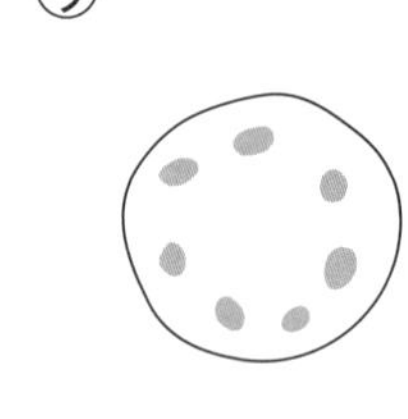

㋓

(2) 次の文のうち、正しいものには○、まちがっているものには×をかきましょう。

①（　　） 赤くそまった部分は、水の通り道です。

②（　　） 赤くそまった部分は、空気の通り道です。

③（　　） くきは赤くそまりましたが、葉は赤くそまりませんでした。

④（　　） くきだけでなく、葉も赤くそまりました。

⑤（　　） 根から吸い上げられた水は、植物の体全体にとどけられます。

⑥（　　） 根から吸い上げられた水は、葉にだけとどけられます。

月　　日　名前　　　　/100点

3 植物に日光があたったときの空気中の酸素と二酸化炭素の量の変化を調べました。（1つ8点）

(1) 気体の割合を調べるとき、何という器具を使いますか。

（　　　　　　）

(2) 日光があたる前に比べて、日光があたったあとの酸素と二酸化炭素の割合は増えていますか、減っていますか。

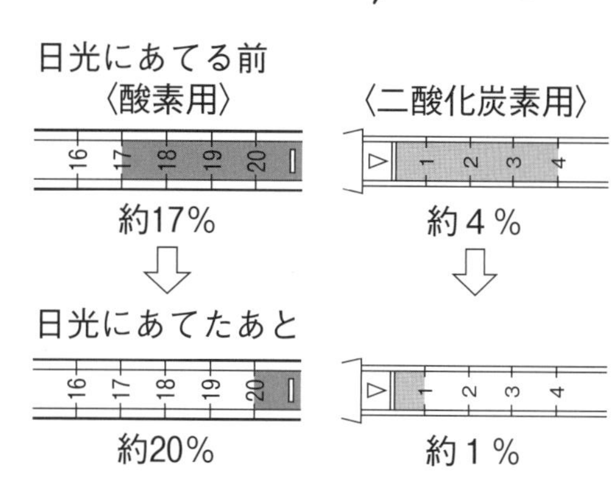

酸素（　　　　　　）

二酸化炭素（　　　　　　）

(3) この実験から、植物は日光があたると、何を取り入れ、何を出していることがわかりますか。

（　　　　　　）を取り入れ（　　　　　　）を出しています。

3 たたき出しの方法で、でんぷんがあるかどうか調べました。

㋐ ろ紙を水で洗う

㋑ ろ紙に葉をはさむ

㋒

湯に１～２分入れる

㋓ 木づちでたたく

㋔

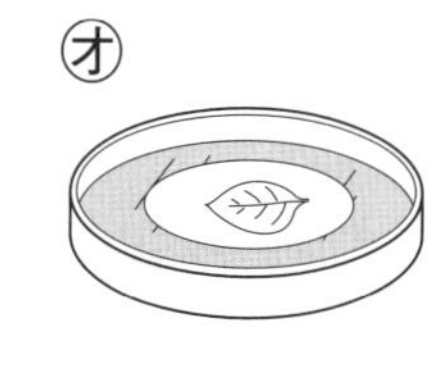

うすいヨウ素液につける

(1) 調べ方の順に、㋐～㋔をならべましょう。（10点）

㋒→（　　）→（　　）→（　　）→（　　）

(2) ヨウ素液につけると、でんぷんのある葉は何色になりますか。（10点）

（　　　　　　）

まとめテスト

植物のつくり

1 次の(　　)にあてはまる言葉を□から選んでかきましょう。(各5点)

(1) 図のように大きさが同じぐらいの枝で

㋐ 葉はそのままにして、ビニールぶくろをかぶせます。

㋑ 葉を全部取って、ビニールぶくろをかぶせます。

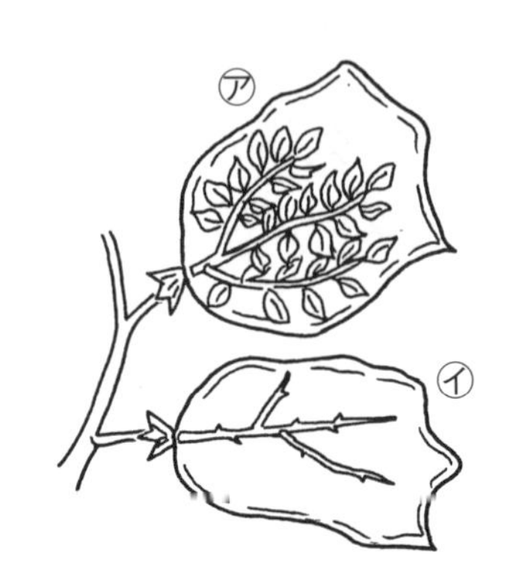

10～15分間、そのままにしておきました。

すると、(① 　　)のふくろに水てきが多くついていました。水はおもに(② 　　)から出ています。これを(③ 　　)といいます。

植物の(④ 　　)から吸(す)い上げられた水は、(⑤ 　　)を通り葉まで運ばれます。水は養分をとかして体のすみずみに送られます。

㋐　蒸散(じょうさん)　葉　根　くき

(2) 葉の表面をけんび鏡で見ると、ところどころに(① 　　)の形をしたものに囲まれたあながあります。植物の体の中の水は、このあなから(② 　　)となって出ていきます。このあなは(③ 　　)や(④ 　　)の出入口でもあります。

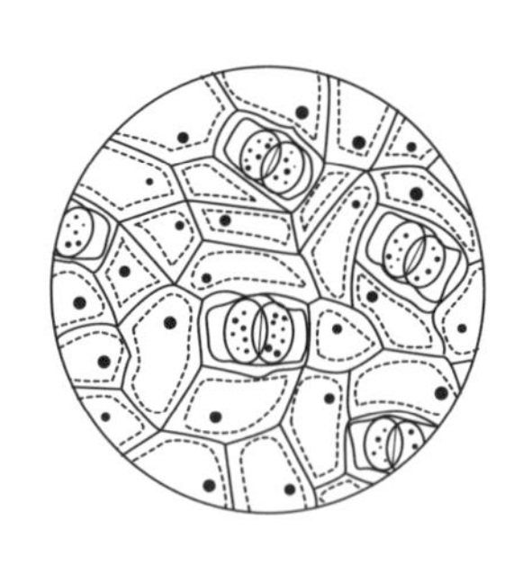

水蒸気　酸素　二酸化炭素　三日月

月　　日　名前　　　　／100点

2　気体検知管を使って、植物に日光があたったときの、空気中の酸素と二酸化炭素の量の変化を調べました。　（1つ10点）

(1)　①、②はそれぞれ酸素、二酸化炭素のどちらを調べたものですか。

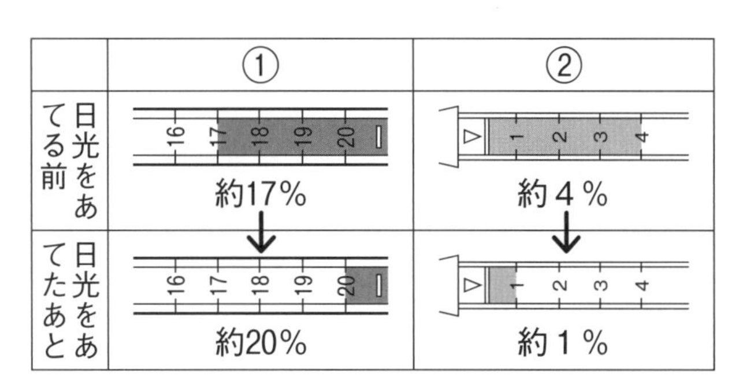

	①	②
日光をあてる前	約17%	約4％
日光をあてたあと	約20%	約1％

①（　　　　　）

②（　　　　　）

(2)　日光があたったとき、植物に取り入れられる気体は何ですか。

（　　　　　）

(3)　日光があたったとき、植物から出される気体は何ですか。

（　　　　　）

3　夕方、ジャガイモの葉の一部だけをアルミニウムはくで包み、次の日、日光に十分あてたあと、でんぷんができているか調べました。　（各5点）

(1)　ヨウ素液につけると葉はどうなりますか。次の中から選びましょう。　（　　）

①　アルミニウムはくで包まなかったところ（㋑）だけ、色が変わった。

②　アルミニウムはくで包んだところ、（㋐）だけ、色が変わった。

③　葉全体の色が変わった。

アルミニウムはく

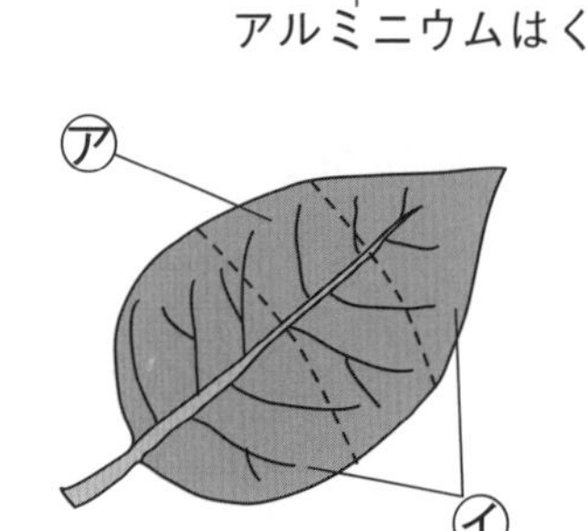

(2)　でんぷんができているのは、㋐、㋑のどちらですか。　（　　）

(3)　でんぷんができるためには、何が必要だとわかりましたか。

（　　　　　）

まとめテスト

植物のつくり

1 葉に日光があたるとでんぷんができるかどうか、次のような実験をして調べました。あとの問いで正しいものに○をつけましょう。 (各7点)

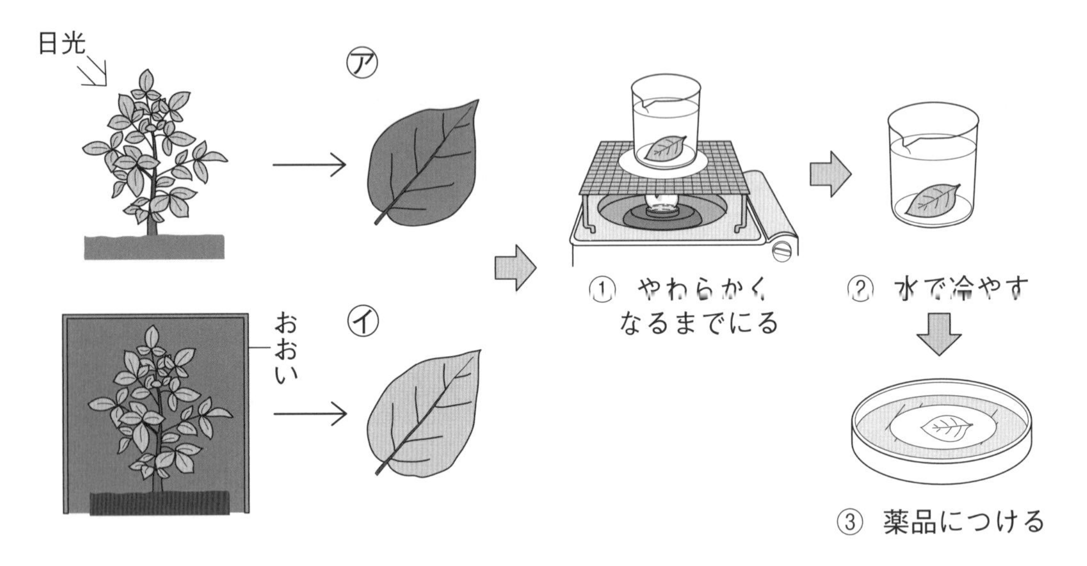

(1) ①のところで、やわらかくなるまでにるのは、葉の緑色を
(うすく, こく)するためです。

(2) ③のところで、でんぷんがあるかどうか調べる薬品は、
(ヨウ素液, BTB液)です。

(3) でんぷんがあると③の薬品は(うすい黄色, 青むらさき色)になります。

(4) でんぷんがあるのは(㋐, ㋑)とわかりました。

(5) 実験の結果から、植物の葉ででんぷんがつくられるためには、
(酸素, 日光)が必要だとわかりました。

月　　日　名前

2 次の(　　)にあてはまる言葉を□から選んでかきましょう。(各7点)

植物には(①　　　)からくき、葉へと続く水の通り道があります。(①)から取り入れられた水は、細い管のような道を通り、植物の体の(②　　　)まで行きわたります。

(②)まで届いた水は、(③　　　)として(④　　　)から外へ出ていきます。このことを(⑤　　　)といいます。

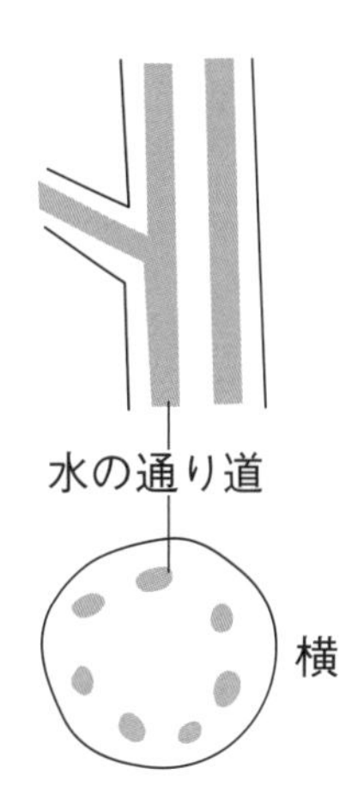

根	葉	すみずみ	水蒸気	蒸散

3 図のようにビーカーにとりたての葉を入れて、ビニールをかぶせ、暗い部屋に置きました。(各10点)

(1) 数時間後、ビーカーの中の空気を注射器で吸い、石灰水の中に入れてみました。石灰水はどうなりますか。次の中から選びましょう。

①(　　) 白くにごる　　②(　　) 変化なし

③(　　) 青むらさきになる

(2) (1)の実験によって、ビーカーの中の空気に何が増えましたか。

(　　　　　　)

(3) これを「植物の○○」といいます。漢字2字でかきましょう。

(植物の　　　　)

植物のつくり

1 ジャガイモの3枚(まい)の葉をアルミニウムで包み、でんぷんのでき方を調べました。次の問いに答えましょう。（各14点）

前の日の夕方、アルミニウムはくで包んでおく。

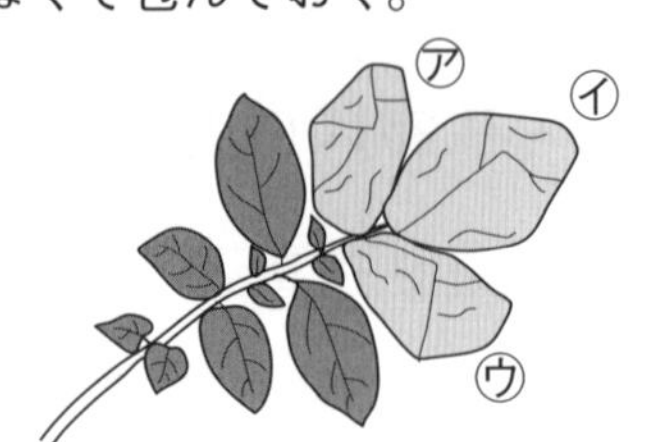

	次の日	
㋐の葉	朝、アルミニウムはくを外す。 →	外してすぐにヨウ素液につける。
㋑の葉	朝、アルミニウムはくを外す。 →	数時間日光にあて、ヨウ素液につける。
㋒の葉	アルミニウムはくはそのまま。 →	数時間後に、ヨウ素液につける。

(1) 朝、葉にでんぷんがないことは、㋐～㋒のどの葉を調べた結果からわかりますか。（　　　）

(2) ㋑の葉を調べた結果、色はどのようになっていますか。（　　　）

(3) ㋒の葉を調べた結果、色はどのようになっていますか。（　　　）

(4) でんぷんができた葉は、㋐～㋒のどの葉ですか。（　　　）

(5) この実験から、植物がでんぷんをつくるためには、何が必要だとわかりますか。（　　　）

月　　日 名前　　　　　　　　　　　　　　　　／100点

2 よく晴れた日の昼間と夜間にジャガイモの葉にポリエチレンのふくろをかぶせ、息をふきこみ、ふくろの中の酸素と二酸化炭素の割合（わりあい）の変化を気体検知管で調べました。

〈方法〉

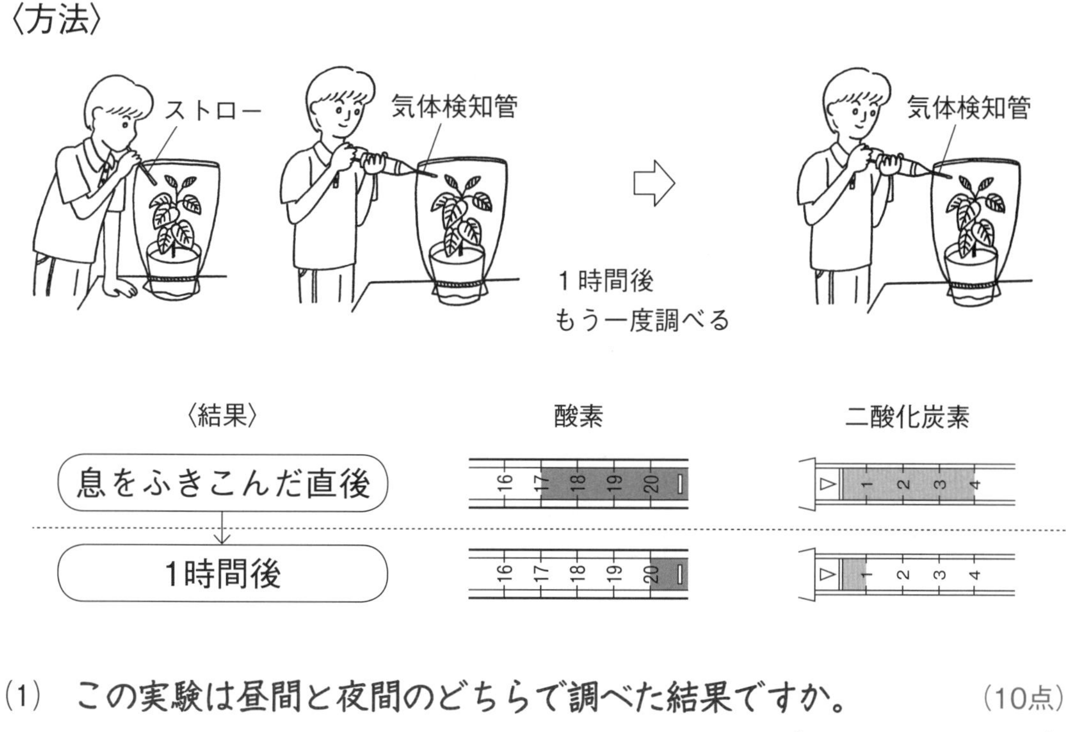

(1) この実験は昼間と夜間のどちらで調べた結果ですか。（10点）

（　　　　　）

★(2) (1)のように考えられる理由をかきましょう。（20点）

［　　　　　　　　　　　　　　　　　　　　］

水よう液の性質

水よう液の仲間分け

水よう液　水にものがとけてとう明になった液
とけたものの重さがある

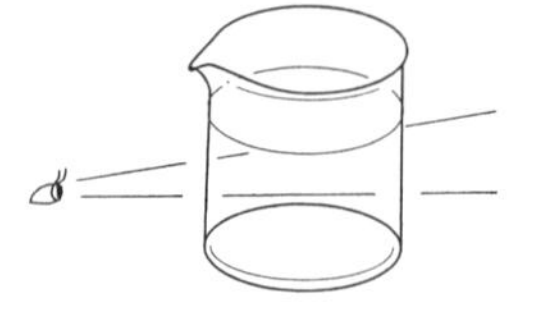

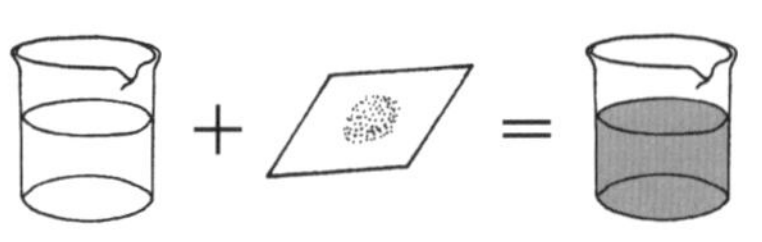

水よう液	色・味・におい・など	酸性・中性・アルカリ性
塩酸	とう明、しげき的なにおい	酸性
炭酸水	とう明、あわが出る、石灰水を白くにごらせる	酸性
す	とう明、すっぱい、しげき的なにおい	酸性
食塩水	とう明、しょっぱい	中性
石灰水（せっかいすい）	とう明	アルカリ性
アンモニア水	とう明、しげき的なにおい	アルカリ性
水酸化ナトリウム水よう液	とう明、ぬるぬるする	アルカリ性

水よう液と金属

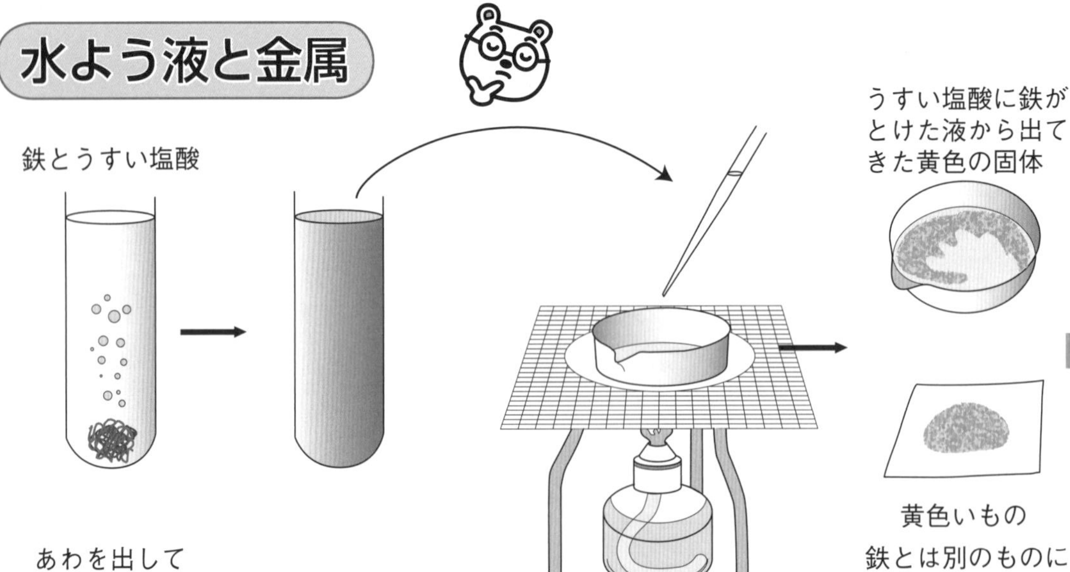

月　　日　名前

リトマス紙

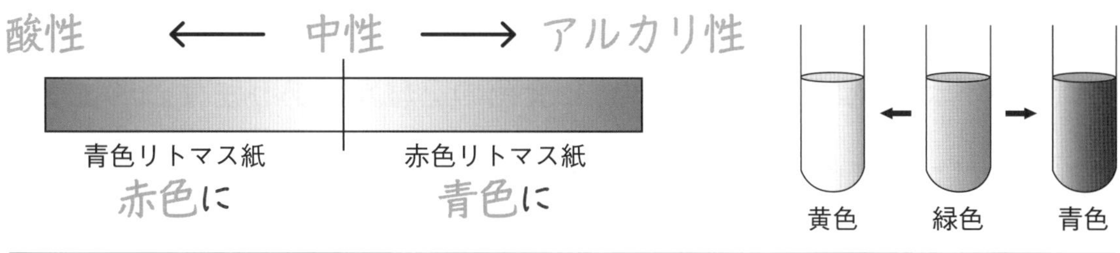

BTB液

黄色　緑色　青色

金属をとかす		とけているもの	
鉄（スチールウール）	アルミニウム	とけているもの	蒸発させたとき
○あわを出してとける	○	気体（塩化水素）	何も残らない
		気体（二酸化炭素）	何も残らない
		液体（さく酸）	
×とけない	×	固体（食塩）	白いものが残る
		固体（石灰）	白いものが残る
		気体（アンモニア）	何も残らない
×	○	固体（水酸化ナトリウム）	

炭酸水を調べる

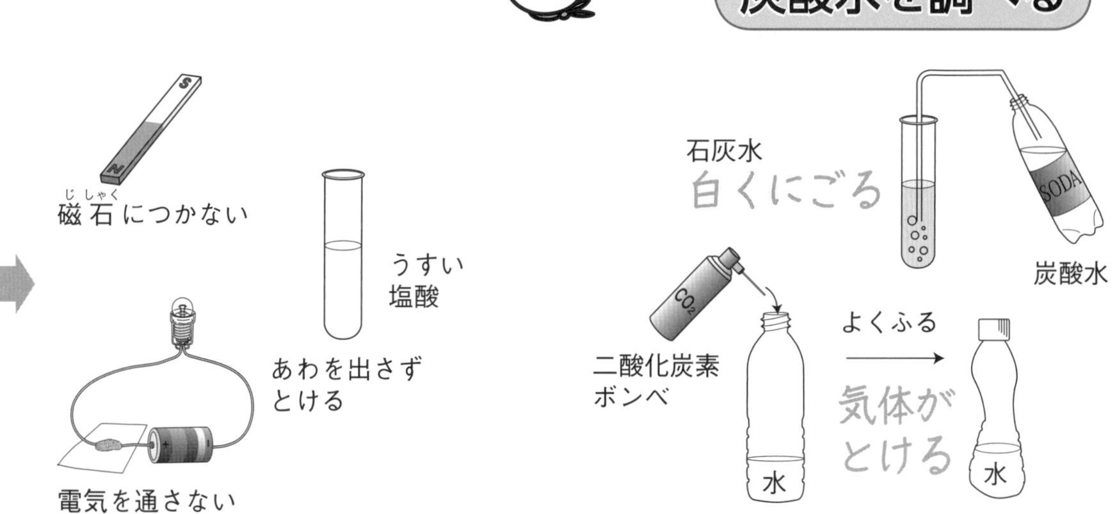

水よう液の性質 ①

水よう液の仲間分け

1 リトマス紙について、(　　)にあてはまる言葉を□から選んでかきましょう。

(1) リトマス紙には(①　　　)と青色の２種類があります。水よう液をつけて、青色リトマス紙が赤く変化すれば(②　　　)を、赤色リトマス紙が(③　　　)変化すればアルカリ性を表します。

青く　赤色　酸性

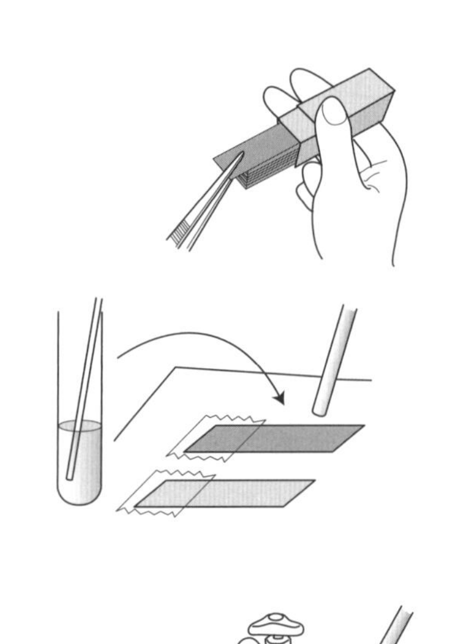

(2) リトマス紙は(①　　　　　)でつかみ、直接(②　　　)でつかみません。

調べる液は(③　　　　)を使ってリトマス紙につけ、使ったガラス棒は(④　　　　)に水でよく洗(あら)います。

指　ガラス棒(ぼう)　ピンセット 一回ごと

(3) リトマス紙以外にもムラサキキャベツの液や(①　　　　)を使って水よう液を酸性・中性・(②　　　　　)に仲間分けすることができます。

アルカリ性　ＢＴＢ液

月　　日　名前

リトマス紙などを使い、酸性、中性、アルカリ性などの水よう液の仲間分けをします。

2 表は、リトマス紙やＢＴＢ液を使って、水よう液を仲間分けしたものです。(　　)にあてはまる言葉を□から選んでかきましょう。

	(①　　　)	中性	(②　　　)
リトマス紙の変化	赤　変化なし 青　青→赤	赤　(③　　　) 青　変化なし	赤　(④　　　) 青　変化なし
水よう液	(⑤　　　) 炭酸水	(⑥　　　) さとう水	水酸化ナトリウム水よう液 石灰水
ＢＴＢ液	(⑦　　　)	緑	(⑧　　　)

酸性　アルカリ性

変化なし　赤→青

食塩水　塩酸

黄　青

3 水よう液をあつかう実験をするときの注意について、(　　)にあてはまる言葉を□から選んでかきましょう。

水よう液はビーカーには(①　　　)以下、試験管には(②　　　)程度に入れます。

においは直接鼻を近づけず、(③　　　)であおいで確かめます。水よう液が手についたらすぐ(④　　　)で洗い流します。

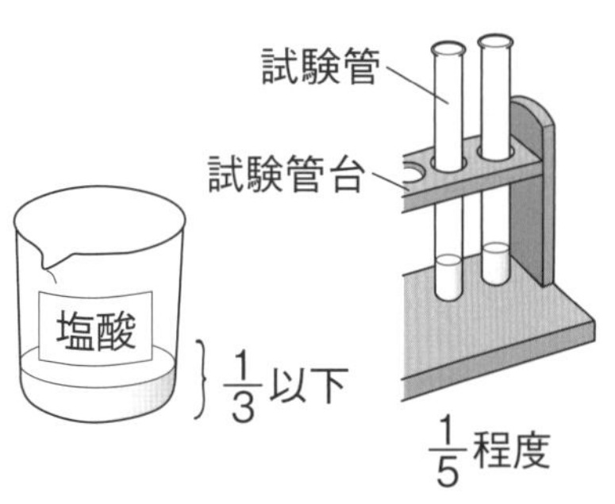

$\frac{1}{3}$　$\frac{1}{5}$　水　手

水よう液の性質 ②
とけているもの

1 塩酸と食塩水について、（　　）にあてはまる言葉を□から選んでかきましょう。

(1) 塩酸は水に塩化水素という（①　　　）がとけた水よう液で、（②　　　　　）です。水を蒸発（じょうはつ）させても（③　　　　　　　）。

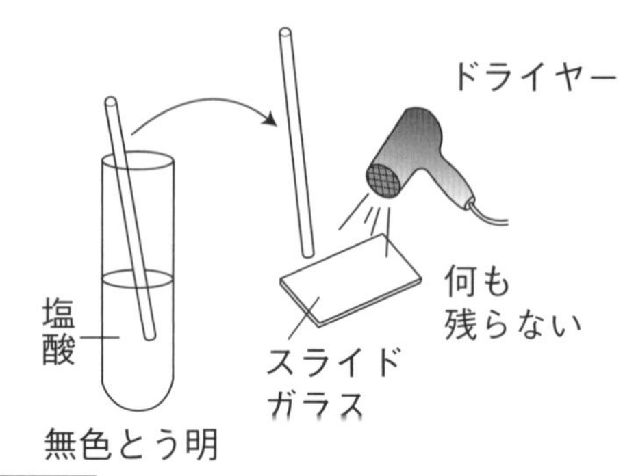

何も残りません　　気体　　無色とう明

(2) 食塩水は水に食塩という（①　　　）がとけた水よう液で、（②　　　　　）です。

水を蒸発させると（③　　　）が出てきます。

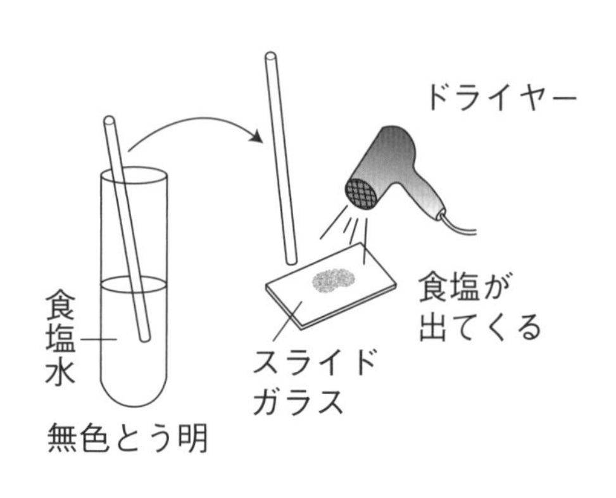

無色とう明　　固体　　食塩

(3) （①　　　　　　　　　）は蒸発するとこくなって、とても（②　　　）です。蒸発させては（③　　　　　）。

いけません　　水酸化ナトリウム水よう液　　危険（きけん）

月　　日 名前

水よう液にとけているものを取り出します。

2 炭酸水にとけているものを次のように調べました。(　　)にあてはまる言葉を□から選んでかきましょう。

(1) 炭酸水から出る(①　　　　)を試験管に集めました。

石灰水(せっかいすい)を入れ、ゴムせんをしてふると(②　　　　　)ました。

火のついた線こうを入れると(③　　　　　)ました。

これより、炭酸水には(④　　　　　　)がとけていることがわかりました。

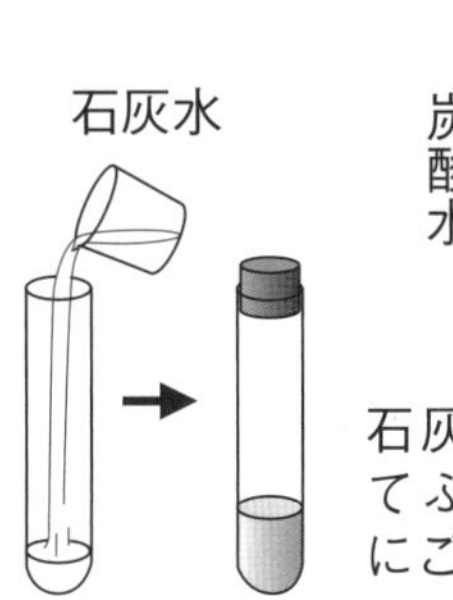

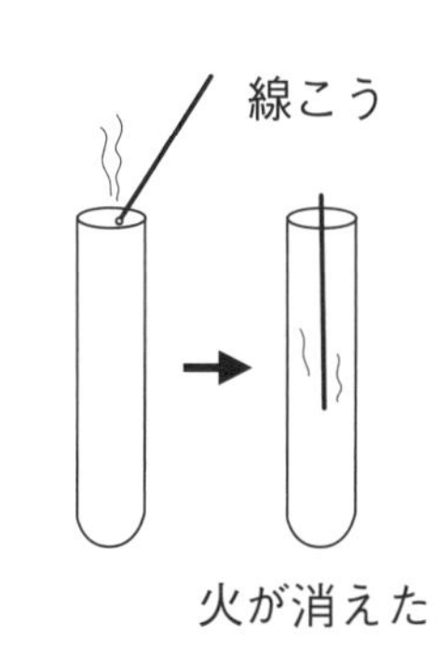

白くにごり　　すぐに消え 気体　　二酸化炭素

(2) ペットボトルに(①　　　　)を入れ、ボンベの(②　　　　　)をふきこんでから、ふたをしてよくふります。すると、ペットボトルは(③　　　　)ます。このことから二酸化炭素は水に(④　　　　)ことがわかります。

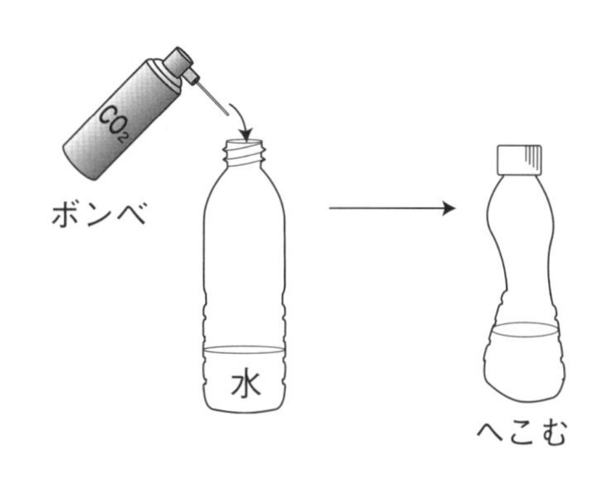

へこみ　　とける　　水　　二酸化炭素

水よう液の性質 ③

水よう液と金属

1 次の(　　)にあてはまる言葉を□から選んでかきましょう。

うすい塩酸の水よう液、食塩水、うすい水酸化ナトリウム水よう液が、アルミニウムやスチールウール（鉄）をとかすかどうかの実験をしました。

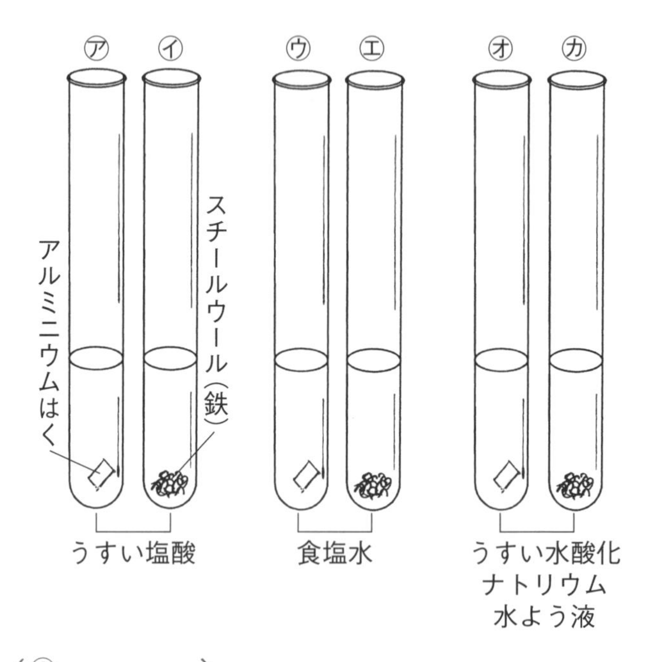

㋐のように、アルミニウムにうすい塩酸を加えました。しばらくすると、アルミニウムの表面から、たくさんの(①　　　)が出てきました。

やがて、アルミニウムは、(②　　　　)しまいました。このとき、試験管は、(③　　　)なりました。

㋑のように、スチールウールにうすい塩酸を加えました。しばらくすると、スチールウールの表面からポツポツと(④　　　)が出てきました。

㋔のように、アルミニウムにうすい水酸化ナトリウムの水よう液を加えました。するとアルミニウムの表面から少しずつ(⑤　　　)が出てきました。㋒、㋓、㋕は(⑥　　　　　　)でした。

あわ　　変化しません　　とけて　　熱く
◉３回使う言葉もあります。

月　　日 名前

金属がとけた水よう液を調べます。とけたものが変化しているようすについても学びます。

2　**1**の実験の結果を次の表にまとめます。あわを出してとけるものに○を、変化がないものに×をつけましょう。

	アルミニウムはく	スチールウール(鉄)
うすい塩酸	㋐	㋑
食塩水	㋒	㋓
うすい水酸化ナトリウム水よう液	㋔	㋕

3　次の(　　)にあてはまる言葉を□から選んでかきましょう。

㋑の鉄がとけた液を(①　　　)に少し入れて(②　　　)します。液が蒸発(じょうはつ)すると、あとに(③　　　)が残りました。

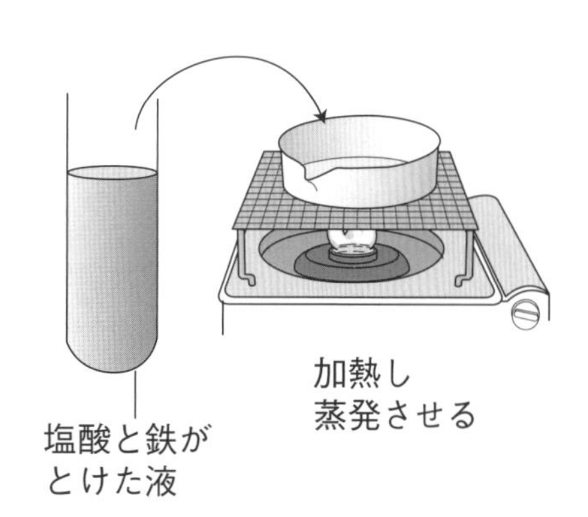

次に蒸発皿に残ったものをうすい塩酸に入れると(④　　　)を出さずにとけました。

また、(③)に磁石(じしゃく)を近づけても(⑤　　　　　)でした。

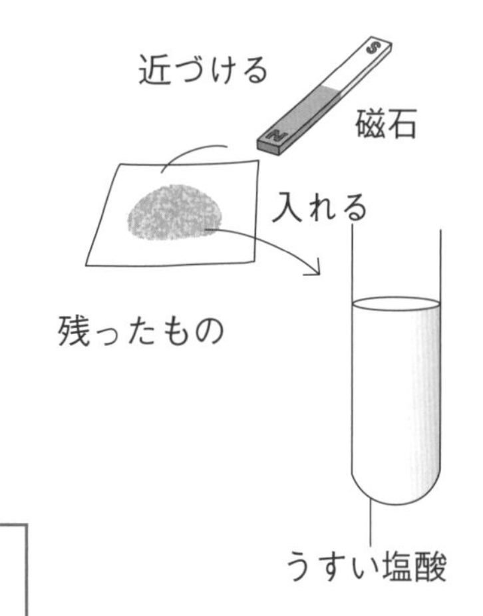

このことから蒸発皿に残ったものは、元の鉄とは(⑥　　　)だといえます。

加熱	黄色いもの	蒸発皿
あわ	引きつけられません	別のもの

水よう液の性質

1 表はリトマス紙を使っていろいろな水よう液を調べた結果です。あとの問いに答えましょう。

水よう液	リトマス紙の色の変化のようす		水よう液の性質
	青色リトマス紙	赤色リトマス紙	
水酸化ナトリウム水よう液 石灰水（せっかいすい）	（①　　）	青色に変化	（㋐　　）
食塩水 さとう水	変化なし	（②　　）	（㋑　　）
塩酸 炭酸水	（③　　）	変化なし	（㋒　　）

(1) リトマス紙の変化のようすを①～③の（　　）に、変化なし・赤色に変化のどちらかをかきましょう。（各５点）

(2) 実験の結果から、㋐～㋒の（　　）に、水よう液は酸性・中性・アルカリ性のどれかをかきましょう。（各５点）

(3) （　　）にあてはまる言葉を□から選んでかきましょう。（各５点）

リトマス紙は手でさわらず、（①　　　　）などを使ってあつかいます。水よう液を調べるときは（②　　　　）を使い、毎回水で（③　　　　）ます。

ガラス棒（ぼう）　洗（あら）い　ピンセット

月　　日 名前　　　　／100点

2 図はうすい塩酸にスチールウール（鉄）を入れたときのようすです。（　　）から正しい答えを選んで○をつけましょう。（各５点）

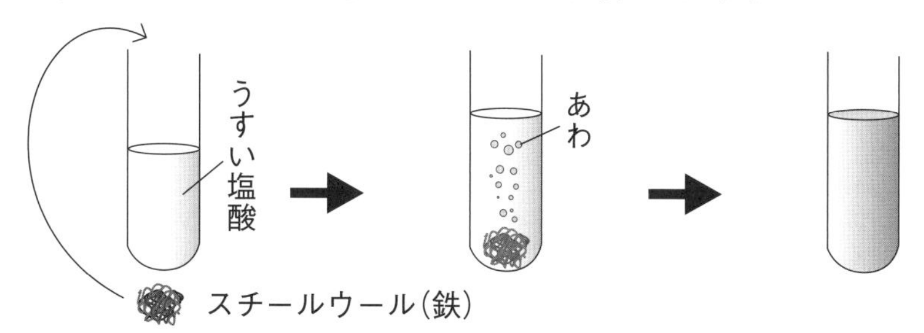

(1) 鉄の表面から何が出てきますか。

（ あわが出る，　何も出てこない ）

(2) うすい塩酸に鉄をとかすとき、試験管の温度はどうなりますか。

（ 上がる，　そのまま，　下がる ）

(3) 鉄のかわりにアルミニウムを入れたときは、どのような変化が起こりますか。

（ あわが出る，　何も出てこない ）

3 表はいろいろな水よう液の性質をまとめたものです。（　　）にあてはまる言葉を□から選んで表を完成させましょう。（各８点）

	においをかぐ	蒸発皿（じょうはつざら）に入れて熱する	石灰水を入れる
塩　酸	強いにおいがする	（①　　）	（②　　）
炭酸水	においがしない	何も残らない	（③　　）
食塩水	（④　　）	（⑤　　）	変化なし

白くにごる　　何も残らない　　白いものが残る
においがしない　　変化なし

まとめテスト

水よう液の性質

1 次の表は、リトマス紙とBTB液を使って、水よう液を調べたものです。

水よう液名	(Ⓐ　　　)	(Ⓑ　　　)	(Ⓒ　　　)
リトマス紙	青色→赤く	変化なし	赤色→青く
BTB液	(㋐　　　)	緑色	(㋑　　　)

(1) Ⓐ、Ⓑ、Ⓒは食塩水、塩酸、水酸化ナトリウムの水よう液どれですか。　(各8点)

(2) ㋐、㋑は何色ですか。(　　)にかきましょう。　(各6点)

2 図は、うすい塩酸に鉄をとかした液を調べたものです。次の(　　)にあてはまる言葉を□から選んでかきましょう。　(各8点)

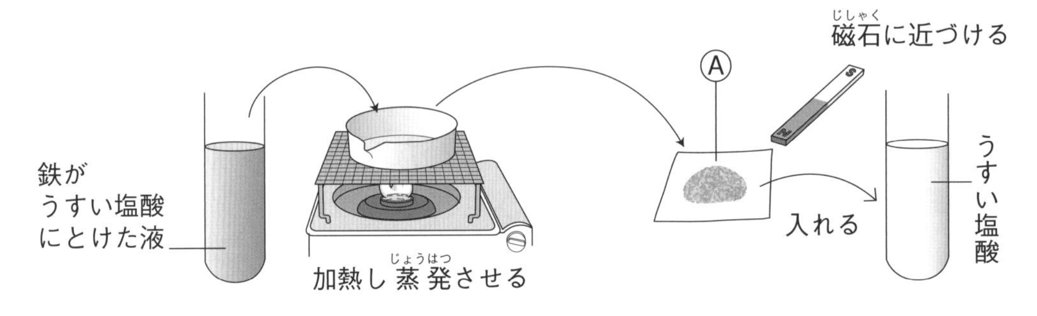

蒸発皿に残ったものⓐの色は(①　　　)で、磁石を近づけても(②　　　　　)でした。Ⓐを再びうすい塩酸に入れると、あわは(③　　　　)とけました。これよりⒶは(④　　　　　)ことがわかります。

引きつけられません	黄色	鉄ではない	出ないで

月　　日　名前

3 炭酸水について実験をしました。あとの問いに答えましょう。（各８点）

(1) 図のようにして、プラスチック容器に二酸化炭素を半分ほど入れました。そのあと、容器のふたをしてよくふりました。

プラスチック容器
気体ボンベ
CO_2
水そう

プラスチックの容器に水を満たし、気体ボンベから二酸化炭素を入れる

① ふったあとのプラスチック容器は、どのようになりますか。正しいものに〇をつけましょう。

（ふくらむ，　へこむ）

② ①のようになったのはどうしてですか。理由として正しいものを、次の㋐～㋒から選びましょう。（　　）

㋐ ふることによって、二酸化炭素が液体に変化したから。
㋑ ふることによって、二酸化炭素が水にとけたから。
㋒ ふることによって、水の体積が小さくなったから。

(2) よくふったあと、中の液体を、石灰水（せっかいすい）に入れました。正しいものに〇をつけましょう。

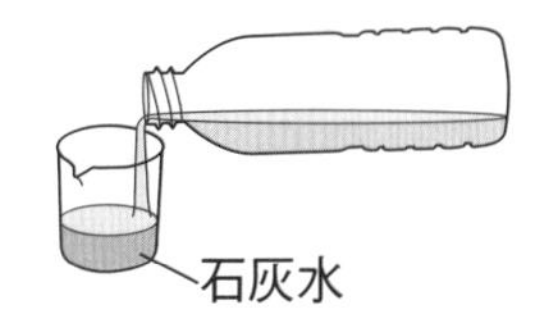

① 石灰水は、どうなりますか。

（黄色くにごる，　白くにごる，　変化しない）

② ①のような変化が起きたのは、プラスチック容器内の水に何がふくまれていたからですか。

（塩化水素，　二酸化炭素，　酸素）

まとめテスト

水よう液の性質

1 水よう液を使った実験のようすです。（1つ5点）

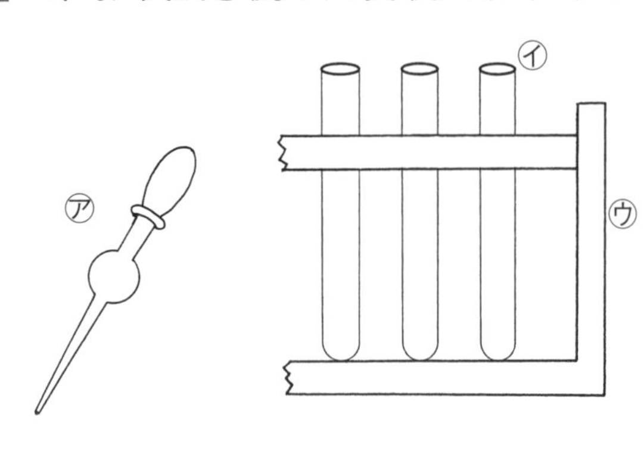

(1) ㋐〜㋒の実験器具の名前を答えましょう。

㋐（　　　　　　　　）

㋑（　　　　　　　　）

㋒（　　　　　　　　）

(2) 次の実験の方法で正しいものに○を、まちがいに×をつけましょう。

① （　　）水よう液はピペットを使って試験管に入れます。

② （　　）水よう液の種類を変えるときは、ピペットをそのまま続けて使います。

③ （　　）試験管には水よう液は$\frac{1}{4}$〜$\frac{1}{5}$くらいまでにします。

2 次の（　　）にあてはまる言葉を□から選んでかきましょう。（各5点）

リトマス紙は、（①　　　　）性・（②　　　　　　）性を示す試験紙でリトマスゴケからつくります。リトマス紙には、青と赤の２種類があり、青色リトマス紙が（③　　　　）なれば酸性を表し、赤色リトマス紙が（④　　　　）なればアルカリ性を表します。

リトマス紙の他に（⑤　　　　　　）など酸性・アルカリ性を示す薬品があります。（⑥　　　　　　　　）のしるも酸性で変色します。

酸	アルカリ	ＢＴＢ液
ムラサキキャベツ	青く	赤く

月　　日　名前

3 表は、塩酸、炭酸水、食塩水の性質をまとめたものです。次の(　　)にあてはまる言葉を□から選んでかきましょう。（1つ8点）

水よう液の性質	Ⓐ	Ⓑ	Ⓒ
におい	ない	ない	ある
青色リトマス紙の色の変化	赤く	変化なし	赤く
赤色リトマス紙の色の変化	変化なし	変化なし	変化なし
蒸発皿に入れて熱する	何も残らない	固体が残る	何も残らない
石灰水に入れる	白くにごる	変化なし	変化なし

(1) Ⓐは石灰水(せっかいすい)を白くにごらせることから、(①　　　　)です。

(2) 青色、赤色リトマス紙の変化がないことから、Ⓑは(②　　　　)の水よう液で(③　　　　)です。石灰水を入れても変化はありません。

(3) Ⓒは蒸発皿(じょうはつざら)に入れて熱したとき、あとに何も残らないことから水に(④　　　　)がとけている水よう液です。これは、青色リトマス紙を赤く変えることから酸性の水よう液で(⑤　　　　)です。また、石灰水を入れても変化はありません。

中性　　気体　　炭酸水　　食塩水　　塩酸

まとめテスト

水よう液の性質

1 塩酸、炭酸水、食塩水の3つの水よう液について、あとの問いに答えましょう。

(1) (　　)にあてはまる言葉を□から選んでかきましょう。 (各6点)

(① 　　　)は、水に塩化水素という気体がとけた水よう液です。

水に二酸化炭素がとけた水よう液を(② 　　　)といいます。

食塩水は水に(③ 　　　)という固体がとけた水よう液です。

炭酸水	食塩	塩酸

(2) 塩酸を蒸発皿(じょうはつざら)に入れ、加熱しました。 (各6点)

① 熱したあとの蒸発皿のようすを、図の㋐、㋑から選びましょう。

(　　)

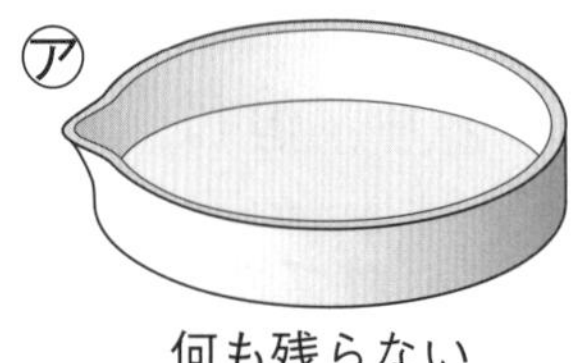

何も残らない

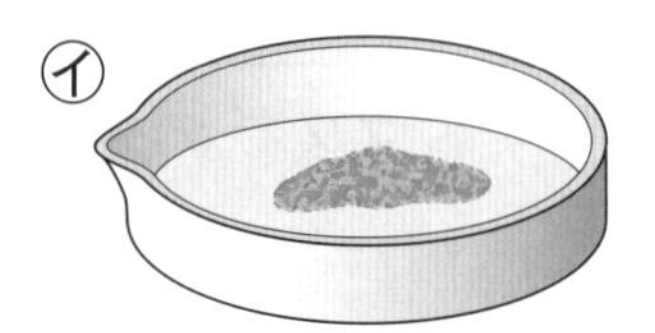

白いものが残っている

② 塩酸のときとちがう結果が出る水よう液は、炭酸水、食塩水のどちらですか。

(　　　　　　)

③ 塩酸のときと同じ結果が出る水よう液は、炭酸水、食塩水のどちらですか。

(　　　　　　)

(3) リトマス紙に3種類の水よう液をつけました。酸性の水よう液をすべて答えましょう。 (14点)

(　　　　　　)

月　　日 名前　　　　／100点

2 次の㋐～㋔の５つのビーカーには、炭酸水・す・食塩水・うすい塩酸・石灰水（せっかいすい）のどれかが入っています。

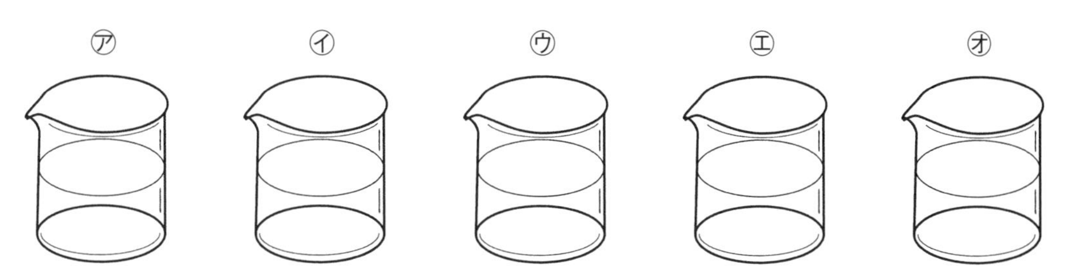

次の４つの実験をしました。㋐～㋔の水よう液は何か調べましょう。

実験１　㋑、㋒、㋔は青色リトマス紙を赤色に変えました。

実験２　水よう液を少しとって熱したら、㋐と㋓は、あとにつぶが残りました。㋑、㋒、㋔は何も残りませんでした。

実験３　ある気体にふれると白くにごる㋐の液を㋑、㋒、㋓、㋔に加え、かきまぜると㋔だけが白くにごりました。

実験４　㋑と㋒の液にアルミニウムを入れました。㋒の液はさかんにあわが出ました。㋑の液は変化がありませんでした。

㋐～㋔の液の名前は何ですか。（各10点）

㋐（　　　　　　　　）　㋑（　　　　　　　　）

㋒（　　　　　　　　）　㋓（　　　　　　　　）

㋔（　　　　　　　　）

月と太陽

月・太陽・地球

太陽……こう星……光を出す

地球……わく星……光を出さず、こう星の周りを回る

月……衛　星……光を出さず、わく星の周りを回る

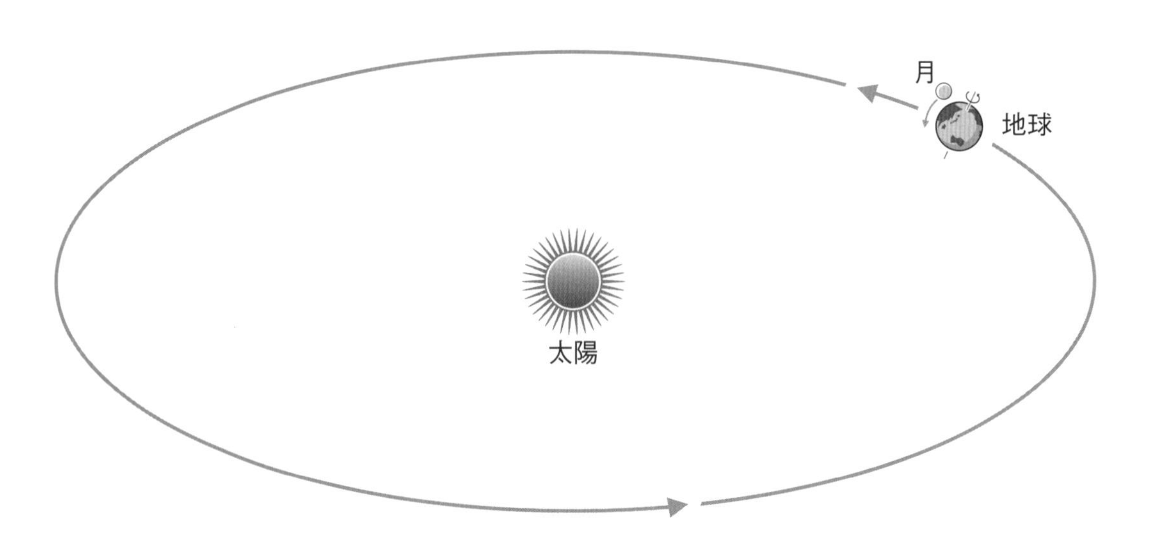

	太陽	地球	月
直径	約140万km (地球の109倍)	約1万3000km	約3500km (地球の$\frac{1}{4}$)
温度	表面　6000℃ 中心　1600万℃	表面 約マイナス40℃ ～約30℃	明るい部分　130℃ 暗い部分　マイナス170℃
地球からのきょり	約1億5000万km		約38万km

月　　日　名前

月と太陽の特ちょう

太陽

高温の気体（プロミネンス）がふきだしている。

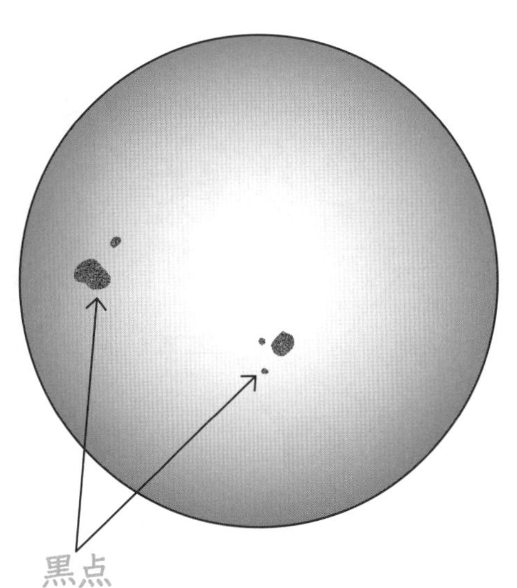

黒点
周りと比べて、
温度が低い部分

自分で光を放つ、
動かない星（こう星）
コロナというほのおを出す
気体のかたまり。

月

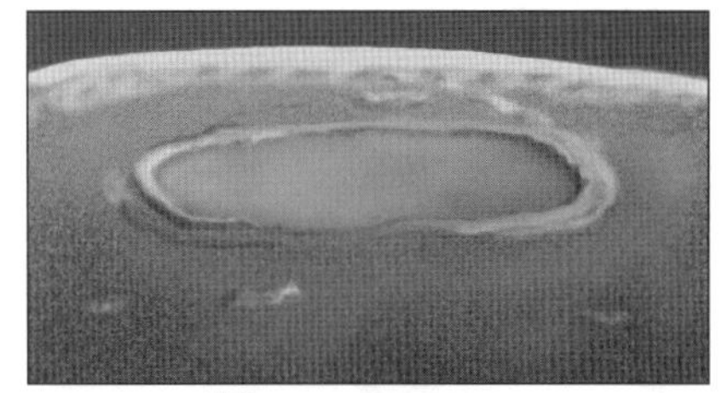

岩石や砂(すな)が広がり、くぼみ（クレーター）が数多く見られる。

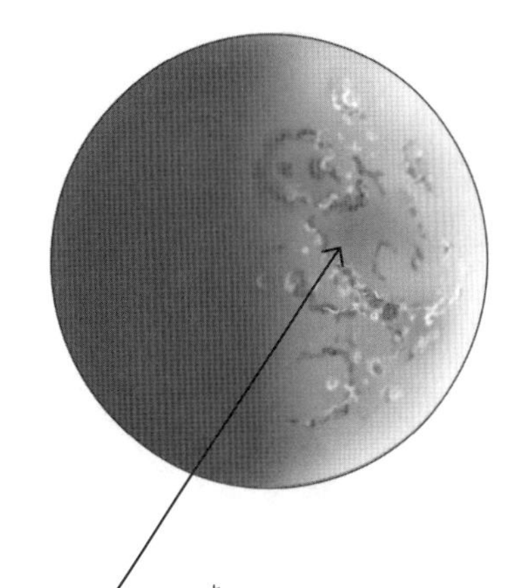

「海」と呼(よ)ばれ、平らな
低地が広がっている

太陽のはなつ光を反射(はんしゃ)して
光る、地球の周りを回る星
（衛星）
岩石や砂が表面に広がり、
空気がない。

地球には、水と空気が広がっている。

月と太陽

月の見え方

月の見え方（形）は約１か月で元にもどる

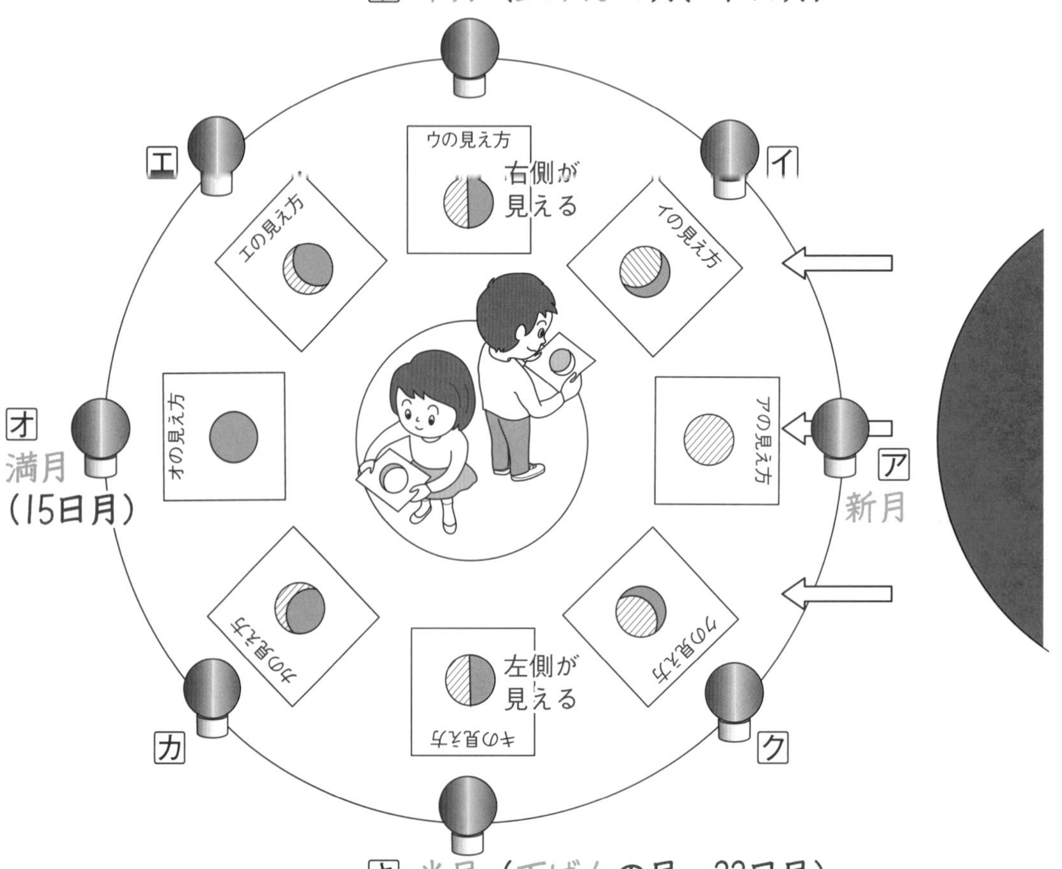

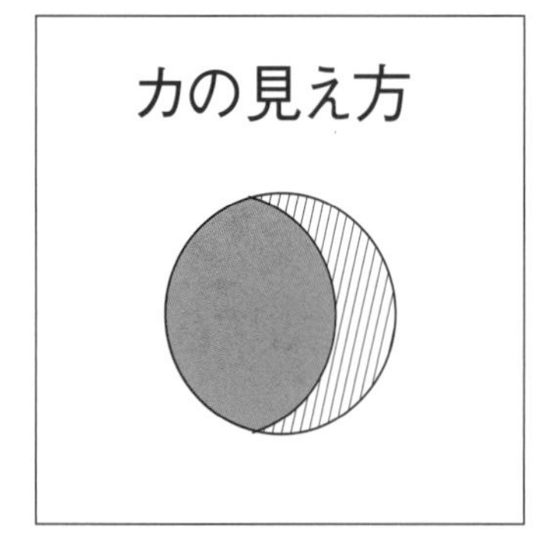

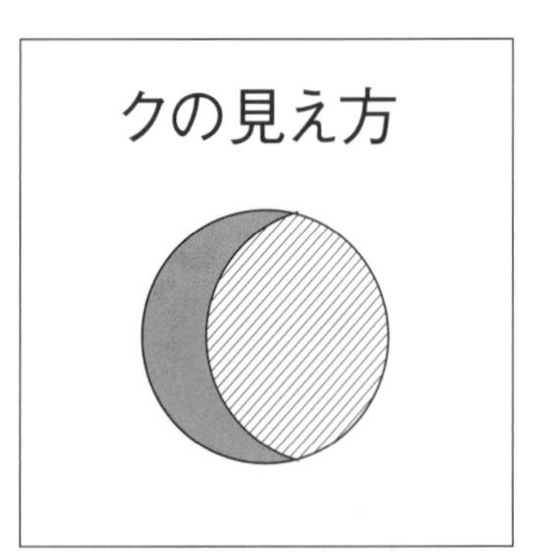

月　　日　名前

月の形と位置

夕方、太陽が西にしずむころに見える
月の形と、その位置

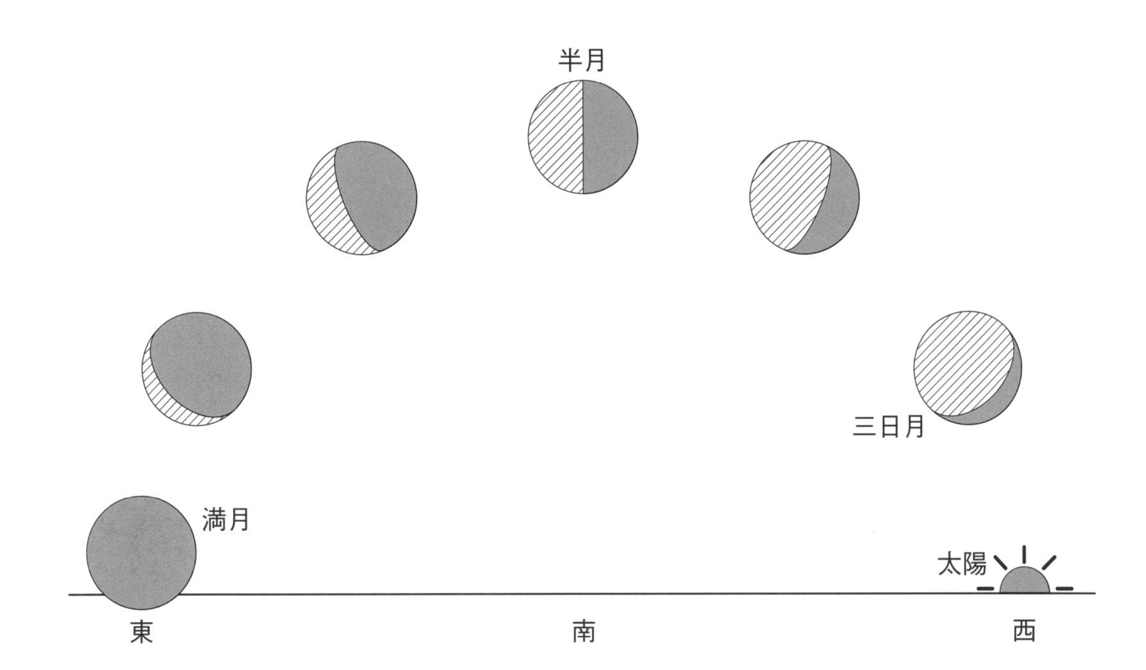

日食と月食

日食…太陽ー月ー地球の順に一直線上に並ぶ

月食…太陽ー地球ー月の順に一直線上に並ぶ

日食　　　月食

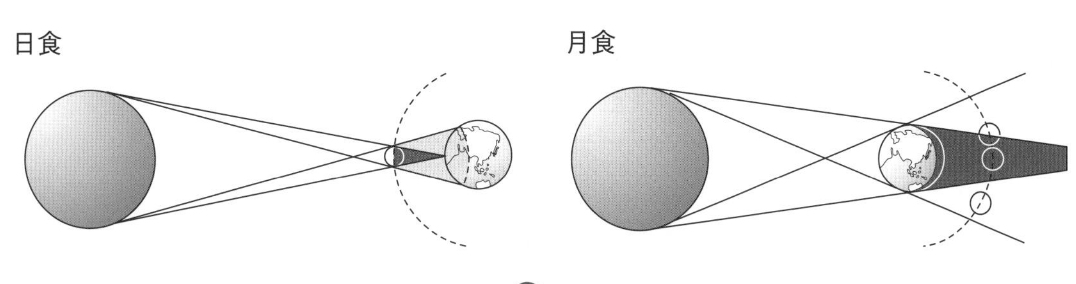

月と太陽 ①
太陽の見え方

1 次の(　　)にあてはまる言葉を□から選んでかきましょう。

(1) 太陽の光が棒(ぼう)によって(①　　　　)ことで、地面にかげができるので、かげは太陽の(②　　　　)にできます。実験は、時間がたっても(③　　　　)にならない場所で行います。

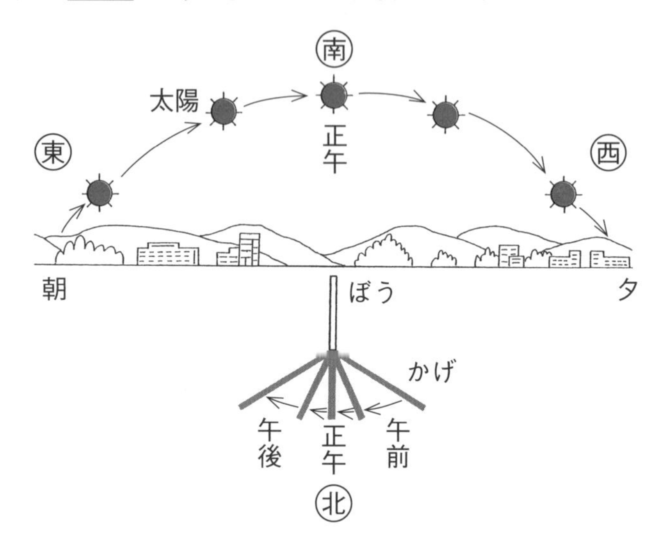

さえぎられる　　反対側　　日かげ

(2) 午前9時、西側に長いかげができました。かげの長さは、太陽の高さが(①　　　　)ほど長くなります。正午、かげの位置は北に移動しました。かげの長さは、午前9時と比べて(②　　　　)なります。

時間がたつと、かげは西から北を通って東へ移動します。太陽は、朝(③　　　　)の空に出て、時間とともに(④　　　　)の空に高くのぼり、やがて(⑤　　　　)の空にしずみます。このように太陽が動いて見えるのは、(⑥　　　　)が自転しているからです。

東　　南　　西　　低い　　短く　　地球

月　　日 名前

太陽やかげの動きを調べ、夏至・冬至と太陽の関係を学びます。

2 次の(　　)にあてはまる言葉を□から選んでかきましょう。

(1) 何日か観察して変化を調べるため(①　　　　)とその日の天気をかきます。観察する場所は(②　　　　)にします。

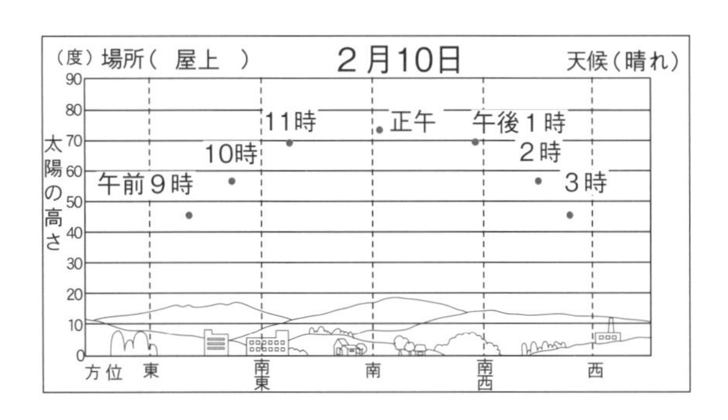

太陽の高さは、(③　　　　)ごろに一番高くなります。これを太陽の(④　　　　)といいます。

7月に、同じ観察をすると、太陽の動きは同じでした。太陽の高さは2月より(⑤　　　　)なり、太陽が出ている時間は(⑥　　　　)なりました。

同じ	月日	高く	南中	長く	正午

(2) 一年のうち、太陽が最も高くなる日を(①　　　　)といい、昼間の長さが一年で最も(②　　　　)です。太陽が最も低くなる日を(③　　　　)といい、昼間の長さが一年で最も(④　　　　)です。昼間と夜間の長さが同じ日を(⑤　　　　)の日・(⑥　　　　)の日といいます。

夏至(げし)	冬至	長い	短い	春分	秋分

月と太陽 ②

月の形の見え方

1 ボールと電灯を使って、月の見え方の実験をしました。

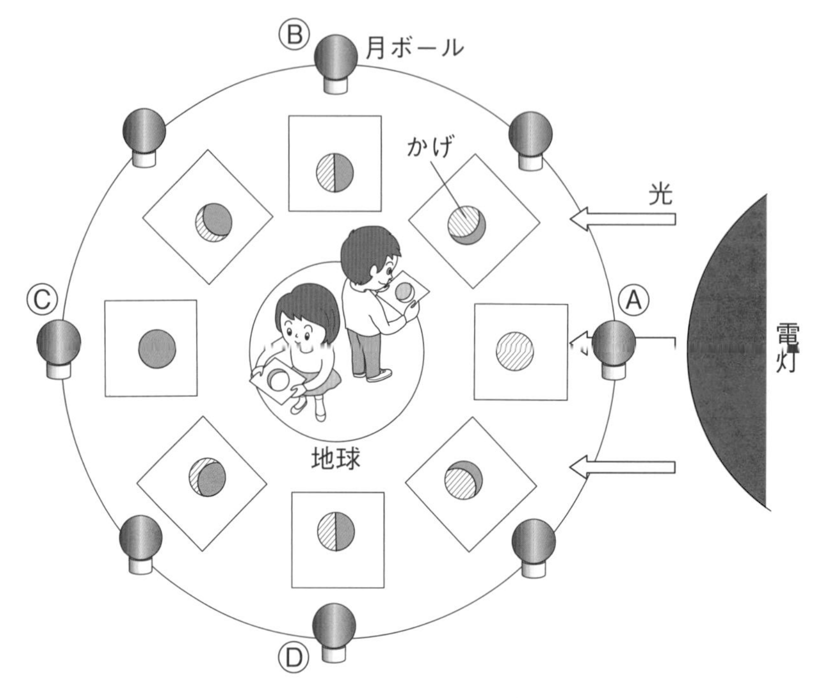

次の(　　)にあてはまる言葉を□から選んでかきましょう。

(1) 実験では、ボールを(①　　　　)に、電灯を(②　　　　)に見立てています。観察者が立っている場所が(③　　　　)です。

地球　　太陽　　月

(2) Ⓐに月があるとき、光のあたっている部分は地球からは(①　　　　　　　)。この月を(②　　　　)と呼(よ)びます。

Ⓒに月があるとき、地球からは(③　　　　)の月が見えます。この月を(④　　　　)と呼びます。

新月　　見えません　　満月　　円形

月　　日 名前

太陽、地球、月の位置関係と、見え方を学習します。

2　1の図を使って答えましょう。

ボールの見える形を観察カードにかきました。Ⓐ～Ⓓのどの位置ですか。記号をかきましょう。また、月の名前を□から選んでかきましょう。

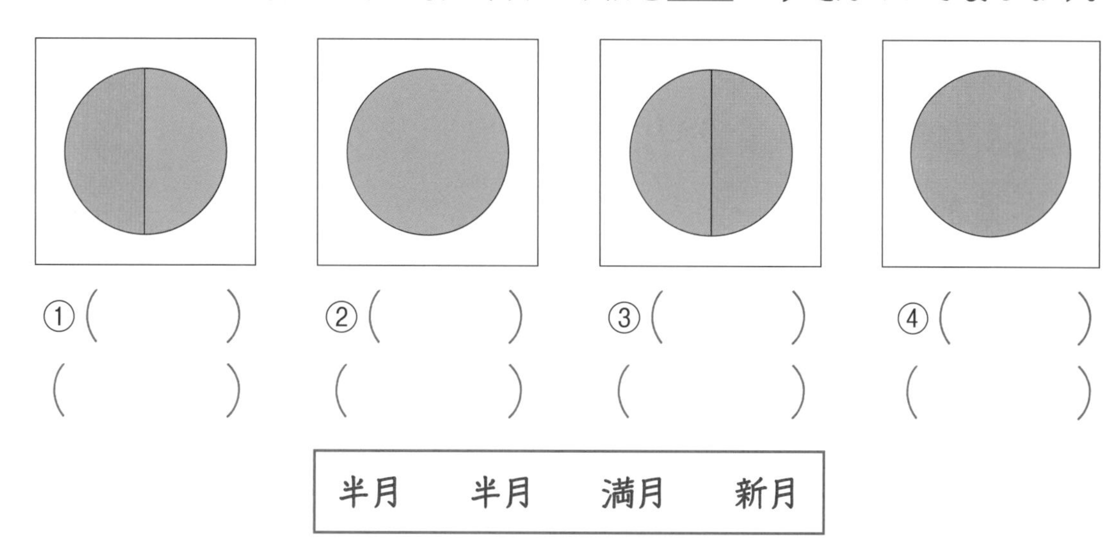

①（　　　）　②（　　　）　③（　　　）　④（　　　）

（　　　）　（　　　）　（　　　）　（　　　）

半月　半月　満月　新月

3　次の（　　）にあてはまる言葉を□から選んでかきましょう。

月は（①　　　）をしています。（②　　　　）に照らされている部分だけが明るく見え、（③　　　）の部分は暗くて見えません。

月は太陽の光を受けながら約１か月で（④　　　）の周りを回っています。

月と太陽の（⑤　　　　）が変わるため、地球から見た月の見え方が変わって見えます。

地球　位置関係　球形　太陽の光　かげ

月と太陽 ③
月と太陽のようす

1 次の(　　)にあてはまる言葉を□から選んでかきましょう。

(1) 太陽は非常に(①　　　　)、たえず(②　　　　)を出している高温のガスのかたまりです。この光が(③　　　　)に届き、明るさや(④　　　　)をもたらしています。表面の温度は約(⑤　　　　)にもなり、黒く見える部分は周りより温度が(⑥　　　　)部分で(⑦　　　　)と呼ばれています。

あたたかさ	6000℃	低い	黒点	大きく	強い光	地球

(2) 月は自分で光を出さず、(①　　　　)の光を受けます。表面には(②　　　　)や砂が広がっていて、(③　　　　)はありません。また、石や岩がぶつかってできたくぼみの(④　　　　)がたくさんあります。

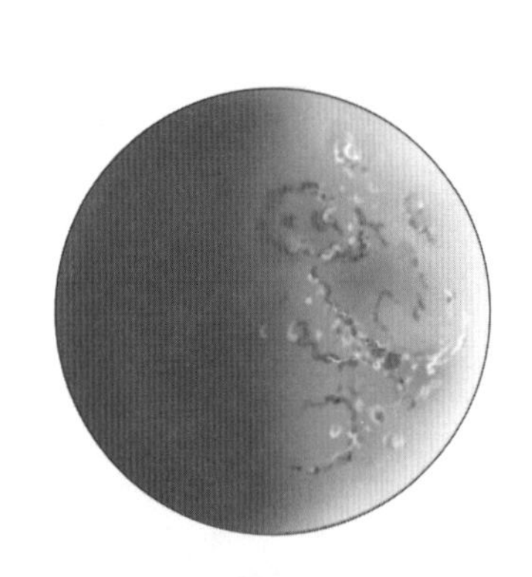

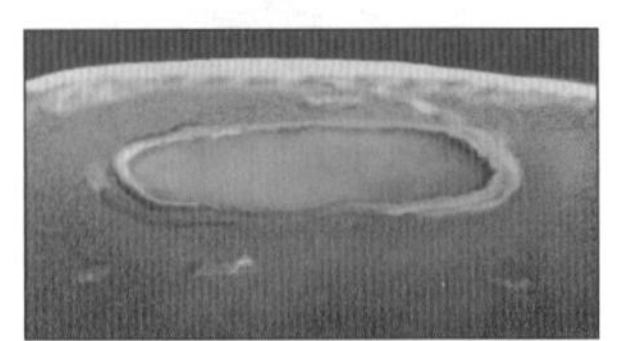

月は、うさぎに似たもようのある半球側を常に地球に向けて回っています。

空気	クレーター	太陽	岩石

月　日 名前

月のようすと、太陽のようすについて学びます。

2 次の(　　)にあてはまる言葉を□から選んでかきましょう。

(1) 星には、太陽のように、自分で(①　　　)や熱を出している(②　　　　)や、地球のように、太陽の周りを回っている(③　　　　)や、月のように、地球の周りを回っている(④　　　　)などがあります。

わく星や衛星は自分で光や熱を出さず、こう星の光を(⑤　　　　)して光っています。

衛星	反射(はんしゃ)	光	こう星	わく星

(2) 月の直径は地球の約(①　　　　)倍です。太陽は非常に大きく、直径は地球の約(②　　　)倍もあります。

地球と月は、約(③　　　　)はなれています。地球と太陽は、約(④　　　　　)はなれています。太陽の光と熱の(⑤　　　　)は非常に大きく、遠くはなれた地球にも届きます。太陽からもたらされた明るさやあたたかさは、(⑥　　　)の生き物にとって欠かせないものです。

エネルギー	地球	1億5千万km	38万km
4分の1	109		

月と太陽 ④

月と太陽のようす

1 次の文は、月と太陽と地球のことについてかいています。

月のことについてかいているものには㋐を、太陽のことについてかいているものには㋑を、地球のことについてかいているものには㋒をかきましょう。

① (　　) 太陽の周りを回っているわく星です。

② (　　) 日によって、見える形や位置が変わります。

③ (　　) 大きさは、地球のおよそ109倍もあります。

④ (　　) 大きさは、地球のおよそ$\frac{1}{4}$です。

⑤ (　　) 表面の温度は約6000℃もあり、強い光を出してかがやいています。

⑥ (　　) 表面には、クレーターと呼(よ)ばれる円形のくぼみがあります。

⑦ (　　) 表面には、黒点と呼ばれる周りより温度の低い部分があります。

⑧ (　　) 目で見るときには、必ずしゃ光板を使います。

⑨ (　　) 表面の明るい部分は約130℃にもなります。かげの部分はマイナス170℃にもなります。

⑩ (　　) 高温の気体でできた星です。

⑪ (　　) 空気と水、大地があり、生き物がくらしています。

⑫ (　　) 地球の周りを回っている衛星です。

月　　日 名前

月、太陽、地球のようすや、日食、月食などの現象を学びます。

2 次の(　　)にあてはまる言葉を□から選んでかきましょう。

(1) 太陽も月も、形は(①　　　)です。しかし(②　　　)は日によってちがった形に見えます。それは、月が(③　　　)の周りを回っていて、(④　　　)の光に照らされた部分を、私(わたし)たちが毎日ちがった方向から見るからです。月の見え方の変化には規則性があり、新月→(⑤　　　)→半月→(⑥　　　)→半月→二十六日月→新月と変わります。新月から再び新月にもどるまでに、約(⑦　　　)かかります。

球形	月	太陽	地球	三日月	満月	1か月

(2) 月が太陽と地球の間に入り、一直線に並(なら)ぶと地球からは(①　　　)が欠けて見えます。これを(②　　　)といいます。月が太陽の見える方向の反対になり、一直線に並ぶと地球からは(③　　　)が欠けて見えます。これを(④　　　)といいます。

太陽	月	日食	月食

日食の起こるわけ

月食の起こるわけ

まとめテスト

月と太陽

1 次の文で、正しいものには○、まちがっているものには×をかきましょう。（各４点）

①（　　）月の表面温度は、どこも同じです。

②（　　）月には水のたまった海があります。

③（　　）月の満ち欠けは、約１か月で元の形にもどります。

④（　　）太陽は月の周りを回っています。

⑤（　　）太陽は、地球の約10倍の大きさがあります。

⑥（　　）太陽が東から西に動いて見えるのは、地球自身が回っているからです。

⑦（　　）月は同じ半球側を向けて地球の周りを回っています。

⑧（　　）新月は、昼間、東の空から西の空へ移動しますが、太陽の明るさによって、ほとんど見えません。

2 次の図は、地球、月、太陽を表しています。（　　）にあてはまる言葉をかきましょう。（１つ４点）

(1) ㋐〜㋒の名前をかきましょう。

（㋐　　　　）（㋑　　　　）

（㋒　　　　）

(2) 月は（①　　　）の周りを回っています。自ら光を出さず、（②　　　）の光があたっている部分が明るく見えます。月のように、わく星の周りを回る星を（③　　　）と呼(よ)びます。月と太陽の位置関係が変わることで、月の形が変わって見えます。新月から再び新月にもどるまでに約（④　　　）かかります。

月　　日　名前　　　　／100点

3 地球から見た月の満ち欠けのようすを調べるために、図のような実験をしました。地球から①～⑧のように見えるのは、月が図のどの位置にあるときですか。記号で答えましょう。（1つ3点）

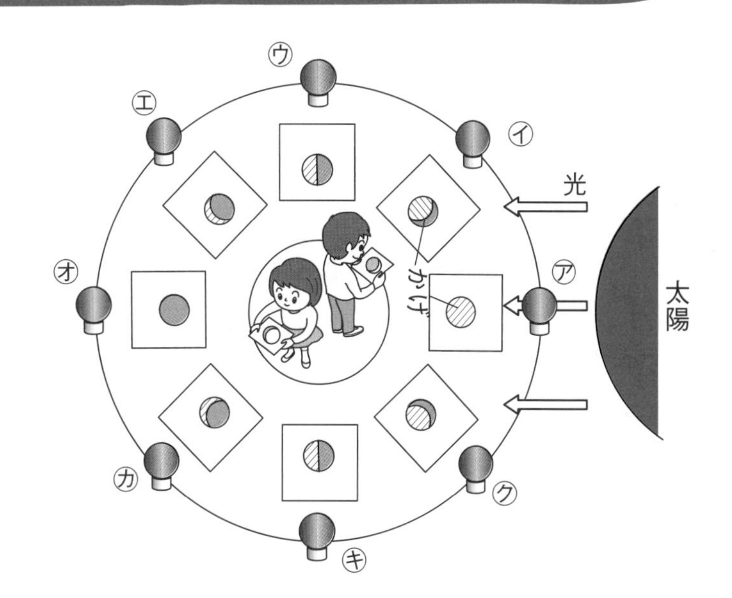

①（　　）　②（　　）　③（　　）　④（　　）

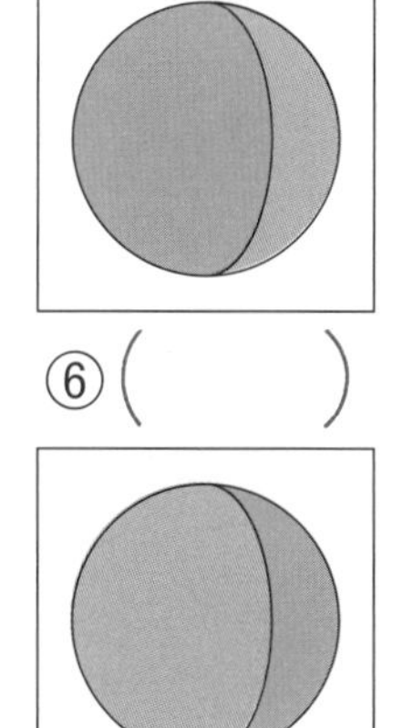

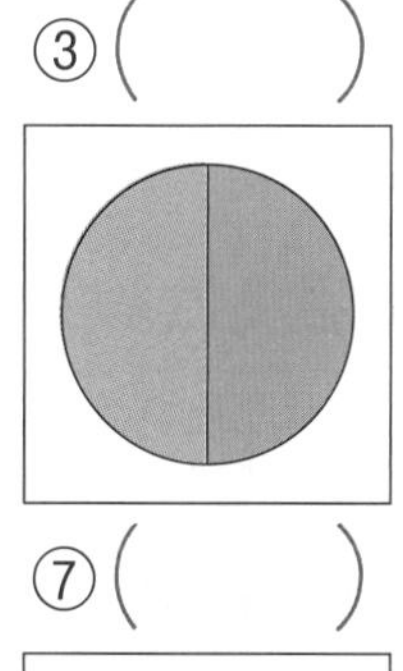

⑤（　　）　⑥（　　）　⑦（　　）　⑧（　　）

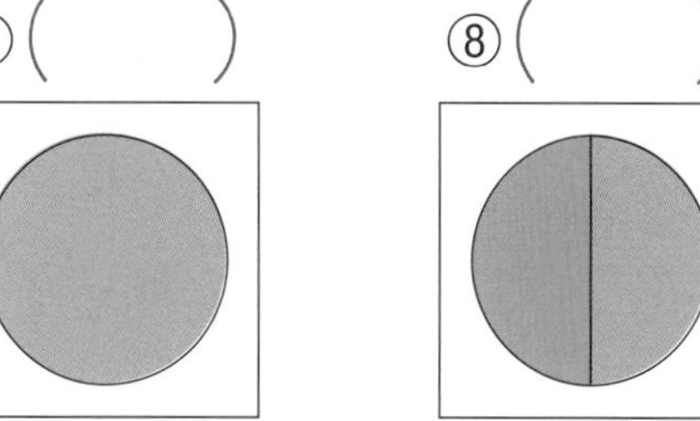

4 ある日の夕方ごろ、図の◌の位置に月が見えました。このとき月はどのような形に見えるか、図の中にかきましょう。（16点）

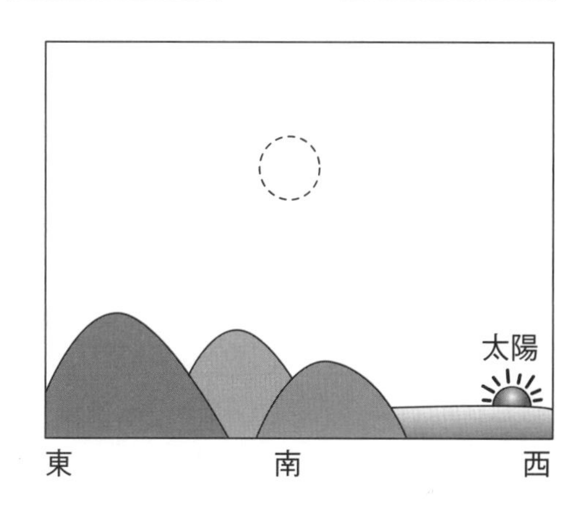

まとめテスト

月と太陽

1 次の文は、月、太陽のことについてかいています。月についてかかれたものは○、太陽についてかかれたものは△、どちらにもあてはまらないものには×をつけましょう。（各４点）

①（　　）表面は岩石や砂（すな）でできています。

②（　　）たえず強い光を出しています。

③（　　）表面の温度は、明るいところが130℃で、暗いところは、マイナス170℃になります。

④（　　）クレーターと呼（よ）ばれる円形のくぼみがあります。

⑤（　　）地球の周りを回っています。

⑥（　　）直径は約3500kmで、地球の$\frac{1}{4}$の大きさです。

⑦（　　）表面の温度は約6000℃あります。

⑧（　　）高温の気体でできた星です。

⑨（　　）こう星の仲間です。

⑩（　　）わく星の仲間です。

⑪（　　）衛星の仲間です。

⑫（　　）黒点と呼ばれる部分があります。

⑬（　　）水のたまった海があります。

⑭（　　）地球の約109倍の大きさです。

⑮（　　）空気があります。

月　　日　名前　　　　／100点

2　地球から見た月の満ち欠けのようすを調べるために、次の図のような実験をしました。あとの問いに答えましょう。

(1)　観察者の位置は、月、地球、太陽のどこを表していますか。（４点）

（　　　　）

(2)　電灯は、月、地球、太陽のどこを表していますか。（４点）

（　　　　）

(3)　観察者から見ると㋑〜㋔の位置のボールはどのように見えますか。下のカードにかきましょう。（各５点）

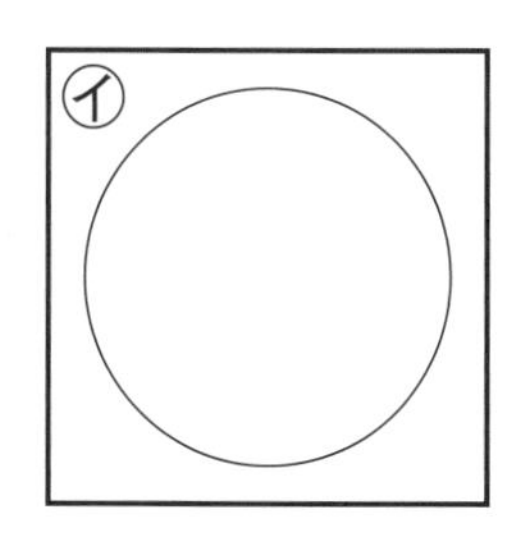

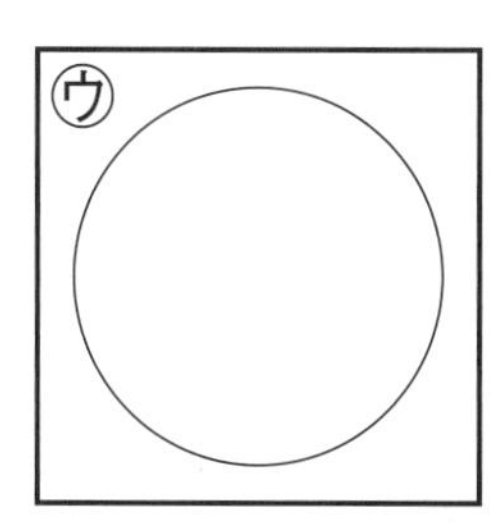

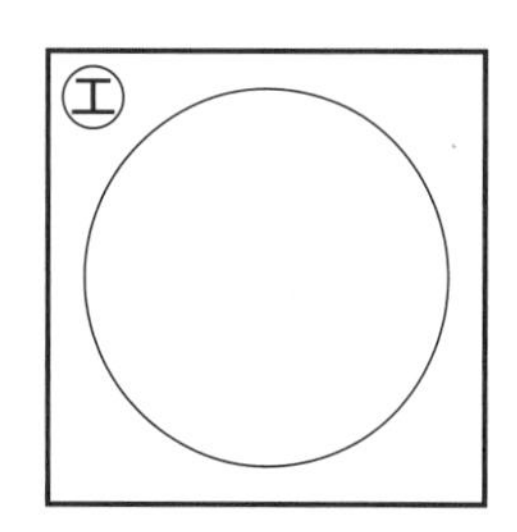

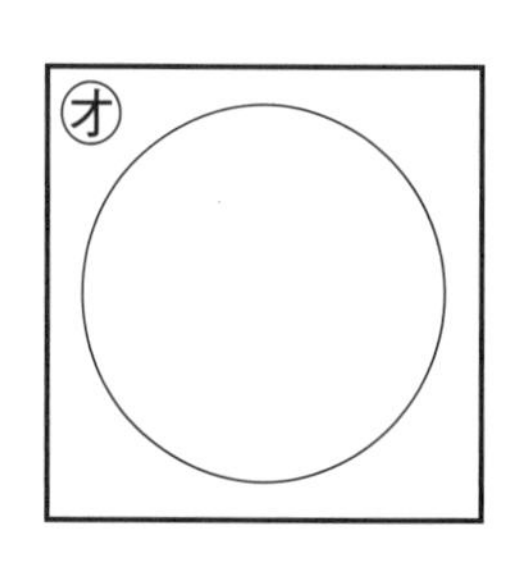

(4)　次の(　　)にあてはまる言葉をかきましょう。（各４点）

月の満ち欠けが起こるのは（①　　　　）が（②　　　　）の周りを回っているからで、（③　　　　）の期間で元の形にもどります。

月と太陽

1 図は、太陽とかげの動きを表しています。㋐～㋔は観察した時間にできた、それぞれのかげを表しています。あとの問いに答えましょう。

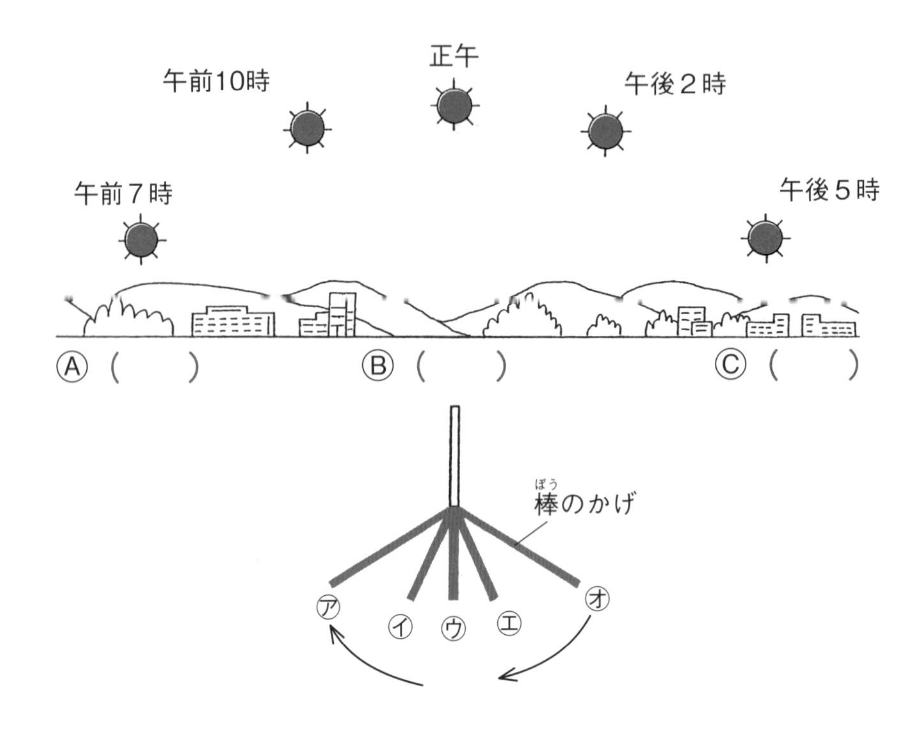

(1) Ⓐ、Ⓑ、Ⓒにあてはまる方位（東西南北）をかきましょう。（各６点）

(2) 午前７時にできたかげと、午後２時にできたかげを㋐～㋔の中からそれぞれ選んでかきましょう。（各６点）

午前７時（　　）　　午後２時（　　）

★(3) 午後にできたかげの長さより、正午にできたかげの方が短いことがわかりました。その理由をかきましょう。（10点）

［　　　　　　　　　　　　］

月　　日　名前　　　　/100点

2 次の文章は、月と太陽、地球の特ちょうをまとめたものです。（　）にあてはまる言葉を□から選んでかきましょう。（各６点）

太陽は、光を出す（①　　　）です。周りと比べて、温度が低く、黒く見える部分を（②　　　）と呼(よ)びます。

地球は、太陽の周りを回る（③　　　）です。地表にはたくさんの緑や水と（④　　　）が広がっています。それらを使って、たくさんの生き物が生活しています。

月は、地球の周りを回る（⑤　　　）です。光を出さず、（⑥　　　）の光を反射(はんしゃ)しているので、光って見えます。表面には、岩石や砂(すな)が広がり、（⑦　　　）と呼ばれるくぼみがあります。

黒点	こう星	わく星	衛星
太陽	クレーター	空気	

3 右の図は、ボール、電灯、ビデオカメラを使って月の見え方を調べたものです。ボール、電灯、ビデオカメラはそれぞれ何に見立てて使っていますか。（各６点）

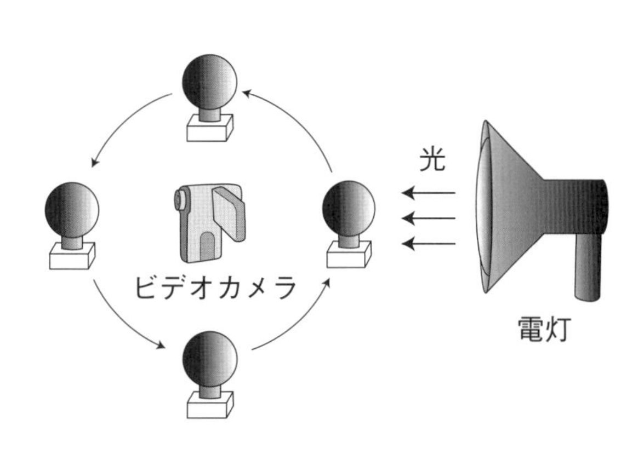

ボール（　　　）

電　灯（　　　）

ビデオカメラ（　　　）

月と太陽

1 地球から見た月の満ち欠けのようすを調べるために、図のような実験をしました。観察者から見て、㋐～㋗の位置にある月はそれぞれどのように見えますか。見える部分に色えん筆でぬりましょう。

（1つ6点）

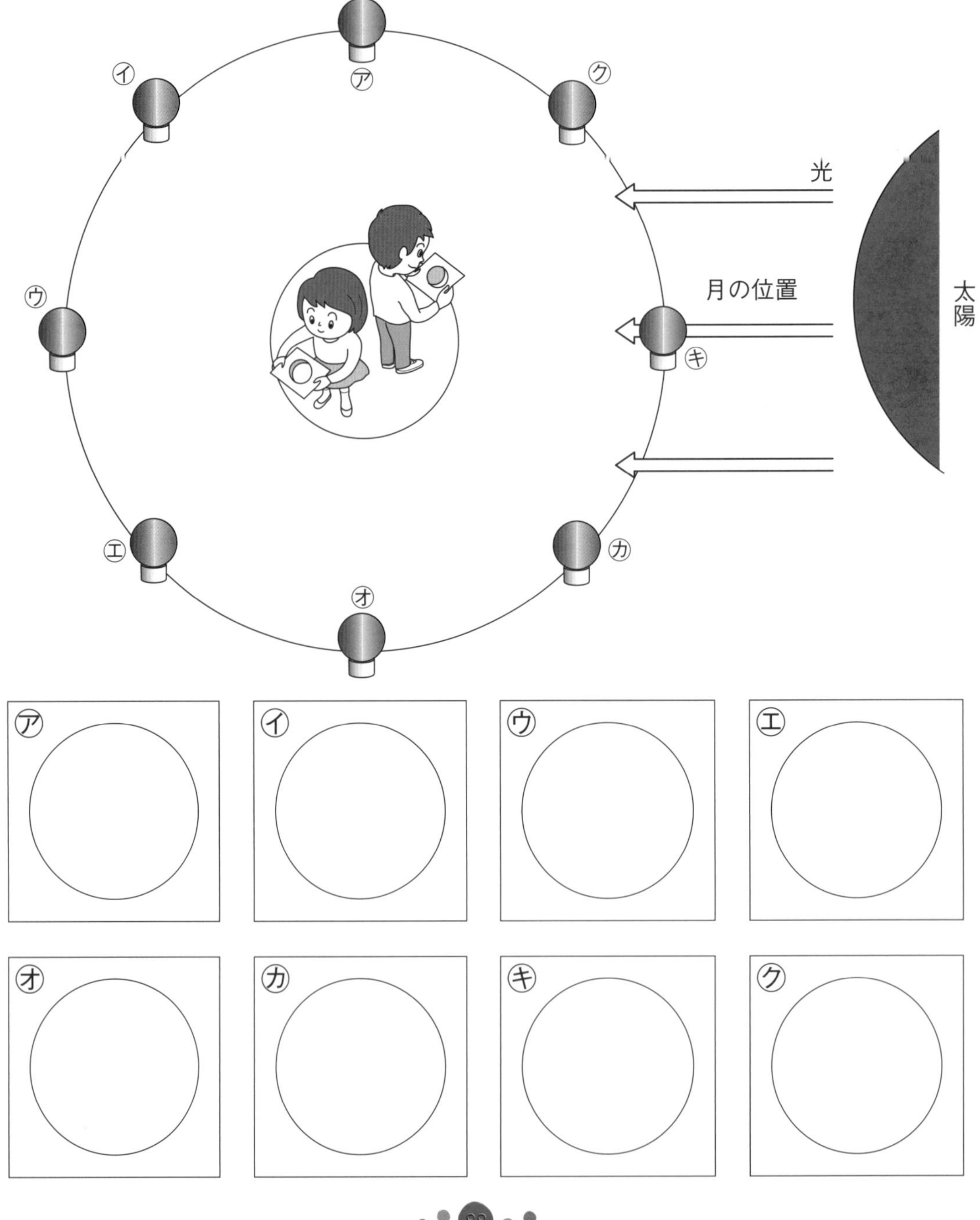

月　　日　名前　　　　/100点

2 ある日、図の◌の位置に月が見えました。あとの問いに答えましょう。

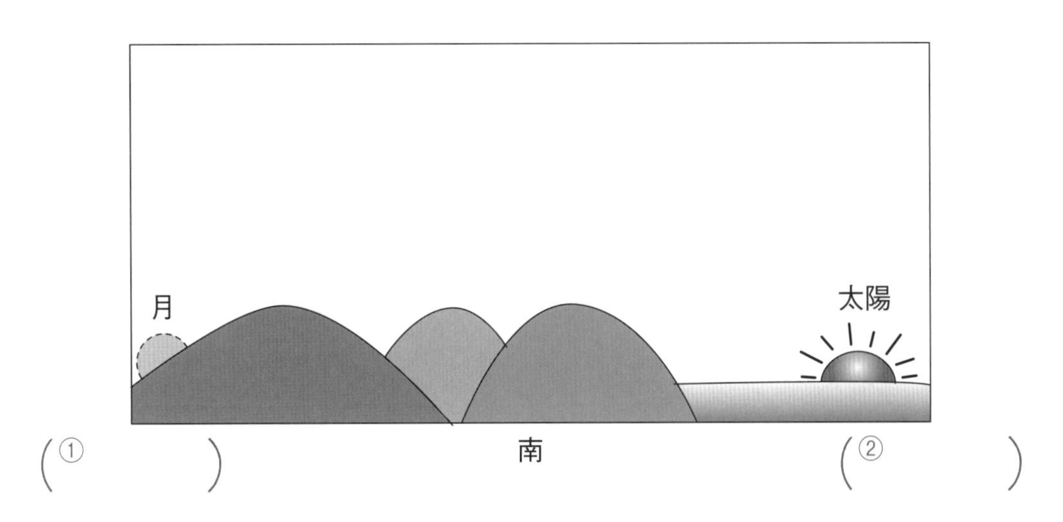

(1) 図の①、②にあてはまる方位をかきましょう。（各10点）

(2) このとき月の形はどれでしょうか。㋐〜㋒から選びましょう。（12点）

(　　)

㋐

㋑

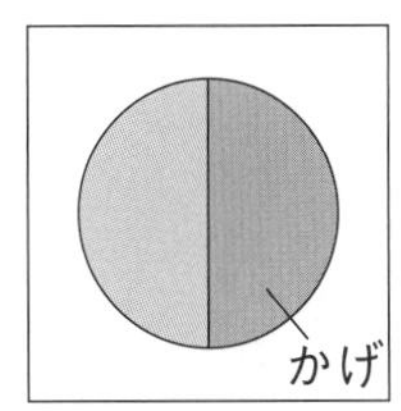

㋒

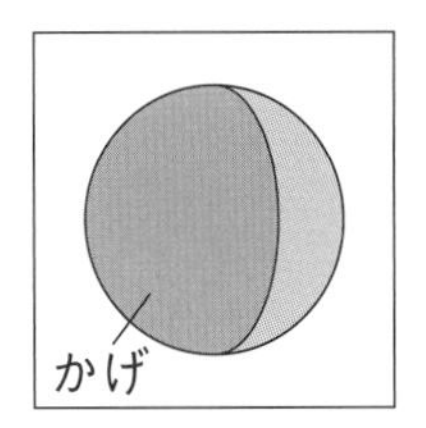

★(3) 月と太陽が図のような位置に見えました。

これは１日の中でいつごろのことで、そのあと、月と太陽はどのように動くか説明しましょう。（20点）

[　　　　　　　　]

イメージマップ

大地のつくりと変化

流れる水のはたらきでできた地層

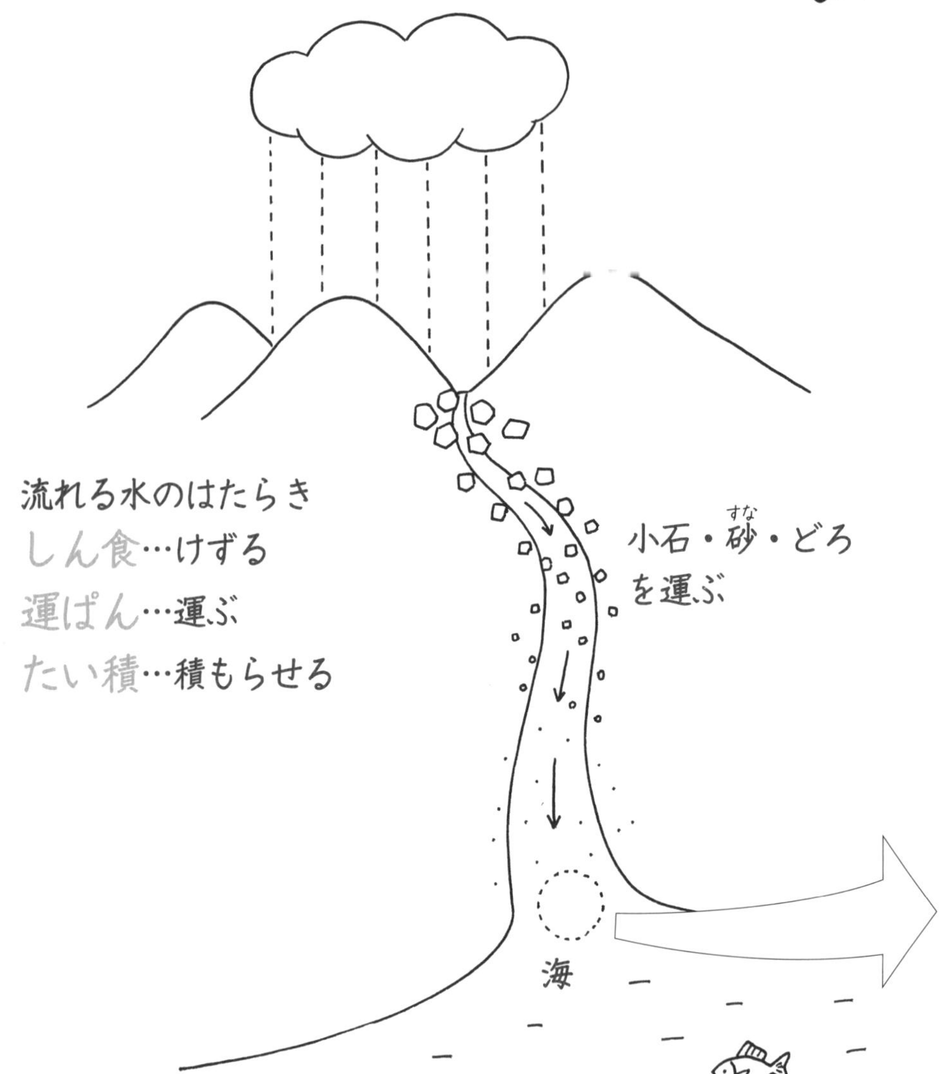

① 流れる水のはたらきで運ぱんされる
② 水の中でつぶの大きさのちがいで分かれる
③ 水底にたい積する
④ 長年かかって盛り上がる
⑤ 地層になる

月　　日　名前

地層のでき方

重いものは近くに、速くしずむので下に層ができる。
軽いものは遠くに、ゆっくりしずむので上に層ができる。
２回目の層は、１回目の層の上にたい積する。

土（ねん土・砂・小石のまざったもの）
ビーカーの水
とい
水そう
ねん土
砂
小石

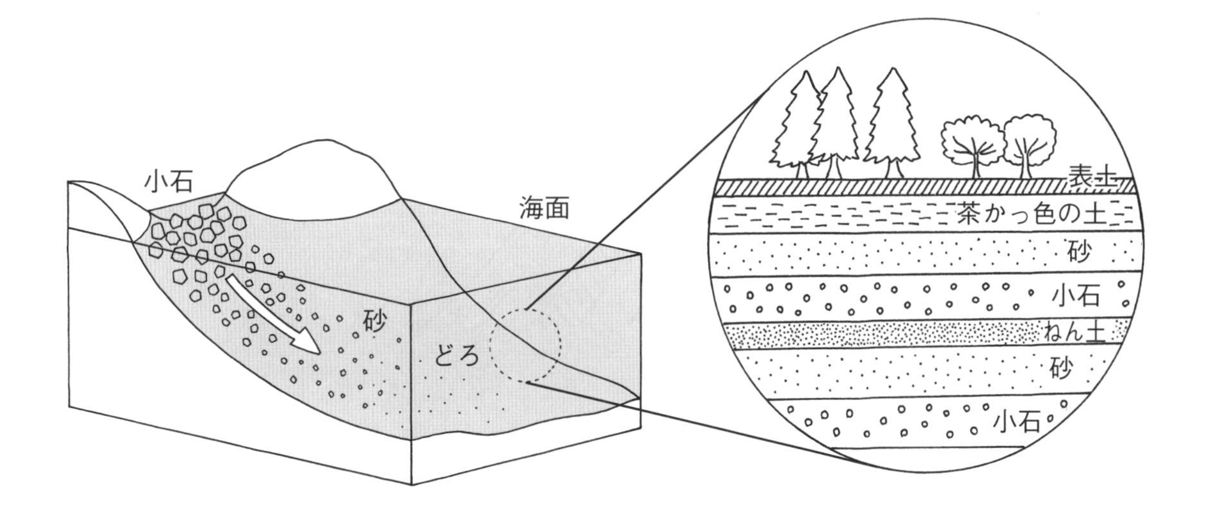

たい積岩

長い年月の間に地層がかたまってできた岩石

れき岩

小石が砂などといっしょに固まった岩石

砂（さ）岩

同じくらいの大きさの砂が固まった岩石

でい岩

ねん土などが固まった岩石

大地のつくりと変化

火山のはたらきでできた地層

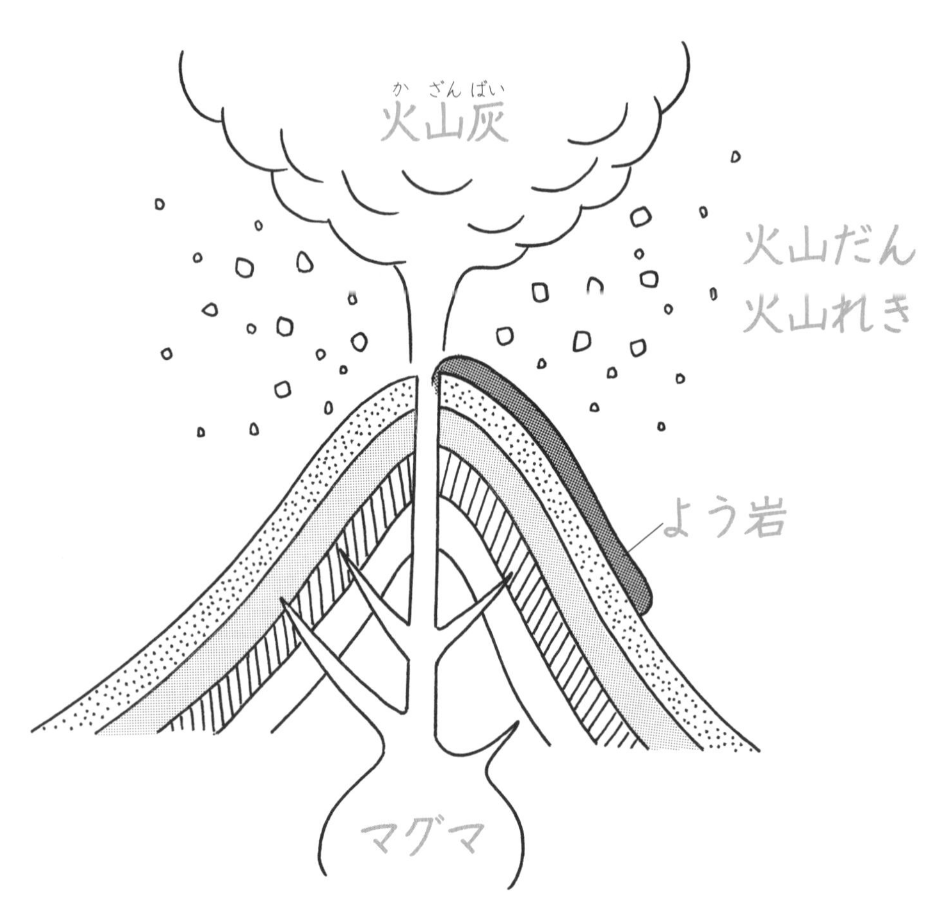

① 火山のはたらきで、ふん火口からよう岩や火山灰などがふき出される
② 火山灰が風で運ばれる
③ 火山灰が地表にたい積する
④ 地層になる

よう岩は冷えてかたまり、火山活動でできた岩石の火成岩になる

月　　　日　名前

化石　地層ができるときに生き物などがうまってできたもの

アンモナイト

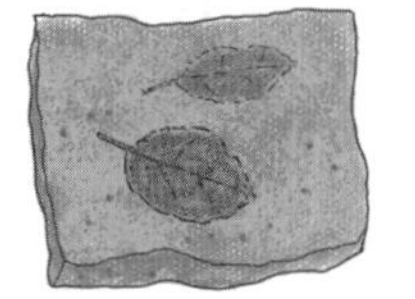
木の葉

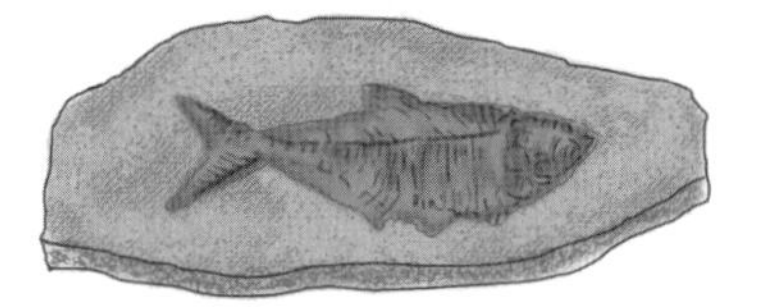
魚

大地の変化　火山活動や、地しんで大地が変化する

火山活動で新しくできた山（北海道昭和新山）

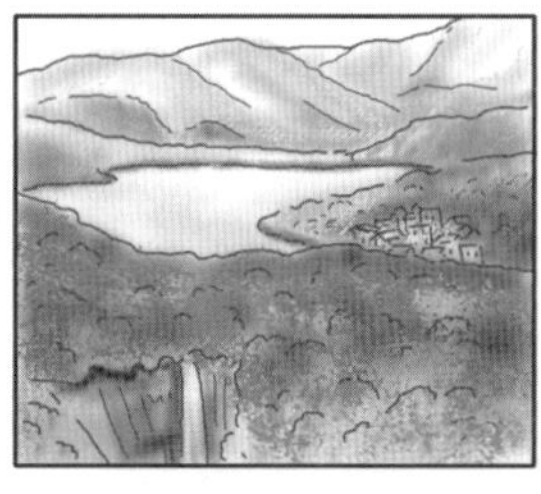
よう岩で川がせき止められてできた湖（栃木県中禅寺湖）

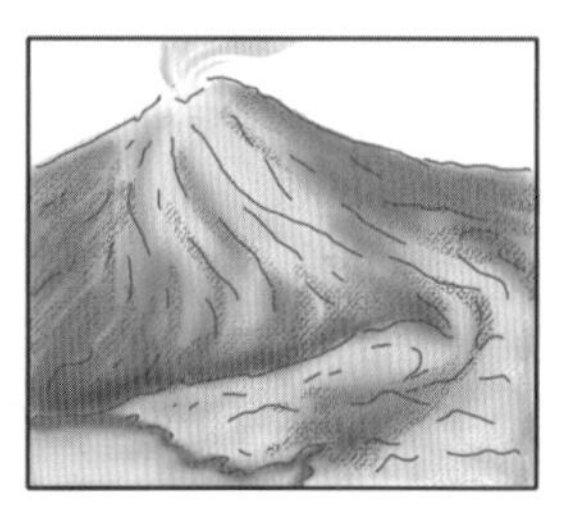
海まで流れたよう岩（鹿児島県桜島）

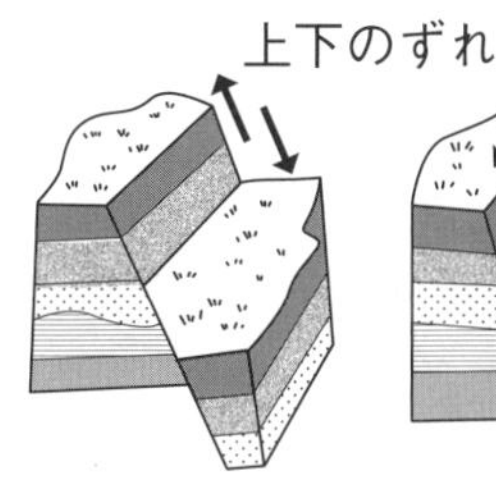

地しんによる断層（地層のずれ）

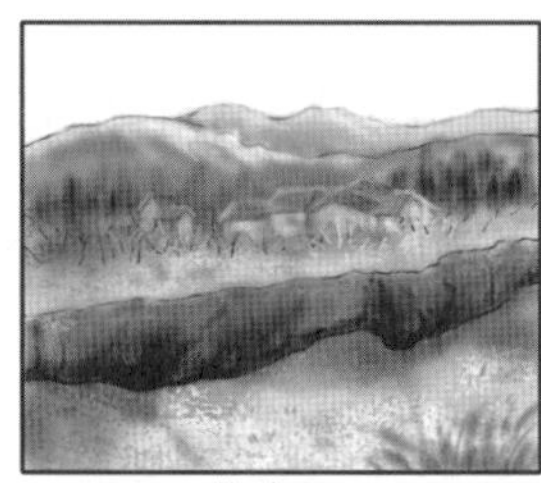
地割れ

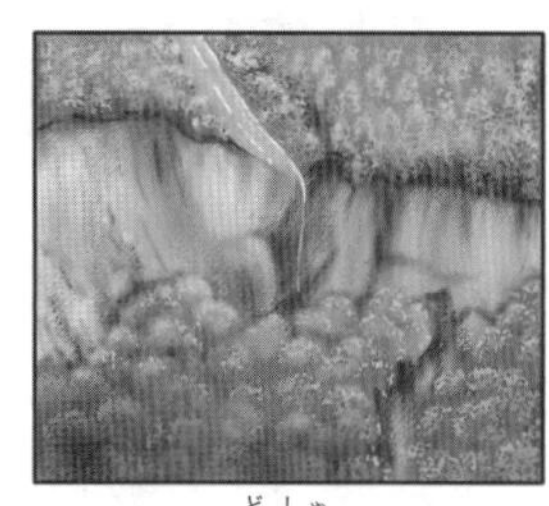
大きな土砂くずれ

地しんによる災害

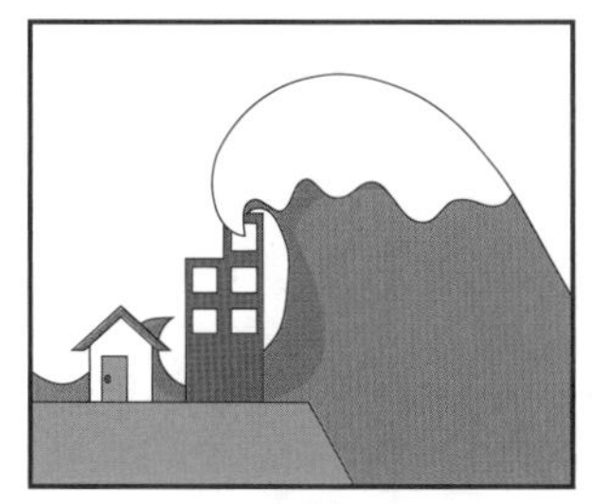
つ波

火災

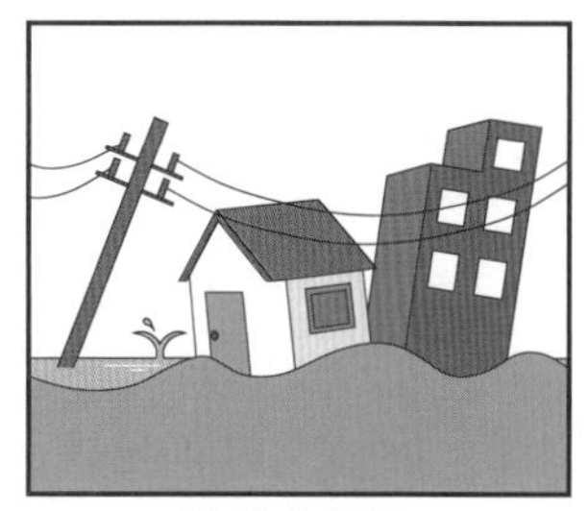
液状化現象

大地のつくりと変化 ①

水のはたらきと地層

1 次の(　　)にあてはまる言葉を□から選んでかきましょう。

(1) がけなどで、しまもようが見えるところがあります。よく見るとつぶの(①　　　)や色がちがう、小石や(②　　　)・どろなどが積み重なって層になっていることがわかります。

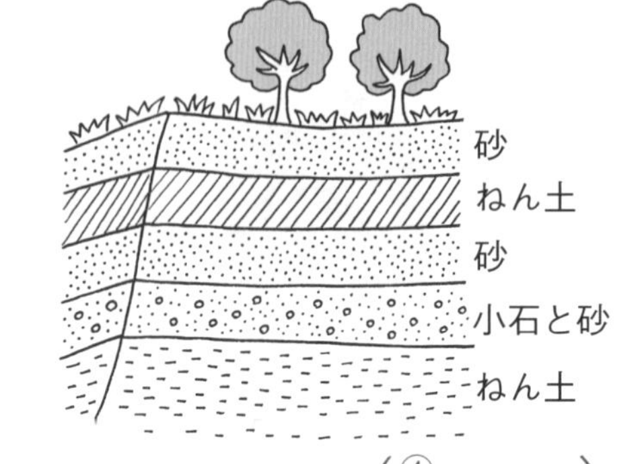

これを(③　　　)といいます。層の中に見られる小石は(④　　　)のある形をしており、魚や貝などの(⑤　　　)が見つかることもあります。

丸み	化石	大きさ	地層	砂

(2) 右の図のように流れるプールで実験をしました。

板の上に小石・砂・ねん土のまざったものをのせ、流れるプールの中に入れました。すると、小石・砂・ねん土のうち、運ばれる場所が近いものは(①　　　)で、次が(②　　　)、そして一番遠くまで運ばれたものは(③　　　)でした。

小石・砂・ねん土の流され方を調べる

流れる水の(④　　　)が変わると、積もる場所も変わります。

勢い	小石	砂	ねん土

月　日 名前

流れる水のはたらきによって、地層ができることを学びます。

2 次の(　　)にあてはまる言葉を□から選んでかきましょう。

(1) 流れる水は、土を運びます。これを(①　　　　)といいます。運ばれた土は、つぶの(②　　　　)のちがう、小石・(③　　　　)・ねん土に分かれ、順に(④　　　　)にたい積します。これが何度もくり返されて地層ができます。

砂　　水底　　運ぱん　　大きさ

(2) 図は地層のでき方を調べる実験について表したものです。

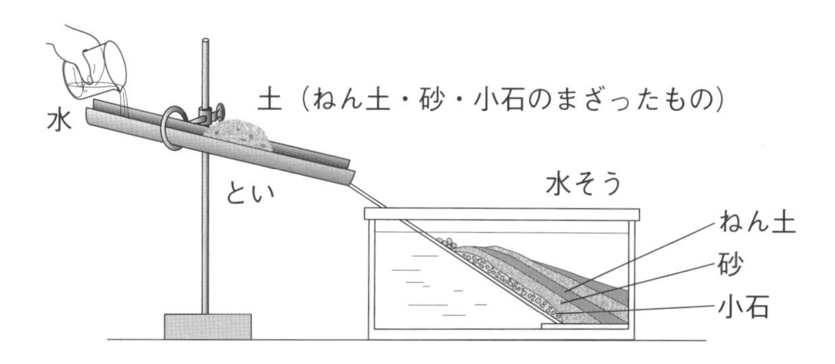

小石と砂、ねん土がまじった土を水を入れた水そうに流します。土は下から(①　　　　)、(②　　　　)、(③　　　　)に分かれて積もります。これはつぶの(④　　　　)重いものが、速くしずむからです。土を２度流しこむと２度目の層は、１度目の層の(⑤　　　　)にできます。地層は(⑥　　　　)のはたらきによって小石・砂・ねん土などが(⑦　　　　)や湖の底に積もってできたことがわかります。

小石　　ねん土　　砂　　大きい　　海　　流れる水　　上

大地のつくりと変化 ②

たい積岩と火成岩

1 次の(　　)にあてはまる言葉を□から選んでかきましょう。

地層(ちそう)の中にある小石・砂(すな)・ねん土などが、長い年月をかけて、積み重なったものの(①　　　)で固められて岩石になることがあります。この岩石を(②　　　　)といいます。

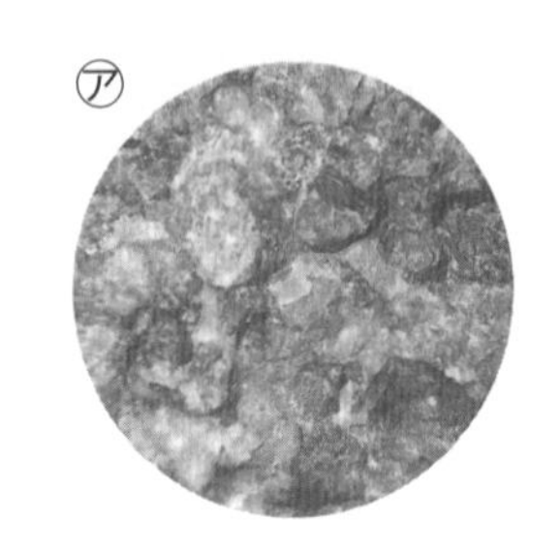

写真㋐の(③　　　　)は、角のとれた(④　　　)のある小石が集まってできていて、その間には砂やねん土がつまっています。

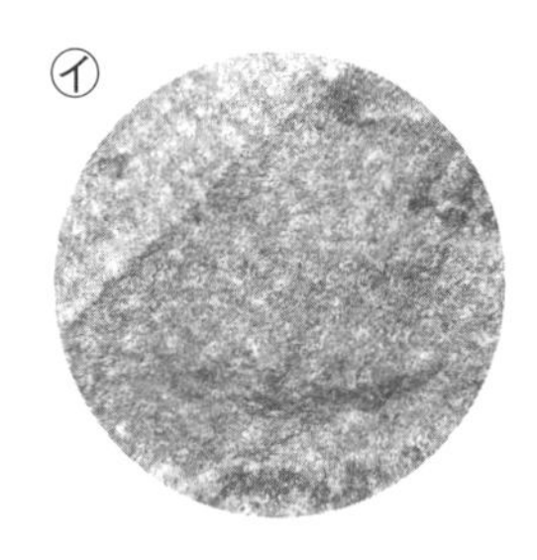

写真㋑の(⑤　　　)は同じ大きさの砂が集まってできています。

たい積岩	砂岩(さがん)	れき岩	重さ	丸み

2 火山活動によってできる地層について、(　　)にあてはまる言葉を□から選んでかきましょう。

火山がふん火すると、(①　　　　　)が流れ出したり、(②　　　　)がけむりとなって大量にとんだりします。それらは冷えて固まり、岩石となったり、あたり一面に降(ふ)り積もって、(③　　　　　)となったりします。

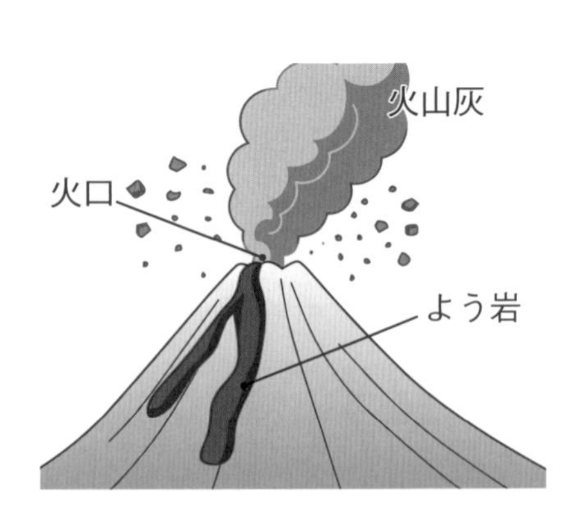

よう岩	火山灰(かざんばい)	火山灰層

水のはたらきによってできたたい積岩と、火山活動でできた火成岩のちがいを学びます。

3 次の(　　)にあてはまる言葉を□から選んでかきましょう。

(1) 火山活動によってできた岩石を(①　　　　)といいます。その中には地下の(②　　　　)ところでゆっくり固まった写真㋒のかこう岩や、比かく的(③　　　　)ところで急に固まった写真㋓の安山岩（あんざんがん）と、マグマが地表に出て固まった(④　　　　)などがあります。

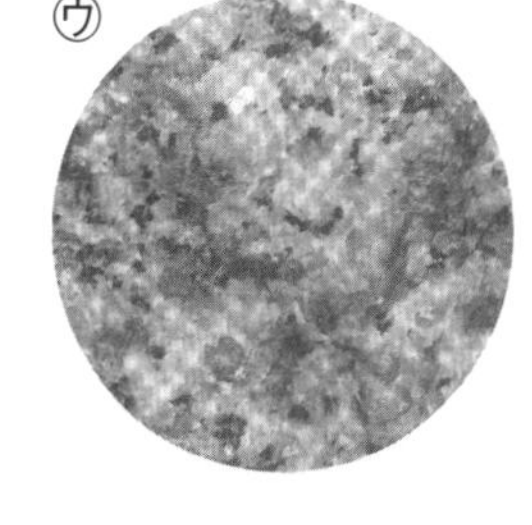

深い	よう岩	火成岩	浅い

(2) 水を入れたビーカーの中に火山灰を入れてよくかきまぜます。何回か水でゆすいで水がにごらなくなったら(①　　　　)にうつします。かんそうさせた火山灰を(②　　　　)にのせて(③　　　　)で観察します。

火山灰のつぶは、先が(④　　　　)ものや(⑤　　　　)のようなものが、ふくまれています。

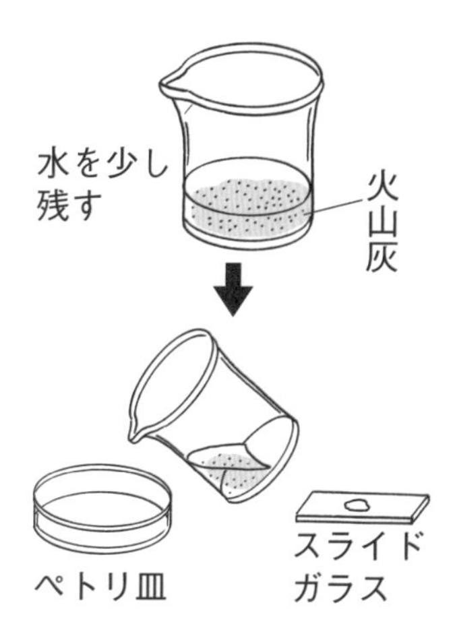

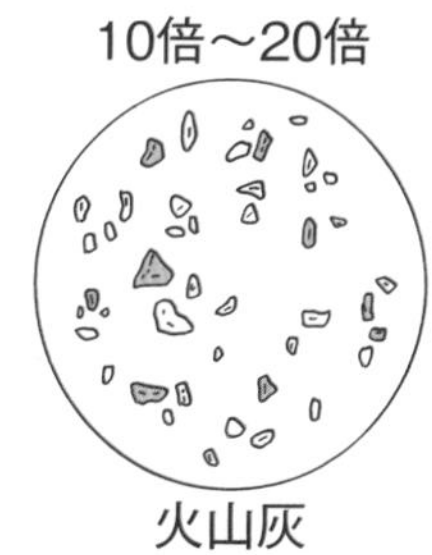

ガラス	スライドガラス	とがった
けんび鏡	ペトリ皿	

大地のつくりと変化 ③
大地の変化

1 次の(　　)にあてはまる言葉を□から選んでかきましょう。

(1) 地層(ちそう)には、(①　　　　　)のはたらきによるものと(②　　　　)のはたらきによるものがあります。水底にできた地層が陸上で見られるのは長い年月の間に(③　　　　　　　)からです。

おし上げられた　　火山　　流れる水

(2) 地層の中には大昔の(①　　　)や(②　　　)の体や生物がいたあとなどがあり、これを(③　　　)といいます。(③)から当時の生き物やようすを知ることができます。

植物　　化石　　動物

(3) エベレスト山の山頂(さんちょう)付近の(①　　　　)の中から化石が発見されました。化石の生物は(②　　　　　)といって、1億年以上も昔に(③　　　)の中にすんでいたものでした。このことから、エベレスト山の地層は、1億年以上の昔(④　　　)でできて、それが(④　　　　　　　)、今のエベレスト山になったことがわかります。

地層　　海　　海底　　アンモナイト　　おし上げられて

月　　日 名前

地層からその時代のようすや、大地の変化がわかることを学びます。

2 次の(　　)にあてはまる言葉を□から選んでかきましょう。

(1) 大地には、たえず大きな力がはたらいており、地層はおし上げられたり、へこんだり、(①　　　　)たりします。また、力の大きさによっては㋐のように(②　　　　)になることもあります。ときには、㋑のように地層の(③　　　　)がひっくり返ることもあります。

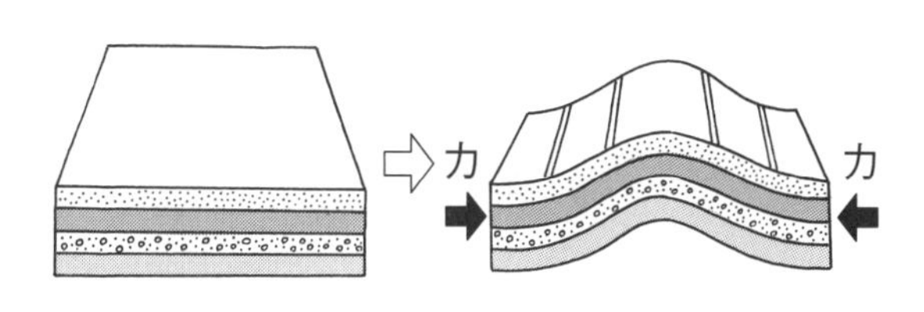

曲がった地層やかたむいた地層のできるわけ

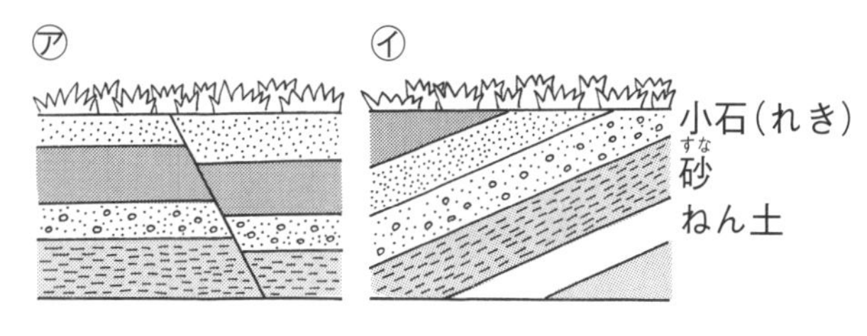

断層　　曲がっ　　上下

(2) 地下に大きな力がはたらき、大地に(①　　　　)が生じると(②　　　　)が起こり、地割れが生じるなど、大地が変化します。

地しんによる災害で、海の水が(③　　　　)となっておしよせることがあります。また、大きなゆれで(④　　　　)がこわれたり、(⑤　　　　)が発生したりすることもあります。

上下のずれ
左右のずれ

つ波　　建物　　断層　　地しん　　火災

大地のつくりと変化 ④

火山と地しん

1 次の(　　)にあてはまる言葉を□から選んでかきましょう。

火山がふん火すると、熱くどろどろの(①　　　)が流れ出たり、(②　　　)や(③　　　)が飛びちったりして、広いはん囲に降り積もります。

(北海道昭和新山)

北海道の(④　　　)は、1944年ふん火によってとつ然地面が盛り上がってできた山で、今でも、頂上付近からは、水蒸気がでています。

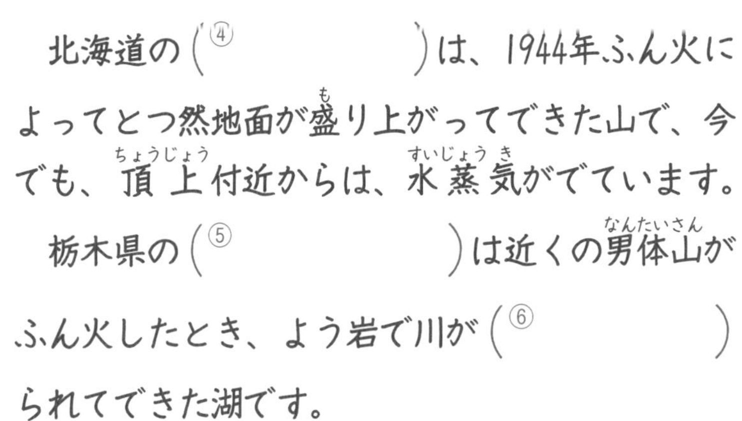

栃木県の(⑤　　　)は近くの男体山がふん火したとき、よう岩で川が(⑥　　　)られてできた湖です。

(栃木県中禅寺湖)

また、鹿児島県の(⑦　　　)は、元は鹿児島わんの中にある島でした。

大正時代のふん火によって(⑧　　　)になりました。

(鹿児島県桜島)

1991年には、長崎県の島原半島にある火山がふん火して、大きな災害をもたらしました。ふん火とともに地しんの回数も増えました。

せき止め	陸つづき	よう岩	火山だん
火山灰	昭和新山	中禅寺湖	桜島

火山活動や地しんによって、大地のつくりが変化することを学びます。

2 次の(　　)にあてはまる言葉を□から選んでかきましょう。

地しんは(①　　　)が動いたときに起こるゆれです。地しんによって(①)は、上下・左右にずれたりします。このずれのことを(②　　　)といいます。

1995年1月に起きた兵庫県南部地しんでは、高速道路が横だおしになるなど強いゆれでした。このときにできた(②)が兵庫県(淡路島)にあります。

長野県の木曽郡では、地しんによって平らなところが左右に大きくひきさかれたり、(③　　　)がこわれたり、(④　　　)が発生したりしました。また、山間部では(⑤　　　　)も起きました。

また、2014年12月、インドネシアのスマトラ島の近くで起こった地しんや、2011年3月に起きた東日本大しん災では、地しんによる(⑥　　　)が大きなひ害をうみました。

兵庫県　津名郡

長野県　木曽郡

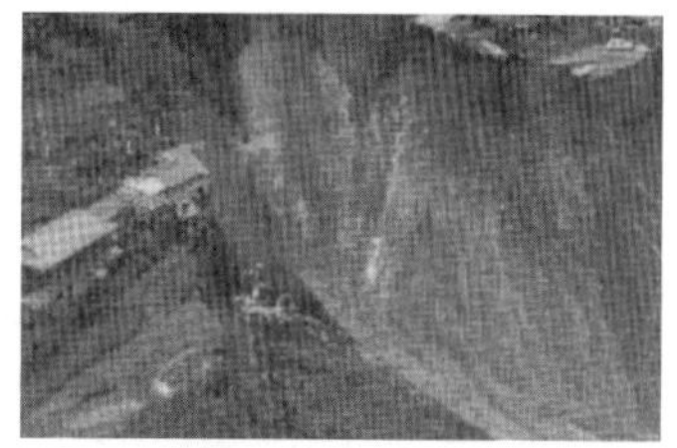

写真協力：王滝村役場

断層　　山くずれ　　建物　　火災　　つ波　　大地

大地のつくりと変化

1 図は、がけに見られるもようを調べたものです。あとの問いに答えましょう。

（各８点）

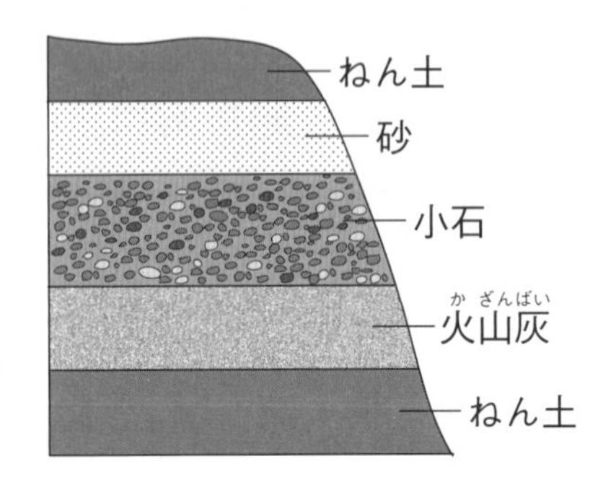

(1) しまもように見えるのは、なぜですか。次の中から選びましょう。　（　　　）

㋐ 固さのちがう小石、砂、ねん土が順に重なっているから。

㋑ 色や大きさのちがう小石・砂・ねん土が層に分かれて重なっているから。

(2) がけなどでしまもようになって見えるものを、何といいますか。　（　　　）

(3) 火山のふん火があったことは、どの層からわかりますか。　（　　　）

(4) 火山灰の層の土を水でよく洗い、けんび鏡で観察しました。㋐と㋑どちらのように見えますか。　（　　　）

㋐
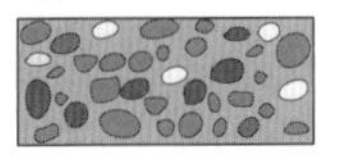

㋑
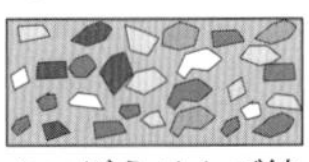

かいぼうけんび鏡（約10倍）

2 図は大昔の動物や植物が石になったものを表しています。あとの問いに答えましょう。

（各８点）

(1) 地層の中から見つかる、図のようなものを何といいますか。　（　　　）

アンモナイト

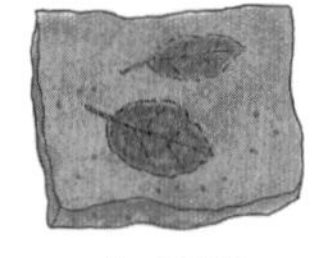
木の葉

(2) 海の生物だったアンモナイトが見つかったことから、大昔のどんなことがわかりますか。次の中から選びましょう。　（　　　）

㋐ アンモナイトが見つかったところが大昔は海だったこと。

㋑ アンモナイトが見つかったところが大昔は陸だったこと。

㋒ アンモナイトが見つかったところが大昔は氷だったこと。

月　　日　名前　　　　／100点

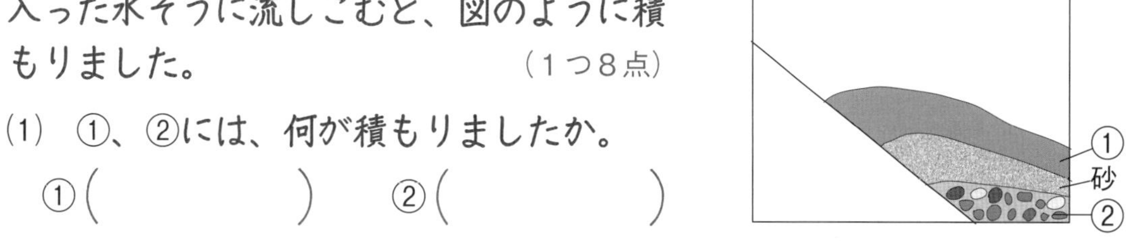

3 小石、砂、ねん土のまじった土を、水の入った水そうに流しこむと、図のように積もりました。（１つ８点）

(1) ①、②には、何が積もりましたか。

①（　　　　）　②（　　　　）

(2) 砂やねん土が分かれて積もるのは、どうしてですか。次の中から選びましょう。（　　　）

㋐ 砂とねん土のつぶの色がちがうから。
㋑ 砂とねん土のつぶの形がちがうから。
㋒ 砂とねん土のつぶの大きさがちがうから。

(3) 1回流しこんだあと、もう一度、小石と砂とねん土のまじった土を流しこむと、どのように積もりますか。次の中から選びましょう。（　　　）

㋐
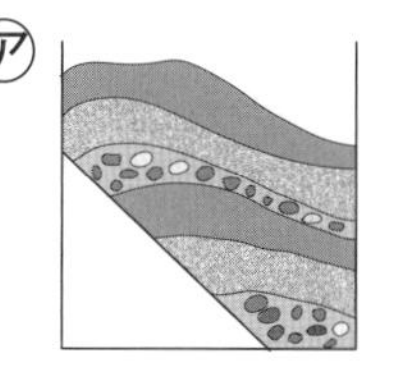
㋑
㋒
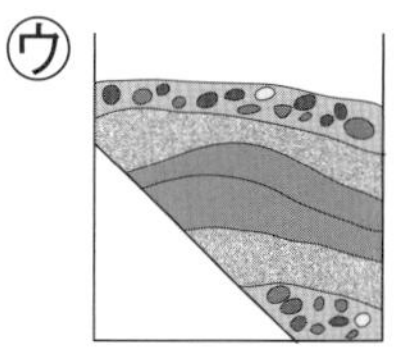

(4) この実験から、地層は何のはたらきでできることがわかりますか。

（　　　　　　）

4 図の㋐～㋒の岩石は、れき岩、砂岩（さがん）、でい岩のどれかです。名前をかきましょう。（１つ４点）

㋐
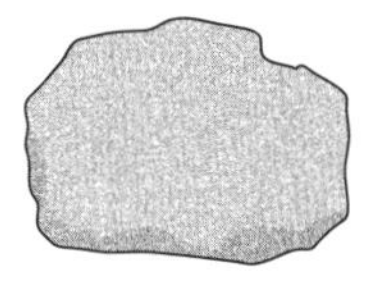
同じくらいの大きさの砂が固まった岩石

（　　　　）

㋑
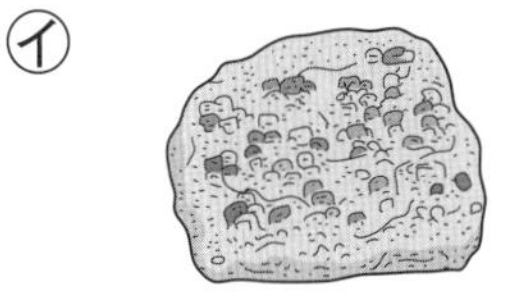
小石が砂などといっしょに固まった岩石

（　　　　）

㋒

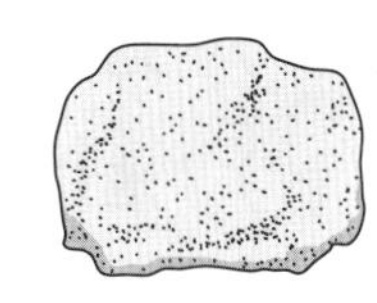
ねん土などが固まった岩石

（　　　　）

まとめテスト

大地のつくりと変化

1 図は、川から海に運ばれた砂(すな)・ねん土・小石の積もり方を示しています。 （1つ8点）

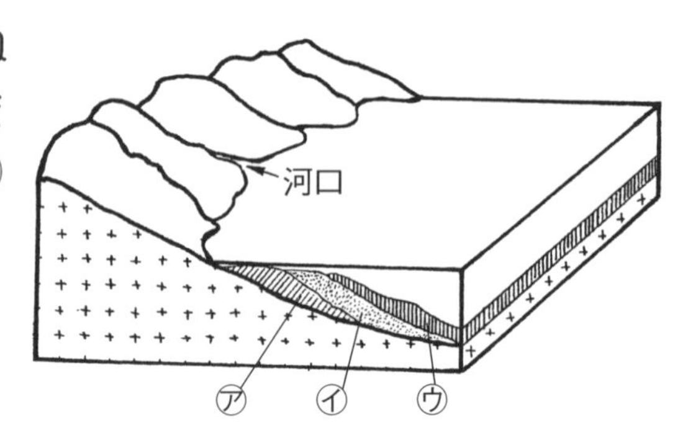

(1) 図の㋐、㋑、㋒の3つの層(そう)は、砂・ねん土・小石のうちどれが積もったものですか。

㋐（　　　　　）　㋑（　　　　　）　㋒（　　　　　）

(2) 次の（　　）にあてはまる言葉を□から選んでかきましょう。

砂・ねん土・小石の積もる場所がちがうのは、それぞれの（①　　　　）のちがいによります。図の河口付近での水の流れが（②　　　）ときは、図の㋐、㋑、㋒の層は河口より遠くなります。

大きさ　　速い

2 次の文のうち、正しいものには○、まちがっているものには×をかきましょう。 （各5点）

①（　　）　地しんは、海底や地中では起こりません。

②（　　）　地しんは、火山がふん火するときに起こることがあります。

③（　　）　地しんが起こると、必ずつ波が起こります。

④（　　）　火山のふん火で、新しい山ができることがあります。

⑤（　　）　火山のふん火で、化石ができることもあります。

⑥（　　）　断層は、大地が動くことと深くつながっています。

月　　日　名前

3 図は、少しはなれた地点Ⓐと Ⓑのがけの層です。あとの問いに答えましょう。

（1つ5点）

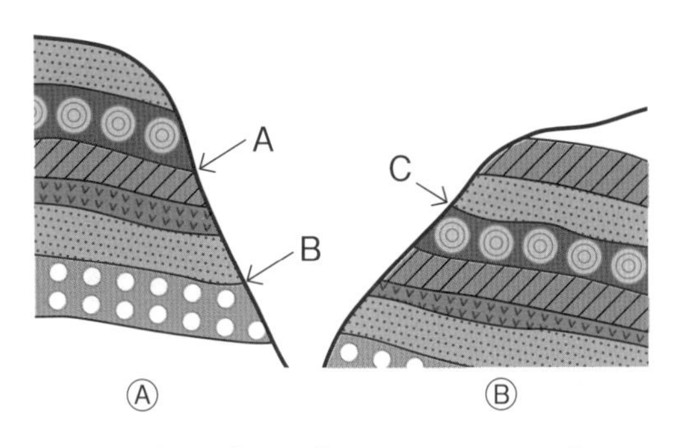

㋐ 砂 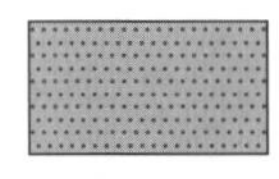

㋑ ねん土 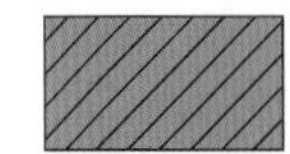

㋒ 化石をふくむ砂 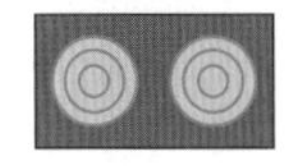

㋓ 小石（れき） 

㋔ 火山灰 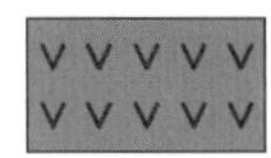

(1) 観察の結果、Ⓐと Ⓑの地層はつながっていたことがわかりました。その理由として最も正しいものを1つ選びましょう。

①（　　）層の並（なら）び方が同じところがあるから。

②（　　）Ⓐも Ⓑも、㋓の小石の層が一番下にあるから。

(2) ㋒と㋔の層では、どちらが古い層ですか。

（　　）

(3) Ⓐと Ⓑの両方の地層を水平にかき直したものが右の図です。あ～うは、㋐～㋔のどの層になりますか。記号でかきましょう。

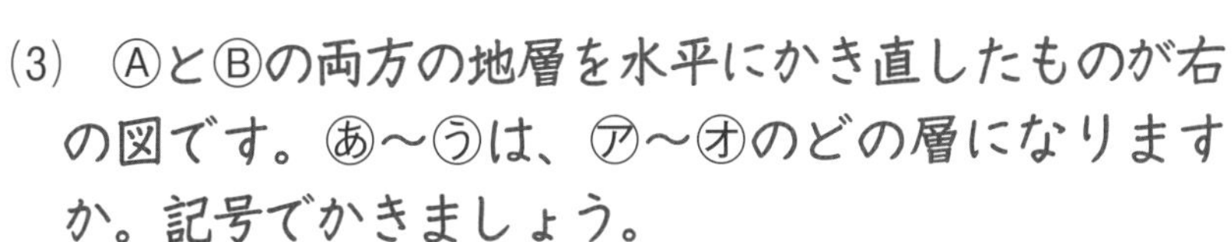

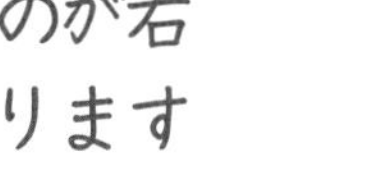

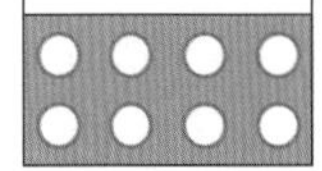

う（　　）

(4) Ⓐ、Ⓑのがけのうち、水のしみ出しているところがありました。上の図のA～Cのどこですか。

（　　）

まとめテスト

大地のつくりと変化

1 次の(　　)にあてはまる言葉を□から選んでかきましょう。(各５点)

水の流れているところに、小石・砂(すな)・ねん土を流すと(①　　　　)はすぐ底に積もりますが、(②　　　　)はさらに流され積もります。(③　　　　)はなかなかしずまないで、遠くまで運ばれます。

こう水などで、川の流れの(④　　　　)や(⑤　　　　)が変化すると、小石・砂・ねん土などが水底に(⑥　　　　)が変わります。このようなことがくり返されて、長い年月の間に(⑦　　　　)が、湖や(⑧　　　　)の底にできます。

水量	小石	砂	ねん土
速さ	しずむ場所	海	地層(ちそう)

2 図を見て答えましょう。(各５点)

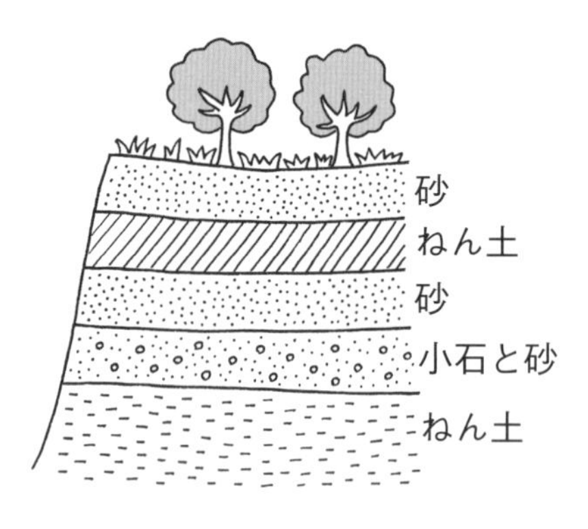

(1) 砂やねん土の層が積み重なって、しまもようをつくっています。これを何といいますか。(　　　　)

(2) このがけの小石や砂は、角がとれて丸みをおびていました。これからわかることを選んで○をつけましょう。

① (　　) この小石や砂は、海や湖の底に積もったもの。

② (　　) この小石や砂は、火山のふん火でできたもの。

(3) ねん土の層から、木の葉の形が残った石が見つかりました。これを何といいますか。(　　　　)

月　　日 名前

3 次の文は、貝の化石ができて、それが陸上の地層で見つかるまでのことを説明しています。正しい順に並(なら)べましょう。 (10点)

㋐ 周りから大きな力で地層がおし上げられ、地上に出た。

㋑ 1億年以上もの昔、貝の仲間がたくさん海の中にすんでいた。

㋒ 長い年月の間に、小石や砂が積み重なって地層ができ、貝の死がいが化石になった。

㋓ 貝の死がいの上に、水に流された砂やねん土が積もった。

㋔ 切り通しがつくられ、貝の化石が地層の中から見つかった。

4 次の文は、火山活動や地しんについてかかれたものです。正しいものには○、まちがっているものには×をかきましょう。 (各5点)

① (　　) 北海道の昭和新山は、ふん火によって、とつぜん地面が盛(も)り上がってできた山です。

② (　　) 鹿児島県の桜島は、もともと陸つづきでしたが、ふん火と地しんによって、陸からはなれて島となりました。

③ (　　) 海底で起こった地しんのときは、つ波が発生することもあります。

④ (　　) 地しんは、なまずという魚が起こします。

⑤ (　　) 地しんによってできる大地のずれのことを断層といいます。

⑥ (　　) 火山のふん火で出す火山灰(かざんばい)が地層のほとんどをつくっています。

⑦ (　　) 中禅寺湖(ちゅうぜんじこ)は、よう岩で川がせき止められてできました。

まとめテスト

大地のつくりと変化

1 次の(　　)にあてはまる言葉を□から選んでかきましょう。(各5点)

(1) 地層(ちそう)の中にある小石・砂(すな)・ねん土などが、長い年月をかけて積もります。積み重なったものの(①　　　)などで、固められて岩石になることがあります。このようにしてできた岩石を(②　　　)といいます。

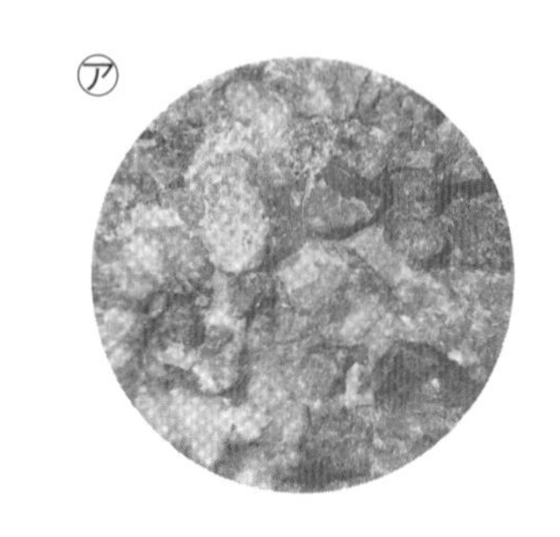

右の写真㋐の(③　　　)は、角のとれた(④　　　)のある小石が集まってできていて、その間には砂やねん土がつまっています。

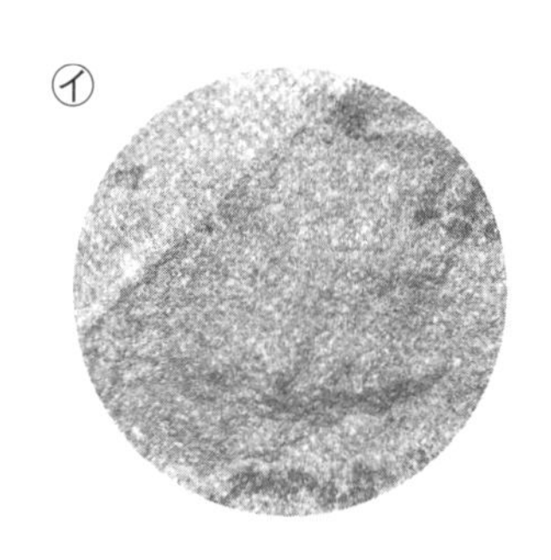

写真㋑の(⑤　　　)は同じ大きさの砂が集まってできています。

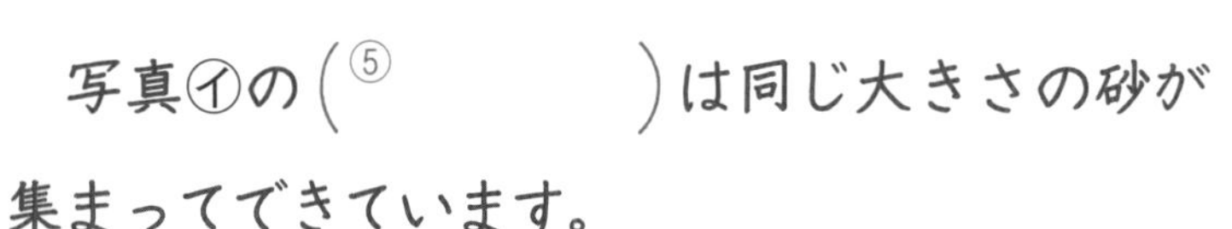

たい積岩	砂岩(さがん)	れき岩	重み	丸み

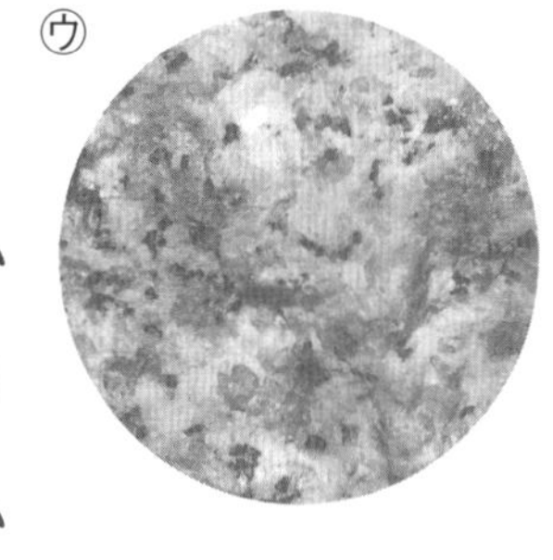

(2) 火山活動でできた岩石を(①　　　)といいます。その中には地下の深いところで、ゆっくり固まった写真㋒の(②　　　)、比かく的浅いところで、急に固まった写真㋓の(③　　　)と、マグマが地表に出て固まった(④　　　)などがあります。

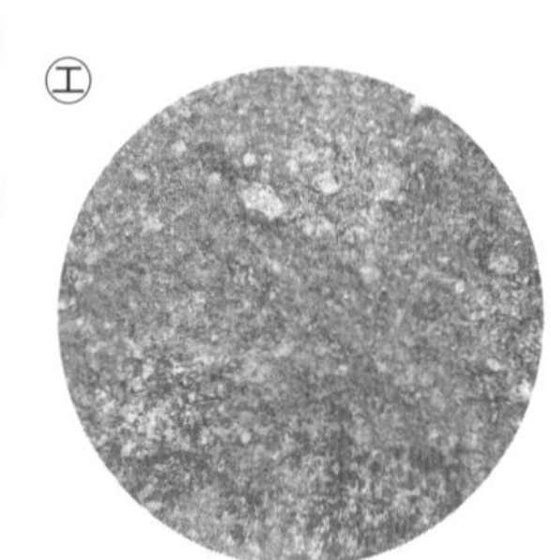

火成岩	安山岩	よう岩	かこう岩

月　日 名前

2 次の文のうち、火山活動に関係のあるものに㋕、地しんに関係のあるものに㋛と(　　)にかきましょう。　(各5点)

① (　　) 海の水がつ波となっておしよせる。

② (　　) 火山灰(かざんばい)がけむりのようにふき出し、空高くまいあがる。

③ (　　) 地下水があたためられ、温泉(おんせん)となってふきだす。

④ (　　) 地割(じわ)れによって多くの道路が通れなくなる。

⑤ (　　) 断層が生じる。

⑥ (　　) 地熱を利用して発電をすることができる。

3 8848mのエベレスト山の山頂(さんちょう)付近で、図のような(①　　　)の中から化石が発見されました。

(1) (①) の中にあてはまる言葉をかきましょう。　(10点)

★(2) このことからわかることを、3つ以上かきましょう。　(15点)

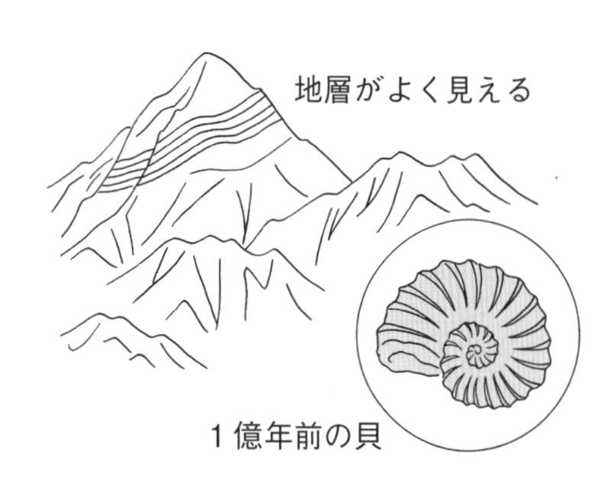

生物とかん境

食べ物の元

空気　水

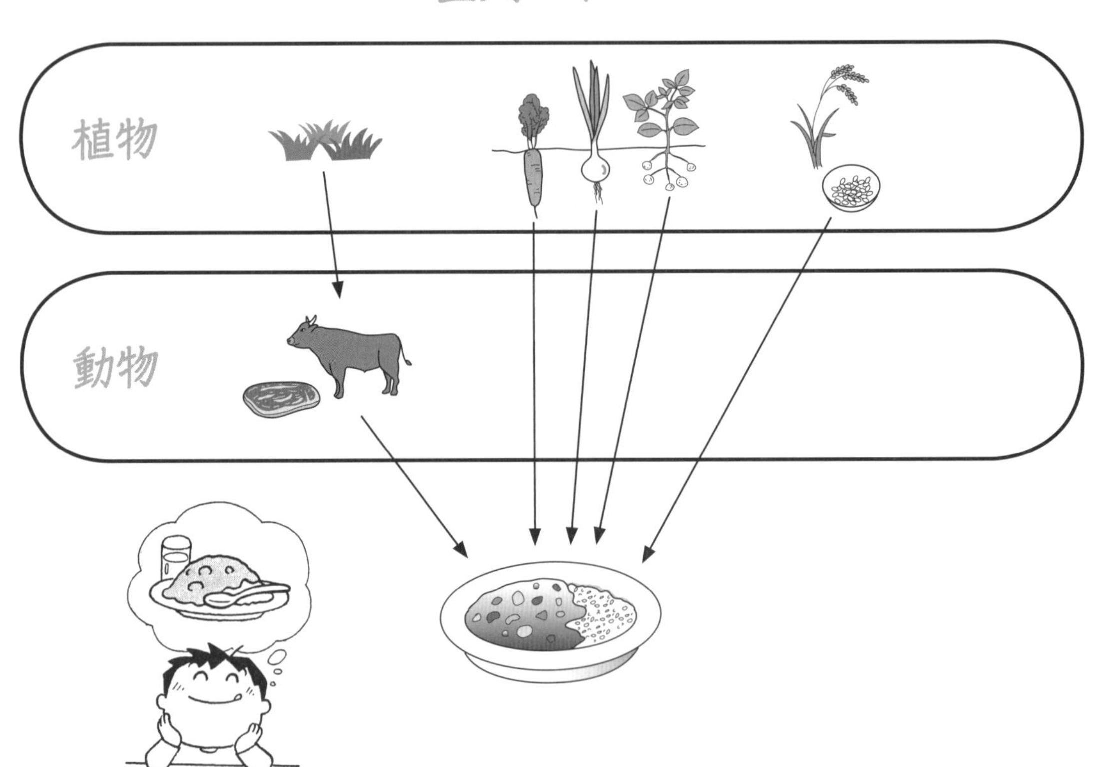

食べ物の元をたどると、植物に行きつく。

月　　日　名前

食べ物のつながり

食物連さ…食べる・食べられるのつながり

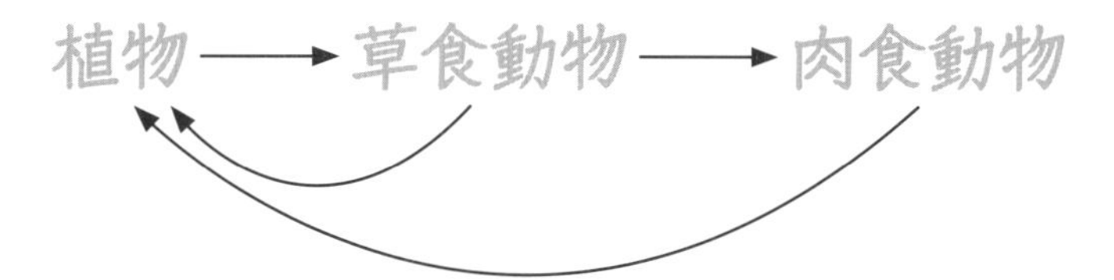

動物が死ぬと、小さな生き物（び生物）に分解され、
植物の養分になる。

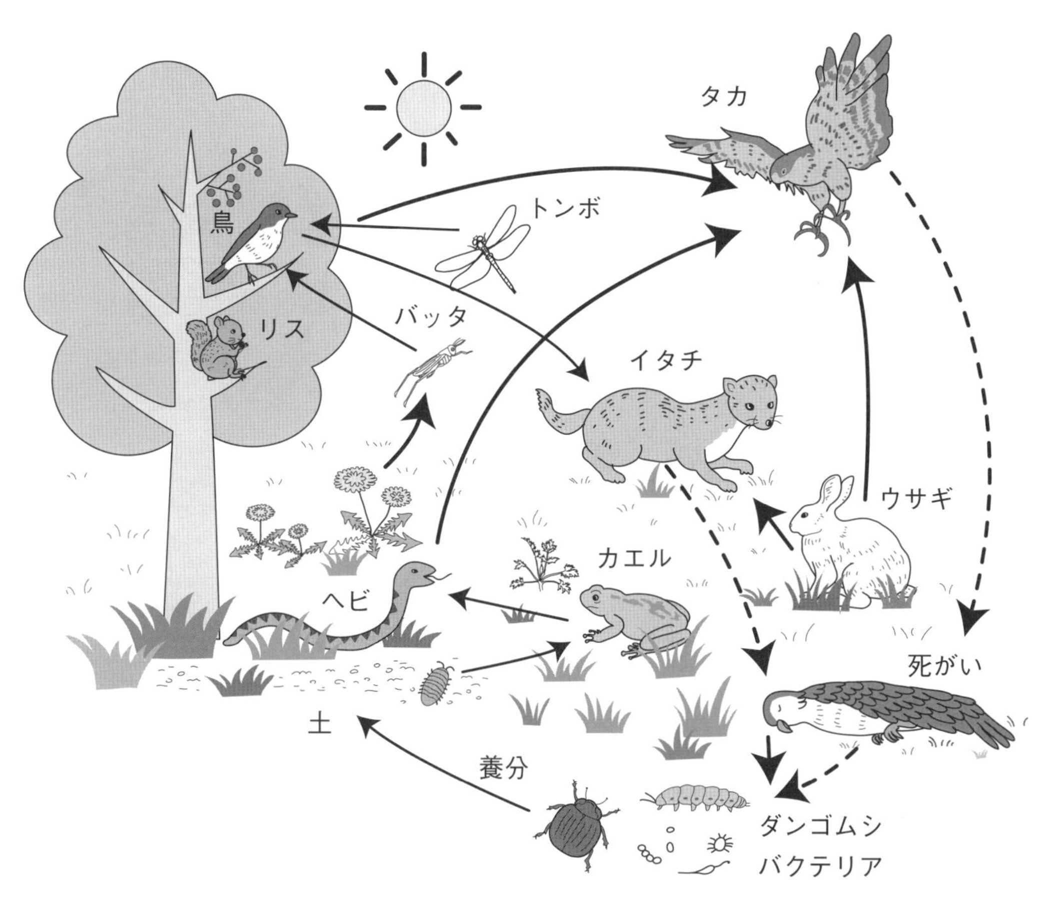

矢印は、養分の流れ を表している。
実際の食べる・食べられるの関係は、複雑にからみあっている。

生物とかん境

水のつながり

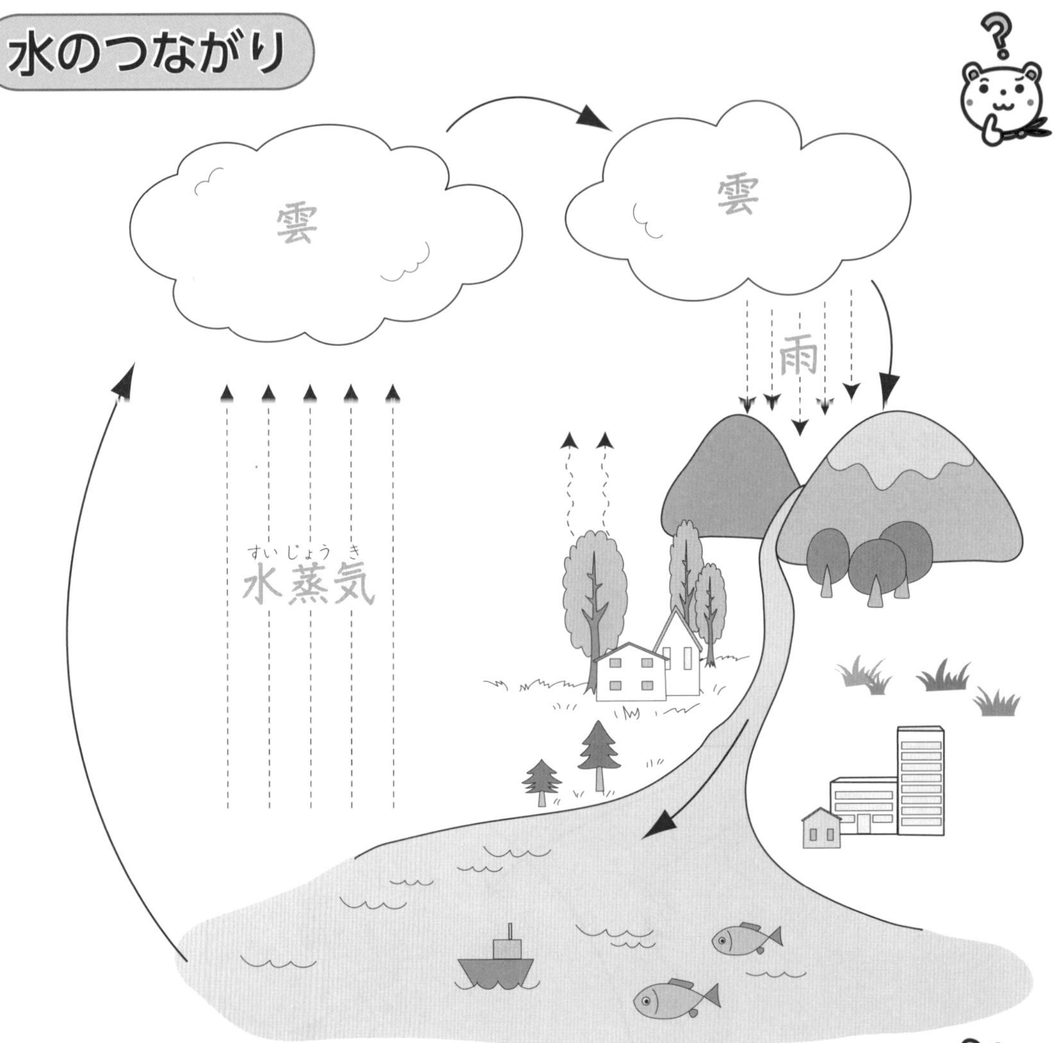

暮らしとかん境

森林の減少	水のよごれ	空気のよごれ
住宅を建てたり、紙などに使うために、木を大量に切る。	家庭や工場で使った水が川に流され、川や海の水がよごれる。	石油や石炭が燃料として燃やされると、空気中の二酸化炭素が増える。

月　　日　名前

空気のつながり

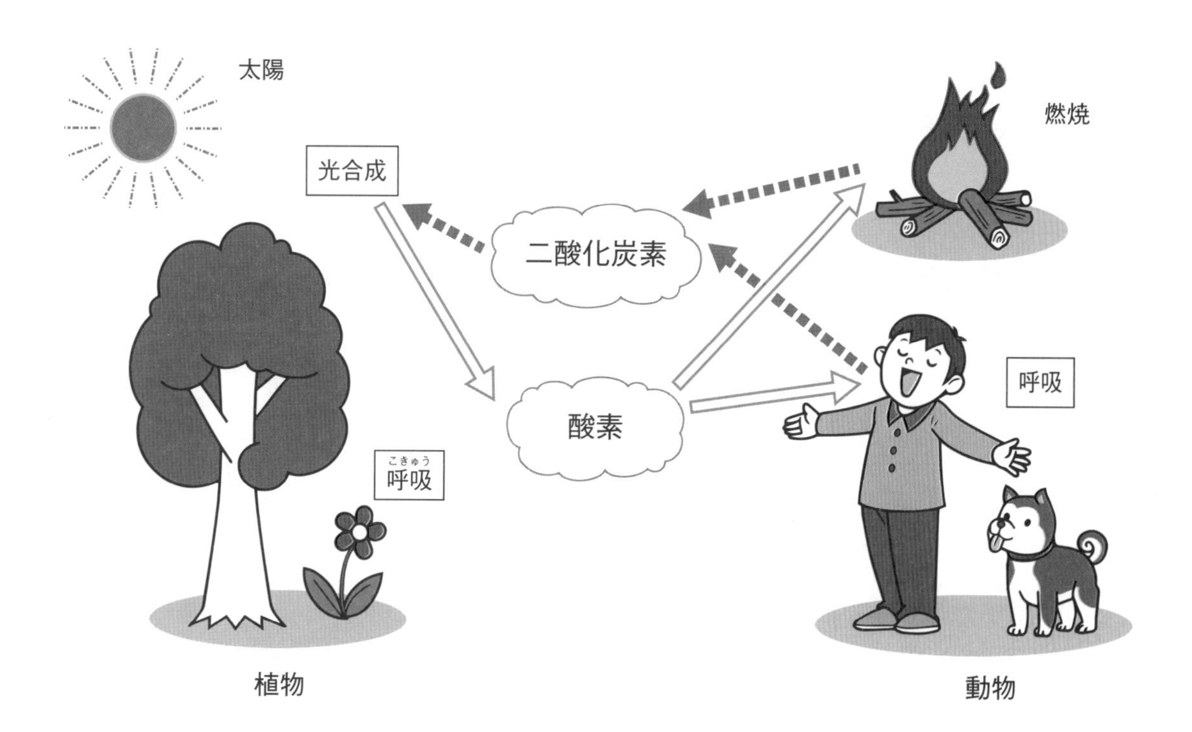

自然と共に生きる

植物を守る		水を守る	空気を守る
		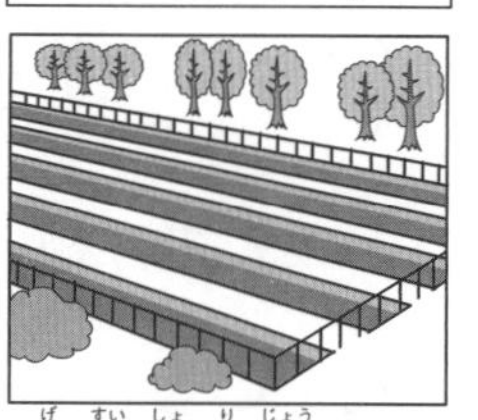	
山に木を植えて、森林を育てる。	再生紙を利用すると、森林を守ることになる。	下水処理場（げすいしょりじょう）で水をきれいにしてから、川に流す。	二酸化炭素を出さない燃料電池自動車が開発され、実用化が進められている。

生物とかん境 ①

食べ物のつながり

1 次の(　　)にあてはまる言葉を□から選んでかきましょう。

(1) 植物は、(①　　　)を浴びて、自分で養分を(②　　　　)ことができます。ヒトや他の動物は、自分自身で養分をつくることができないので、植物や他の動物を(③　　　　)ことで、養分を取り入れて生きています。例えば、私(わたし)たちが食べている米や野菜は(④　　　)なので、自分自身で養分をつくっています。卵(たまご)のもとになるニワトリは(⑤　　　)なので、とうもろこしなどの植物を食べて、養分を取り入れています。

日光	植物	動物	つくる	食べる

(2) 図はカレーライスの材料とその元を示しています。

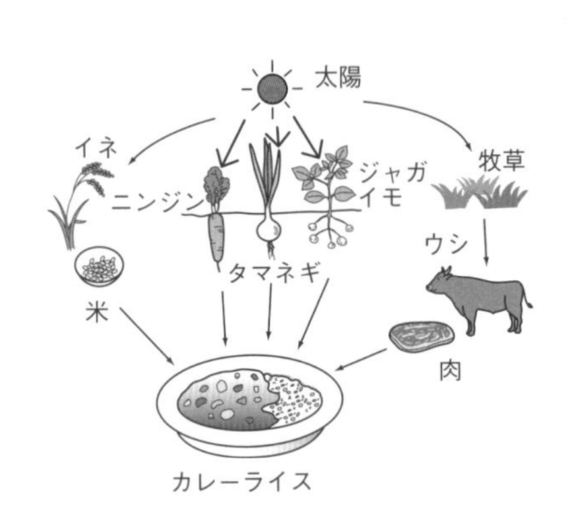

牛肉の元になるウシは、(①　　　)なので、牧草などの(②　　　)を食べて養分を取り入れます。私たちの食べ物の元をたどると、どれも自分自身で養分をつくる植物に行きつきます。植物は、日光と(③　　　)、二酸化炭素を使って自分自身で(④　　　)をつくっています。このはたらきを(⑤　　　　)といいます。植物や動物の生命は(⑥　　　)と水、空気によって支えられているといえます。

光合成	日光	水	養分	動物	植物

月　日 名前

地球上の生物は、すべて食物連さでつながっていることを学びます。

2 次の(　　)にあてはまる言葉を□から選んでかきましょう。

(1) 図は、食べ物による生物のつながりを表したものです。

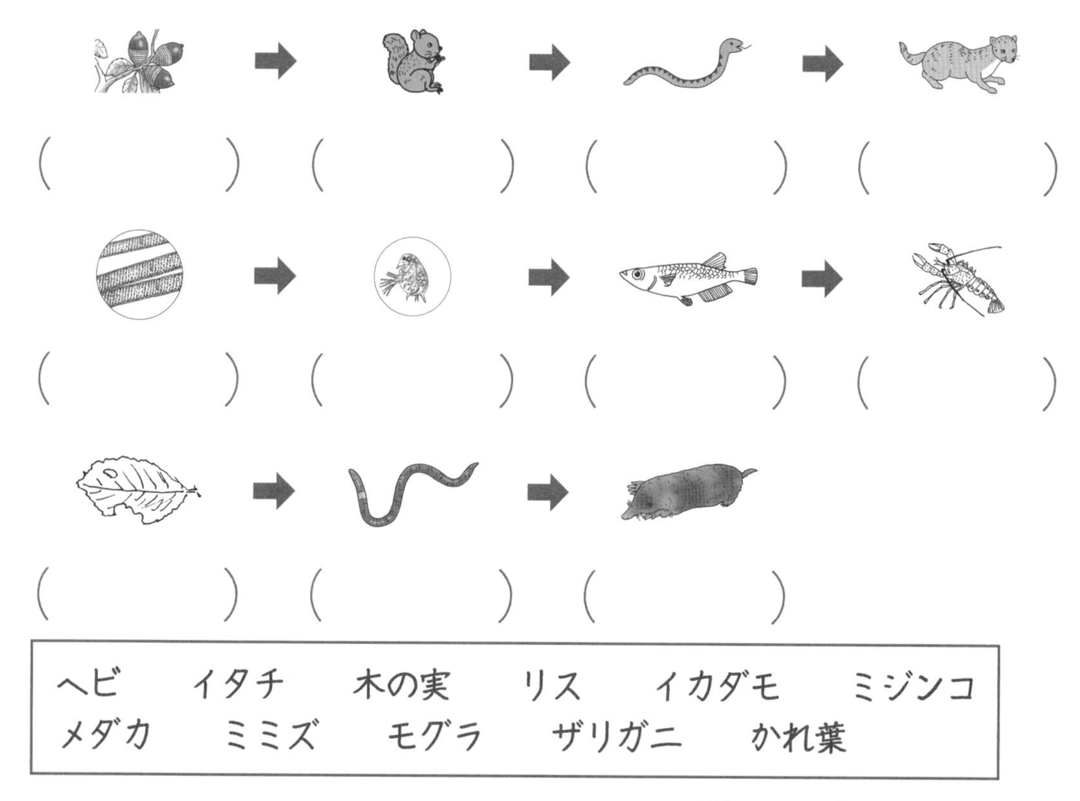

ヘビ	イタチ	木の実	リス	イカダモ	ミジンコ
メダカ	ミミズ	モグラ	ザリガニ	かれ葉	

(2) 植物が動物に食べられ、その動物も他の(①　　　)に食べられるような「食べる・食べられるの関係」でつながっています。これを(②　　　　)といいます。図の矢印は(③　　　)の流れを表します。矢印の元をたどると動物は(④　　　)から養分を取り入れています。動物の死がいやかれ葉は(⑤　　　)に(⑥　　　)されて植物の養分になります。食べ物のつながりは、自然の中で複雑にたがいに支えあうことでバランスが保たれています。

分解	び生物	動物	植物	養分	食物連さ

生物とかん境 ②

水のじゅんかん

1 次の(　　)にあてはまる言葉を□から選んでかきましょう。

(1) 海や湖などの水は、(①　　　)であたためられ、(②　　　)して水蒸気(すいじょうき)になります。水蒸気は上空で冷やされて(③　　　)になり、地上に(④　　　)や雪となって降ります。地上に降った雨や雪は、地面にしみこみ(⑤　　　)や地下水となって、海や湖などに流れます。このように私(わたし)たちが使っている水は(⑥　　　　　)しています。

日光	雲	雨	川	じゅんかん	蒸発

(2) 植物は、水を(①　　　)から吸(す)い上げ、葉に運び、(②　　　)をつくります。不要になった水は、(③　　　)として体の外に出ていきます。動物は、(④　　　)や食べ物から、体の中に水を取りこみます。水は体の中で、さまざまな役割(やくわり)を果たし、(⑤　　　)やあせとして体の外に出ていきます。また、(⑥　　　)でも水は水蒸気として、体の外に出ていきます。

このように、水は生物が生きていく上で欠かせないものです。

飲み物	水蒸気	養分	根	にょう	呼吸(こきゅう)

月　　日 名前

自然と生物のあいだで、たえず水がじゅんかんしていることを学びます。

2 次の(　　)にあてはまる言葉を□から選んでかきましょう。

(1) じょう水場は、(①　　　)や湖から取り入れた水を(②　　　)し、基準にあう(③　　　　)にして、家庭や工場に送っています。下水処理場(げすいしょりじょう)は、家庭や工場で使われたよごれた水を処理します。小さな生物のはたらきできれいにしたり、消毒したり(④　　　)して、きれいな水に変えて川や湖、(⑤　　　)などに流しています。

検査　　きれいな水　　川　　ろ過　　海

(2) 1960年代から70年代にかけて、(①　　　)が社会問題になりました。(②　　　　)は、工場から海に流された水にふくまれた水銀を食べた海の小さな生物が(③　　　　)によってさらに大きな生物に食べられ、それがヒトの体に入って病気を引き起こしました。

(④　　　　)は、工場から川に流された水にふくまれたカドミウムが生活用水や(⑤　　　　)に入りこみ、それがヒトの体に入って病気を引き起こしました。

近年、(⑥　　　　　　)と呼(よ)ばれる小さなプラスチックのゴミが、問題になっています。海の生物がエサとまちがえて食べて、消化できずに体内に残り、死んでしまうこともあります。

食物連さ　　イタイイタイ病　　公害　　水また病 農業用水　　マイクロプラスチック

生物とかん境 ③

空気のじゅんかん

1 次の(　　)にあてはまる言葉を□から選んでかきましょう。

地球は(①　　　)と呼ばれる空気の層でおおわれています。この(①)は、宇宙からくる有害な光線をさまたげたり、太陽光のあたる高温のところと、あたらない低温のところの温度差を(②　　　)のように包みやわらげています。

青く美しい地球には、(③　　　)がたくさんあります。(④　　　)や(⑤　　　)が(③)を体に取り入れて生きています。これら生物が生きていけるのも水や大気があるからなのです。

地上約(⑥　　　)の大気の層の中では、陸上の水や海の水が蒸発して(⑦　　　)となります。(⑦)は上空にのぼります。そこで、冷やされて(⑧　　　)となり、雨や雪となって地上に降ります。

この大気の層の中に、天候があるのです。

このように大気は、生物が生きていくうえで、なくてはならないものなのです。この大気がある地球だから(⑨　　　)が誕生したといえるのです。

毛布	大気	植物	動物	水
10km	雲	生命	水蒸気	

月　　日 名前

酸素や二酸化炭素は、自然と生物のあいだで、たえずじゅんかんしていることを学びます。

2 次の(　　)にあてはまる言葉を□から選んでかきましょう。

(1) ヒトや(①　　　　)は、空気中にある(②　　　　)を取り入れて、代わりに(③　　　　　　)を出しています。これを(④　　　　)といいます。

動物

呼吸(こきゅう)　　酸素　　二酸化炭素　　動物

(2) 植物の葉に(①　　　　)があたると、空気中の(②　　　　　　)と、根から吸(す)い上げた(③　　　　)を使って、養分と(④　　　　)をつくります。このはたらきを(⑤　　　　)といいます。

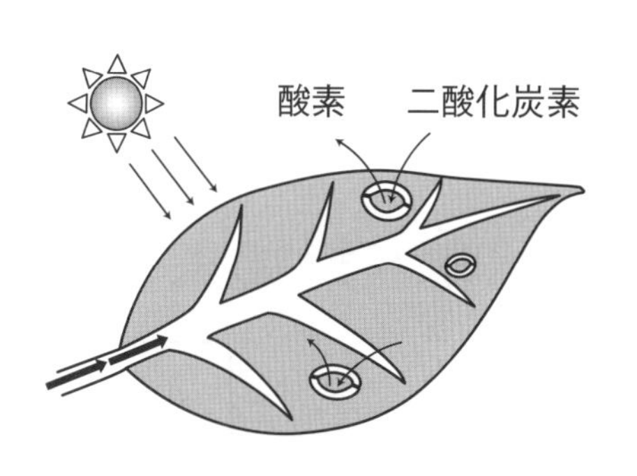

植物は酸素を取り入れて二酸化炭素を出す、(⑥　　　　　)もしています。自然界では、植物がつくった酸素を、動物が体の中に取り入れ、二酸化炭素として出し、それを(⑦　　　　　)が体の中に取り入れ、再び酸素をつくることで、酸素と二酸化炭素が生物の体を出入りしながら(⑧　　　　　　)しています。

日光　　呼吸　　植物　　じゅんかん
二酸化炭素　　水　　酸素　　光合成

生物とかん境 ④

空気のじゅんかん

1 次の(　　)にあてはまる言葉を□から選んでかきましょう。

約200年前から、人類が自然にはたらきかける活動が、とても激(はげ)しくなりました。人口の増加、いろいろな経済(けいざい)活動の発達が自然かん境を大きく変化させています。

マレーシア

(1) 地球には、すべての陸地の3分の1をしめる(①　　　)があります。毎年、日本の国土の(②　　　)%にあたる熱帯林がばっ採や焼畑農業のしすぎによって消えています。日本はアジアの熱帯木材の(③　　　)%を輸入しており、乱(らん)ばっ採と深いかかわりがあります。

森林には、(④　　　　　)の吸収(きゅうしゅう)と(⑤　　　)を放出するはたらきがあり、生物の生存(せいぞん)に大きなかかわりがあります。

30	60	森林	酸素	二酸化炭素

(2) 工業の発展(はってん)にともなって、工場や火力発電所・自動車などから出される(①　　　　　)を多くふくむガスが増えています。

このガスが大気中に増えると、地表全体の(②　　　)が上がり、(③　　　　　)が起こります。これが進むと、「高山の氷がとけて(④　　　　)が上がる」「異常(いじょう)気象」など、生物に大きなえいきょうをあたえます。

温度	海水面	温暖化(おんだんか)現象	二酸化炭素

月　日 名前

人間の活動や暮らしが、自然かん境をはかいすることがあることを学びます。

2 次の(　　)にあてはまる言葉を□から選んでかきましょう。

(1) 木やろうそくが燃えるときは、空気中の(①　　　)が使われ、(②　　　)が出ます。酸素には、ものを燃やすはたらきがあります。ものが燃えると、(③　　　)や光が出ます。ヒトはこのエネルギーをさまざまなものに(④　　　)して生活しています。

熱	二酸化炭素	酸素	変かん

(2) 私(わたし)たちの生活に欠かせない電気は、おもに(①　　　)や石炭、天然ガスなどの(②　　　)を燃やしてつくられています。これらの燃料を燃やすと、(③　　　)が使われて(④　　　)が出てきます。

化石燃料が大量に使われると、空気中の二酸化炭素の量が(⑤　　　)続けます。二酸化炭素そのものに害はありませんが、二酸化炭素の割合(わりあい)の増加が(⑥　　　)の原因の１つになっているのではないかと考えられています。

二酸化炭素を出さないものとして(⑦　　　)発電や(⑧　　　)発電などのクリーンエネルギーの利用や、(⑨　　　)自動車の開発や実用化が進められています。

燃料電池	風力	二酸化炭素	酸素	増え
地球温暖化	化石燃料	地熱	石油	

生物とかん境 ⑤

私たちの暮らし

1 次の(　　)にあてはまる言葉を□から選んでかきましょう。

(1) ある地域（ちいき）にそれまでいなかった生物が、人間によって持ちこまれ、増えて野生化した生物を(①　　　　)といいます。(①)によっては、日本に元もといた(②　　　　)を食べたり、その(③　　　　)をうばったりします。これまで保たれてきた(④　　　　)の関係がくずれ、在来種が(⑤　　　　)に追いこまれることもあります。

(⑥　　　　　　)や(⑦　　　　　)も外来種の１つです。飼っていた動物がにげたり、人間によって放されたりすることで(⑧　　　　)がくずれることもあります。

在来種（ざいらいしゅ）	外来種（がいらいしゅ）	食物連さ	すみか	生態系（せいたいけい）
アメリカザリガニ		ミドリガメ	絶めつ	

(2) 将来（しょうらい）生まれてくる人びとが暮（く）らしやすいかん境を残しながら、未来にひきついでいける社会のことを(①　　　　　　)といいます。

住宅（じゅうたく）を建てるためや(②　　　　)をつくるために(③　　　　)が大量に切られ、森林が減少しています。再生紙を使うことは(④　　　　)を守ることにつながります。私たち一人ひとりが生物どうしのつながりを守り、多様な生物が暮らす(⑤　　　　　)を守ります。

かん境	紙	木	森林	持続可能な社会

月　　日 名前

未来にわたって人間が豊かな暮らしを送るための持続可能な社会について学びます。

2 次の(　　)にあてはまる言葉を□から選んでかきましょう。

持続可能な開発目標（SDGs）

1. 貧困(ひんこん)をなくそう	2. 飢餓(きが)をゼロに	3. すべての人に健康と福祉(ふくし)を
4. 質の高い教育をみんなに	5. ジェンダー平等をみんなに	6. 安全な水とトイレを世界中に
7. エネルギーをみんなにそしてクリーンに	8. 働きがいも経済(けいざい)成長も	9. 産業と技術革新(かくしん)の基礎(きそ)をつくろう
10. 人や国の不平等をなくそう	11. 住み続けられるまちづくりを	12. つくる責任つかう責任
13. 気候変動に具体的な対策(たいさく)を	14. 海の豊かさを守ろう	15. 陸の豊かさも守ろう
16. 平和と公正をすべての人に	17. パートナーシップで目標を達成しよう	

2015年に国連で(①　　　　　　　　)が開かれました。そこで、2030年までの行動計画が立てられ、(②　　　　)（持続可能な開発目標）という17の目標がかかげられました。目標の中には(③　　　)と関係の深いものや、小学校で学んだことを活かすことができるものもあります。将来にわたって、より多くの人が豊かな暮らしを送るために(④　　　　　　)を目指す必要があります。

持続可能な開発サミット	持続可能な社会	SDGs	理科

まとめテスト

生物とかん境

1 図は、生物と空気のつながりを表したものです。あとの問いに答えましょう。
（1つ10点）

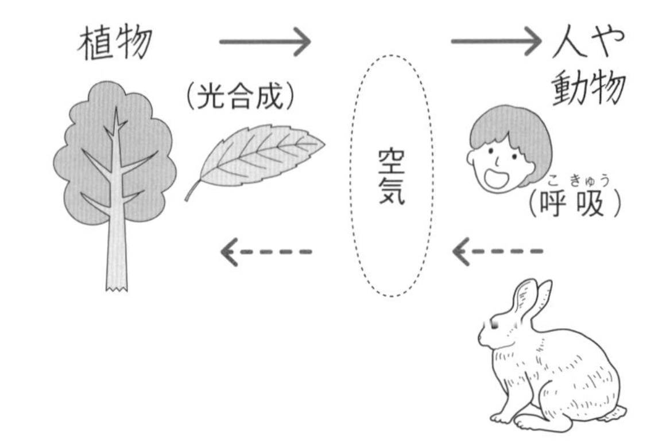

(1) 図の──→と- - - -→の矢印は空気中の酸素と二酸化炭素の流れを表しています。それぞれどちらを表していますか。

──→（　　　　　　）

- - - -→（　　　　　　）

(2) ヒトや動物が空気中の酸素を取り入れ、二酸化炭素を出すはたらきを、何といいますか。（　　　　　）

(3) 植物の葉に日光があたったとき、空気中の二酸化炭素を取り入れ、酸素を出すはたらきを何といいますか。（　　　　　）

★(4) 空気中の酸素はどのようにしてつくり出されていますか。説明しましょう。

［　　　　　　　　　　　　　　　　　　　　］

月　　日　名前

2 次の生活は、水、空気のどちらにえいきょうをあたえますか。(各5点)

① 家庭で洗(せん)ざいを使って食器を洗(あら)います。　(　　)

② 料理などで使った油を流します。　(　　)

③ 石油や石炭を燃やして火力発電を行います。　(　　)

④ 石油からつくるガソリンで自動車を走らせます。　(　　)

3 ㋐〜㋒の中から選んで答えましょう。(各10点)

(1) 森林の木を大量に切ると、暮(く)らしにどんなえいきょうがありますか。　(　　)

㋐ 木はどんどん成長して元にもどるので、ほとんどえいきょうはありません。

㋑ ヒトと植物はかかわりあっているので、よくないえいきょうもあります。

㋒ 生活する場所が増えるので、よいえいきょうしかありません。

(2) 家庭の台所などから出る水を、そのまま川に流すと、かん境にどんなえいきょうをあたえますか。　(　　)

㋐ 家庭で使われた水はそれほどよごれていないので、かん境へのえいきょうはありません。

㋑ 川や海の水がよごれ、そこにすむ生き物が生きていけなくなったりします。

㋒ 洗ざいの成分がふくまれているので、川の水がきれいになります。

(3) 空気中の二酸化炭素が増えると、地球全体の気温がどうなると考えられていますか。　(　　)

㋐ 上がる　　㋑ 下がる　　㋒ 変わらない

まとめテスト

生物とかん境

1 図は、生物と空気のつながりを表したものです。次の(　　)にあてはまる言葉を□から選んでかきましょう。 (各5点)

(1) ヒトや動物は空気中の(①　　　)を取り入れ、(②　　　　)を出しています。これを(③　　　)といいます。

呼吸(こきゅう)	二酸化炭素	酸素

(2) 植物の葉に(①　　　)があたると、空気中の(②　　　　)と植物の中の水を利用して、養分と(③　　　)をつくります。このことを(④　　　　)といいます。

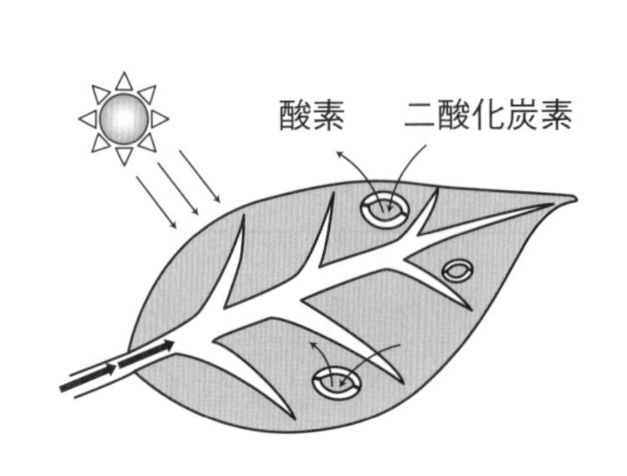

酸素	二酸化炭素	日光	光合成

(3) ヒトや動物は(①　　　)を取り入れ、(②　　　　　)を出します。植物は逆に(③　　　)をつくります。

植物がなければ、ヒトや動物は生き続けられません。

酸素	酸素	二酸化炭素

月　　日　名前　　　　／100点

2 次の(　　)にあてはまる言葉を□から選んでかきましょう。(各5点)

(1) 住宅(じゅうたく)を建てるためや(①　　　)をつくるために木が大量に切られたりして、森林が(②　　　)しています。

再生紙を使うことは(③　　　)を守ることにもつながります。

森林	減少	紙

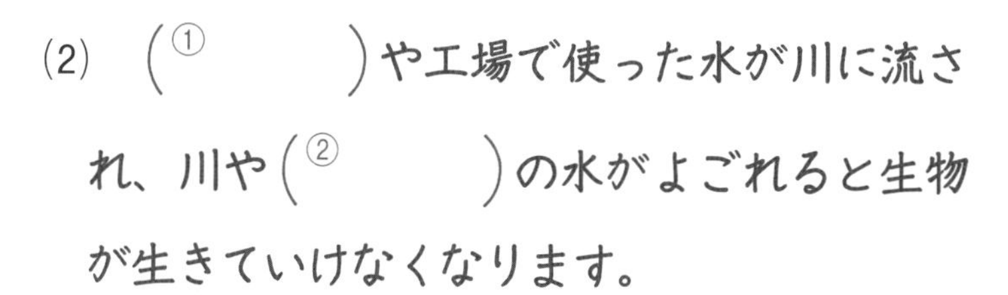

(2) (①　　　)や工場で使った水が川に流され、川や(②　　　)の水がよごれると生物が生きていけなくなります。

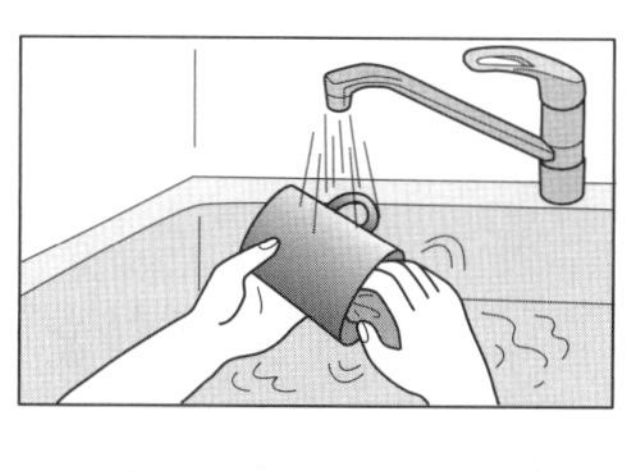

だから、家庭や(③　　　)で使われた水を(④　　　　　)で、きれいな水にしてから川に流します。

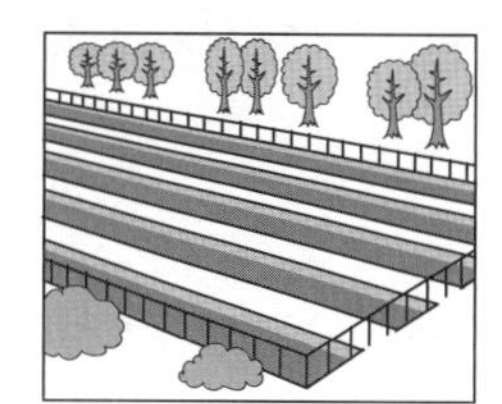

下水処理場(げすいしょりじょう)	海	家庭	工場

(3) (①　　　)や石炭が燃料として燃やされ、空気中の(②　　　　　)が増えると、地球の(③　　　)の原因にもなります。

二酸化炭素	石油	温暖化(おんだんか)

生物とかん境

1 次の(　　)にあてはまる言葉を□から選んでかきましょう。(各5点)

私(わたし)たちが住んでいる地球は(①　　　)の光を浴び、(②　　　)の層(そう)で包まれ、豊かな(③　　　)にめぐまれています。海にも陸にもたくさんの(④　　　)が、たがいにかかわりあいながら生き続けています。

これまでは、(⑤　　　)以外に生物が生き続けている星は見つかっていません。このかけがえのない(⑤)で生物が生き続けるためには、自然(⑥　　　)を守らなければなりません。

地球をとりまくかん境問題の中には、森林ばっ採によって広がる(⑦　　　)の問題があります。

また、工場などで石炭や石油を燃やすと二酸化炭素のはい出量が多くなり地球の温度が上がる(⑧　　　)の問題もあります。

さらに、空気中に増えるちっ素酸化物が雨にとける(⑨　　　)の問題などがあります。

電気のスイッチを小まめに切ったり、(⑩　　　)などの化石燃料にたよらないエネルギーを考えたり、水の使用量を減らしたりすることは、私たちにできる大切なことです。

太陽	生物	大気	地球	自然	石油
温暖化(おんだんか)	砂(さ)ばく化	かん境	酸性雨		

月　　日 名前　　　　／100点

2 次の文のうち、正しいものには○、まちがっているものには×をかきましょう。（各5点）

①（　　）石油やガスが燃えたときは、ちっ素ができます。

②（　　）ウサギは呼吸によって、空気中の酸素を取り入れています。

③（　　）植物の呼吸は、空気中の二酸化炭素を吸って、酸素をはき出すことをいいます。

酸素　二酸化炭素

④（　　）ヒマワリの葉では、夜でも、でんぷんをつくることができます。

⑤（　　）植物は、おもに葉から水蒸気を取り入れています。

⑥（　　）大気中の二酸化炭素が増えると、地球の気温は上がります。

⑦（　　）地球には、大気の層があり、その中で水はさまざまに姿を変えてじゅんかんしています。

⑧（　　）植物は、夜の間だけ呼吸をします。

⑨（　　）動物の体内には、およそ70%の水分がふくまれています。

⑩（　　）食物連さのつながりの中では、肉食動物は草食動物を食べるので、植物とはまったくつながりがありません。

電気の利用

電気をつくる

利用（電気を使う）　　　　発電（電気をつくる）

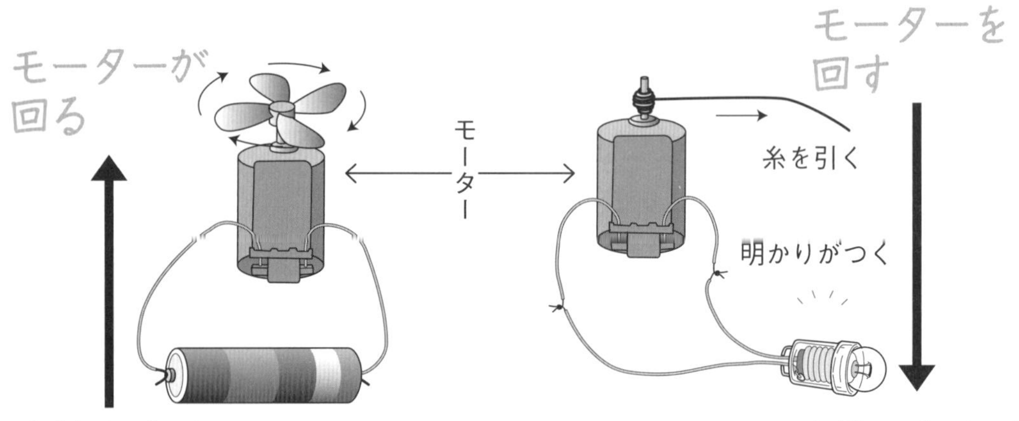

電気を流す　　　　電気が起きる

手回し発電機

ハンドルを回すと発電する

自転車の発電機

じくが回ると発電する

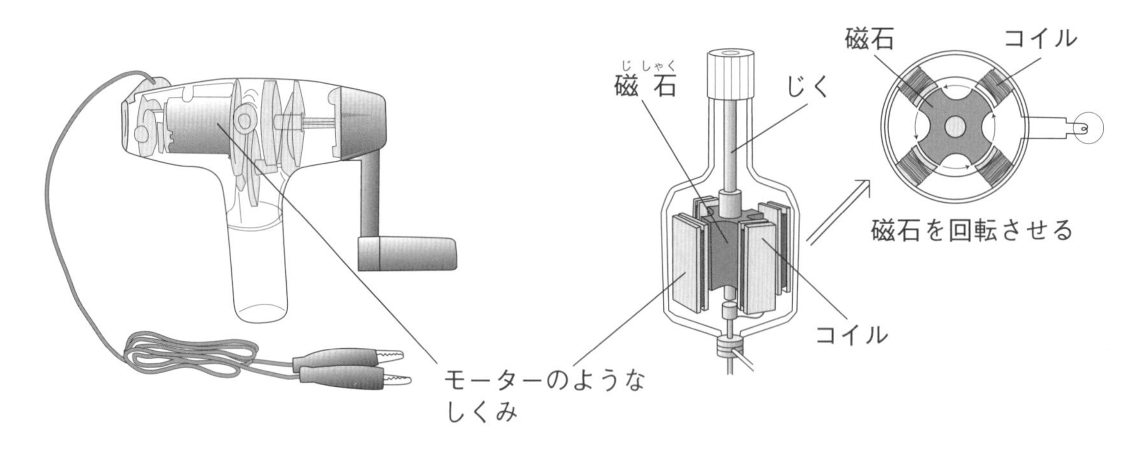

回転の向きを変える　電流の向きが変わる
回転を速くする　電流が強くなる

月　　日　名前

大型タービンを回す発電所

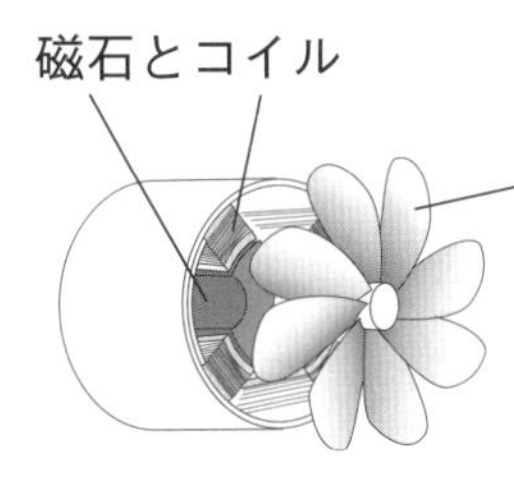

火力発電 ――― 石油を燃やし、水蒸気（すいじょうき）でタービンを回す

原子力発電 ―― 原子の力で水蒸気をつくり、タービンを回す

地熱発電 ――― 地下の熱であたためられた水蒸気でタービンを回す

水力発電 ――― 水の力でタービンを回す

風力発電 ――― 風の力でプロペラを回す

太陽光発電

日光をあてて発電する

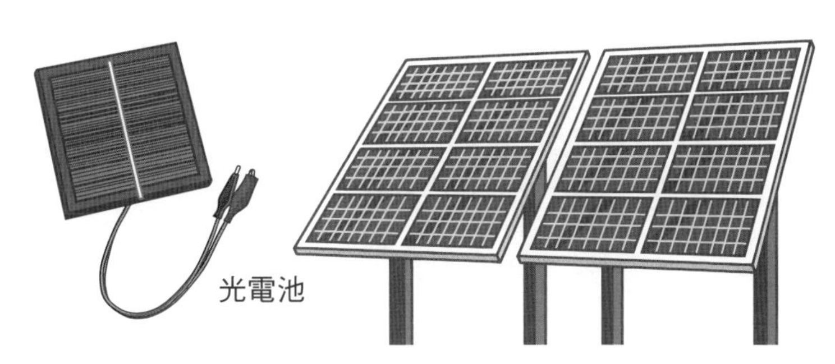

電気をためる

手回し発電機（電気をつくる） ――→ コンデンサー（電気をためる）

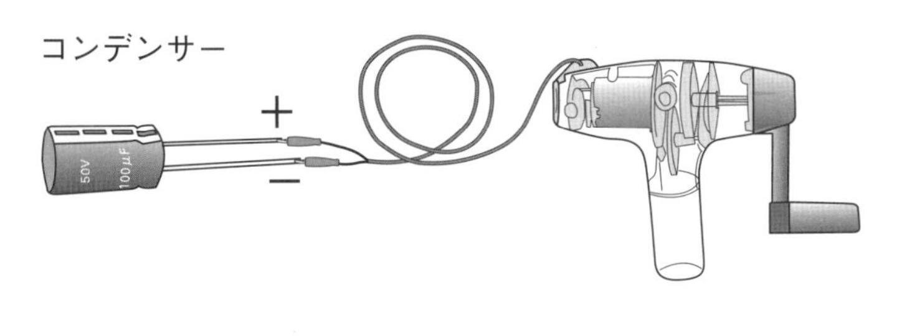

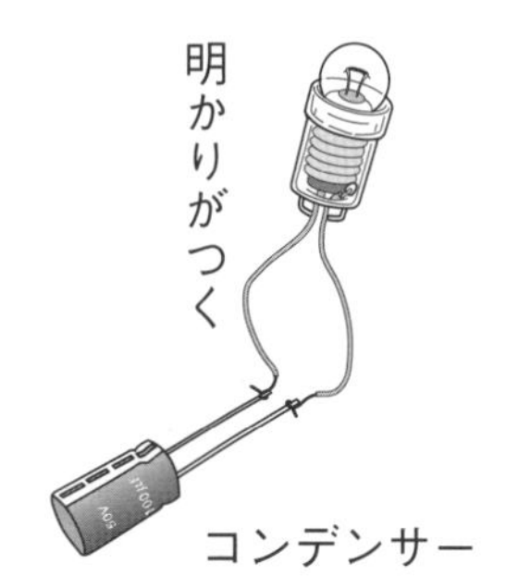

電気の利用

電気を使う

私（わたし）たちは、電気の力（エネルギー）を変かんして利用している

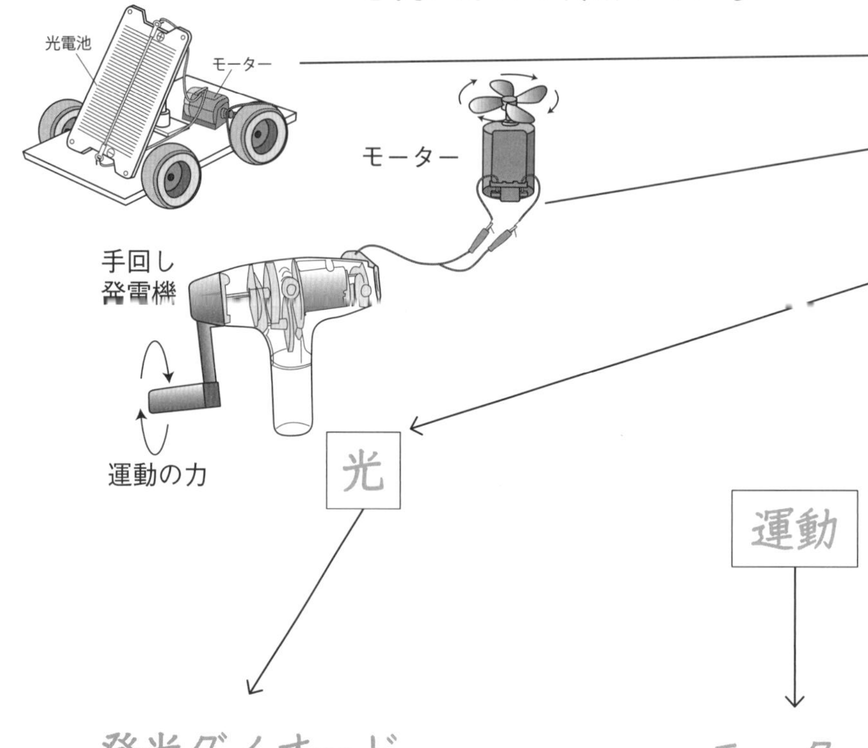

運動

発光ダイオード
豆電球（光にかえる）

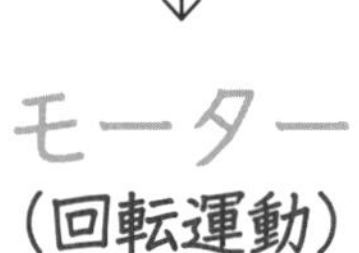

（回転運動）

↓

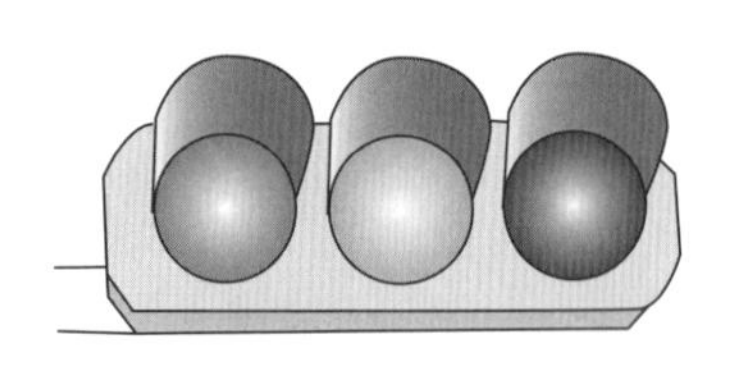

信号機
車のライト
イルミネーション

せん風機
電車
洗（せん）たく機

月　　日 名前

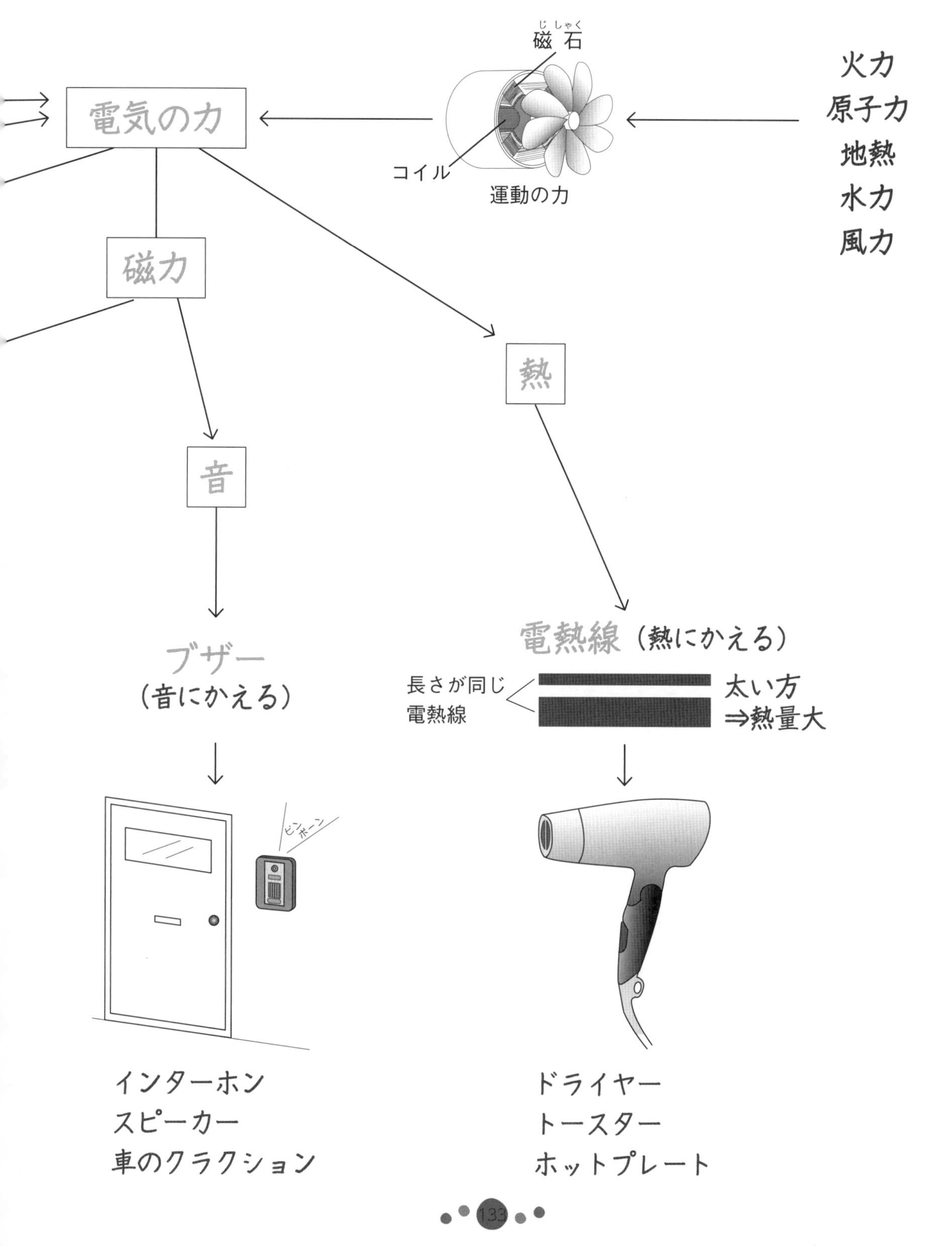

じしゃく
磁石
火力
原子力
地熱
水力
風力
電気の力
コイル
運動の力
磁力
熱
音
ブザー
（音にかえる）
電熱線（熱にかえる）
長さが同じ
電熱線
太い方
⇒熱量大
ピンポーン
インターホン
スピーカー
車のクラクション
ドライヤー
トースター
ホットプレート

電気の利用 ①

電気をつくる・ためる

1 次の(　　)にあてはまる言葉を[　　]から選んでかきましょう。

(1) 図のように(①　　　　)をつないだモーターのじくに糸をまきつけます。糸を引いてモーターを(②　　　)させました。すると豆電球がつきました。これを利用したものが(③　　　　　　)です。

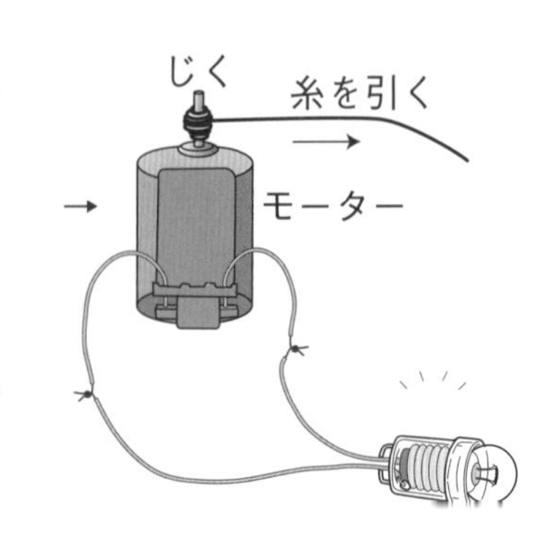

手回し発電機　　豆電球　　回転

(2) 手回し発電機のハンドルを回すと(①　　　)がつくられて、モーターが(②　　　)しました。電気をつくることを(③　　　)といいます。

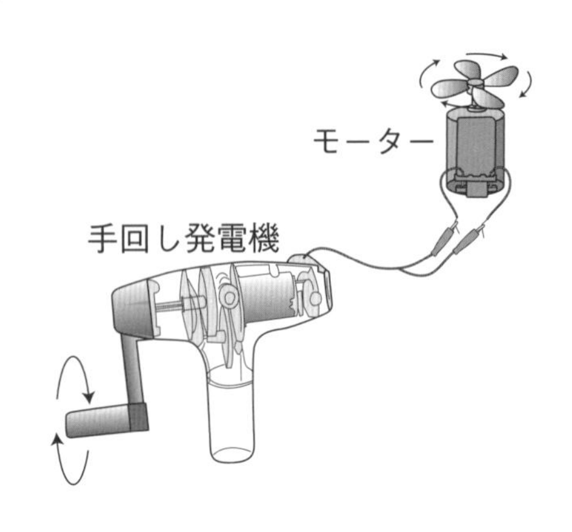

電気　　発電　　回転

(3) ハンドルを逆向きに回すとモーターも(①　　　　)に回転しました。これは(②　　　)の向きが逆になったからです。ハンドルを速く回すと、モーターも(③　　　)回転しました。これは電流が強くなったからです。

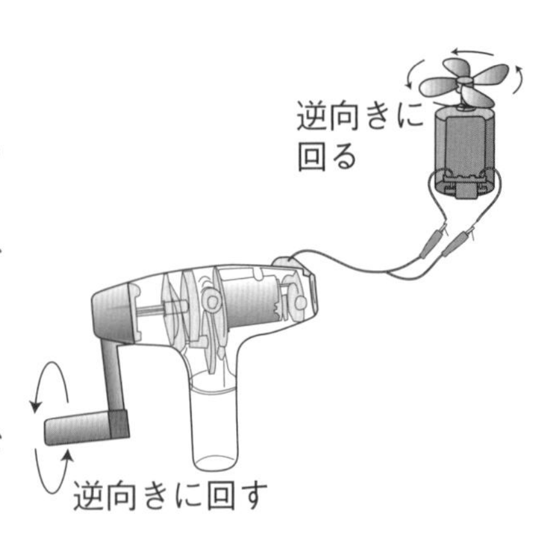

電流　　速く　　逆向き

月　　日 名前

電気をつくったり、たくわえたりする方法を学びます。

2 図は、電気をためる実験のようすを表したものです。次の(　　)にあてはまる言葉を□から選んでかきましょう。

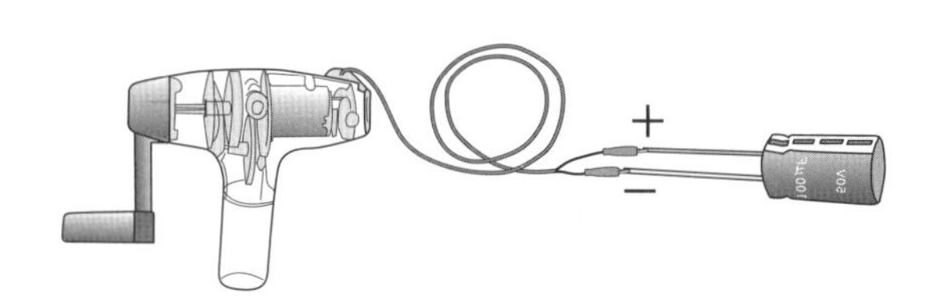

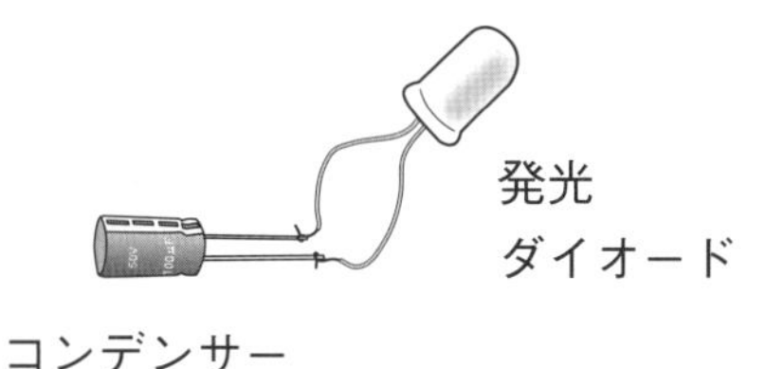

(1) 電気をためる部品の１つに(①　　　　)があります。(①)を使うと、手回し発電機で(②　　　)した電気を(③　　　　)ことができます。この電気は(④　　　　)につないで使うことができます。

発光ダイオード　　コンデンサー　　たくわえる　　発電

(2) ハンドルを回す回数を変えて、発光ダイオードが光る時間を調べると表のようになりました。

(①　　　　)に電気をたくわえるとき、ハンドルを回す回数を(②　　　)すると(③　　　　)が光る時間は(④　　　)なりました。

ハンドルを回す回数	光る時間
10回	１分20秒
20回	２分20秒
30回	２分50秒

発光ダイオード　　コンデンサー　　長く　　多く

電気の利用 ②

電気をつくる・ためる

1 次の(　　)にあてはまる言葉を[　　]から選んでかきましょう。

(1) 手回し発電機に豆電球をつなぎ、ハンドルを回します。すると豆電球は明かりが(①　　　　)ます。ハンドルを回すのをやめて、しばらくすると豆電球は(②　　　　)ます。手回し発電機は、電気を多く使うほどハンドルの手ごたえが(③　　　　)なります。ハンドルをより速く回すと豆電球はより(④　　　　)つきます。

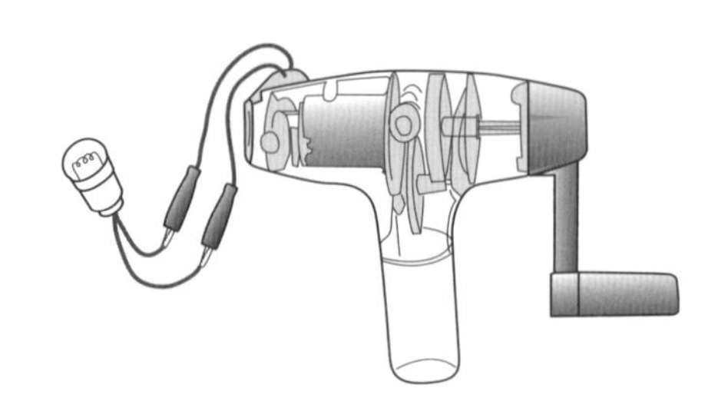

大きく	明るく	つき	消え

(2) 図のように、2台の手回し発電機をつなぎます。

片方(かたほう)のハンドルを回すと、もう一方のハンドルも(①　　　　)ます。

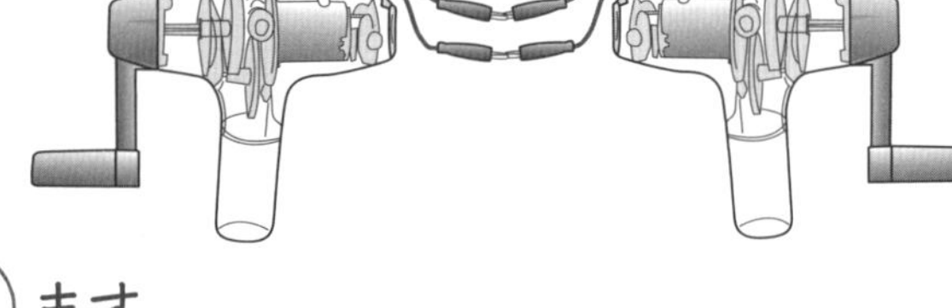

これは、ハンドルを回した手回し発電機のモーターで(②　　　　)された電気が、もう一方の手回し発電機に流れ、その中のモーターを回すのに(③　　　　)からです。ハンドルをより速く回すと、もう一方のハンドルもより(④　　　　)回ります。ハンドルを逆に回すと、もう一方のハンドルも(⑤　　　　)回ります。

使われた	回り	発電	速く	逆に

月　　日 名前

手回し発電機や光電池などのはたらきを学びます。

2 次の(　　)にあてはまる言葉を□から選んでかきましょう。

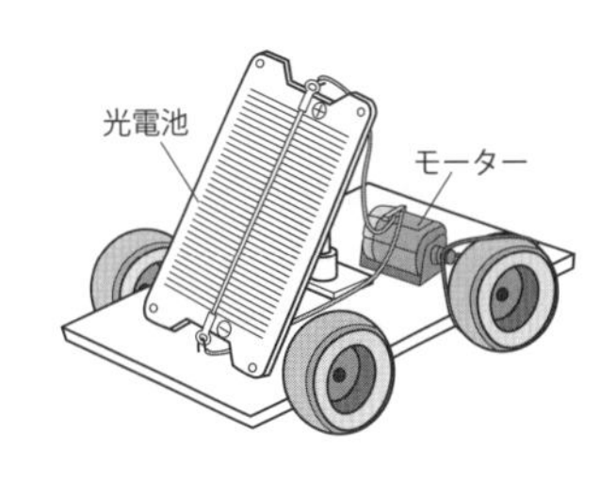

光電池にモーターをつなぎ、(①　　　)をあてます。するとモーターは回ります。光電池は、光の力を(②　　　)の力に変かんするはたらきがあります。

光電池を半とう明のシートでおおい、光電池にあたる光の量を(③　　　)します。すると、モーターは(④　　　)回ります。

光電池にあたる光が強いほど、(⑤　　　)電流が流れます。

少なく　　ゆっくり　　光　　電気　　強い

3 ㋐〜㋒は、電気に関係のある器具です。あとの問いに答えましょう。

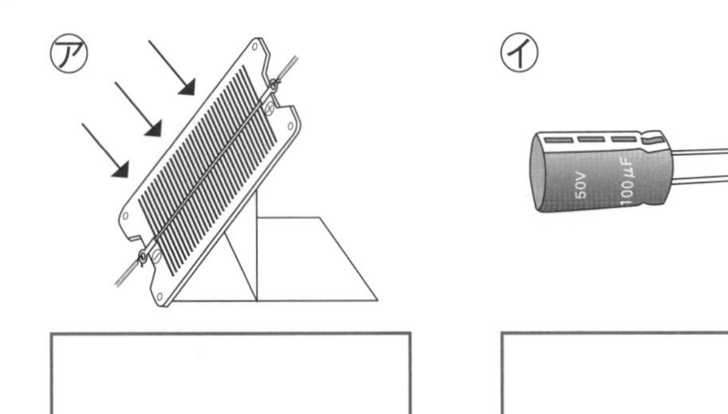

(1) 器具の名前を□にかきましょう。

(2) (1)のどの器具の特ちょうをかいたものですか。記号で答えましょう。

① 電気をたくわえるはたらきがあります。　(　　)

② 電気を使って光るはたらきがあります。　(　　)

③ 電気をつくるはたらきがあります。　(　　)

電気の利用 ③

発電と電気の利用

1 次の(　　)にあてはまる言葉を□から選んでかきましょう。

(1) 図は、風力発電のしくみを表したものです。

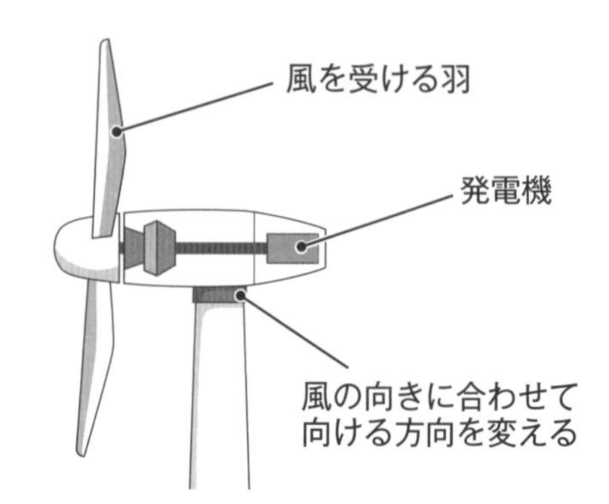

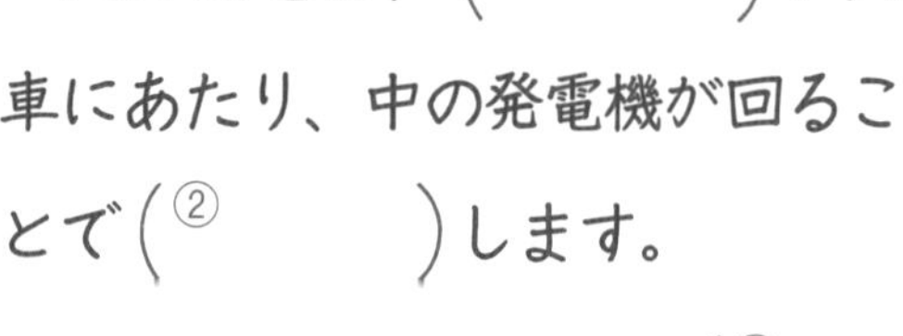

風力発電は、(①　　　　)が風車にあたり、中の発電機が回ることで(②　　　　)します。

風が弱いと、発電量が(③　　　　)なるため、風が強くふく海岸や(④　　　　)などに、風車が多く建てられます。風力発電は、燃料を使わず、(⑤　　　　)の力を利用する発電方法です。

山	自然	風	発電	少なく

(2) 図は、火力発電のしくみを表したものです。

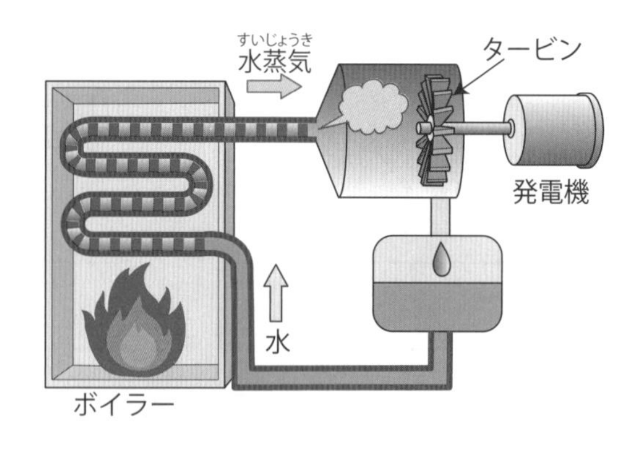

火力発電は、(①　　　　)や石炭などで水を熱して(②　　　　)にし、その力で(③　　　　)を回転させて、(④　　　　)します。

水蒸気	タービン	石油	発電

月　　日　名前

発電のしくみと、電気の利用について学びます。

2　次の(　　)にあてはまる言葉を□から選んでかきましょう。

(1)　電球や(①　　　　　　)は電気を光に変かんしています。

　ベルやスピーカーは電気を磁石(じしゃく)の力にして(②　　　)に変かんしています。

　アイロンや電気ストーブは、電気を(③　　　)に変かんしています。このように私(わたし)たちは(④　　　)をいろいろなものに変えて利用しています。

電気　　熱　　音　　発光ダイオード

電気を光に変かん

電球

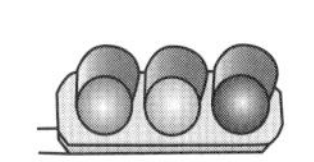
発光ダイオード

電気を音に変かん

スピーカー

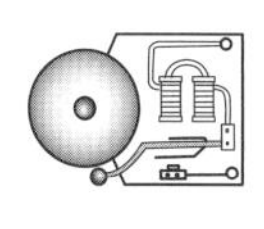
ベル

電気を熱に変かん

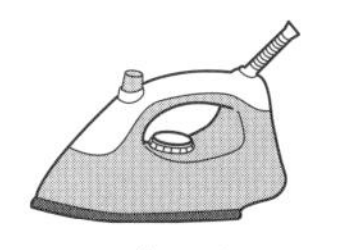
アイロン

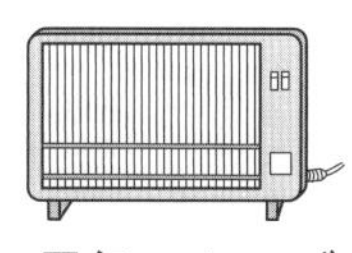
電気ストーブ

(2)　電熱線は、(①　　　)が流れると(②　　　)するニクロムという金属でできています。

　電流を流した(③　　　　)に、熱でとける(④　　　　　　)の棒(ぼう)をあてます。電熱線につなぐ電池の数を(⑤　　　　)と、棒は速くとけます。

　電熱線の太さを(⑥　　　)した方が、棒は速くとけます。

発ぽうスチロール

電熱線

発ぽうスチロール　　増やす　　太く　　電流　　発熱　　電熱線

電気の利用 ④

発電と電気の利用

1 次の器具は、電気をどのはたらきに変かんしたものですか。(　　)に記号をかきましょう。

① 光に変かんして利用　(　　　　　　)

② 運動に変かんして利用　(　　　　　　)

③ 音に変かんして利用　(　　　　　　)

④ 熱に変かんして利用　(　　　　　　)

月　日 名前

身近な器具で電気がどのように利用されているのか学びます。

2 次の発電方法について、正しいものを選んで番号をかきましょう。

㋐ 水力発電 (　　)　　㋑ 風力発電 (　　)

㋒ 太陽光発電 (　　)　　㋓ 火力発電 (　　)

㋔ 地熱発電 (　　)　　㋕ 原子力発電 (　　)

① 太陽の光が光電池にあたることで発電します。

② 石油や石炭などを燃焼させた熱が水をあたため、できた水蒸気(すいじょうき)でタービンを回して発電します。

③ 風の力で風車を回して発電します。

④ ウラン燃料のかく分れつの熱で水をあたため、できた水蒸気でタービンを回して発電します。

⑤ ダムにたくわえた水を勢いよく低いところに落とし、その力で水車を回して発電します。

⑥ 火山の近くで、地熱が地上から送りこんだ水をあたため、できた水蒸気でタービンを回して発電します。

3 **2**の６つの発電方法について㋐～㋕の記号で答えましょう。

(1) 自然の力を使って発電するものをすべて選びましょう。

(　　　　　)

(2) 発電量が天候に左右されるものを２つ選びましょう。

(　　　　　)

まとめテスト

電気の利用

1 次の器具の名前を□から選んでかきましょう。 （各5点）

① ② ③

①（　　　）②（　　　）③（　　　）

④ ⑤ ⑥

④（　　　）⑤（　　　）⑥（　　　）

発光ダイオード	手回し発電機	電球
コンデンサー	電子オルゴール	電熱器

2 **1**の①～⑥について、あとの問いに答えましょう。 （1つ5点）

(1) 運動の力を電気に変える器具はどれですか。 （　　）

(2) 電気をためる器具はどれですか。 （　　）

(3) 電気を音に変える器具はどれですか。 （　　）

(4) 電気を光に変える器具はどれですか。 （　　）（　　）

(5) 電気を熱に変える器具はどれですか。 （　　）

月　　日　名前　　　　　　　　　　　　　　／100点

3　次の(　　)にあてはまる言葉を□から選んでかきましょう。また、道具名を線で結びましょう。（言葉全部で10点、線全部で10点）

コンデンサー　・　　　　・　手でハンドルを回して、(①　　　)することができる。

手回し発電機　・　　　　・　発電された電気を(②　　　　)ことができる。

発光ダイオード　・　　　　・　豆電球に比べて(③　　　)の電気でも光る。

少量　　発電　　たくわえる

4　次の(　　)にあてはまる言葉を□から選んでかきましょう。（各５点）

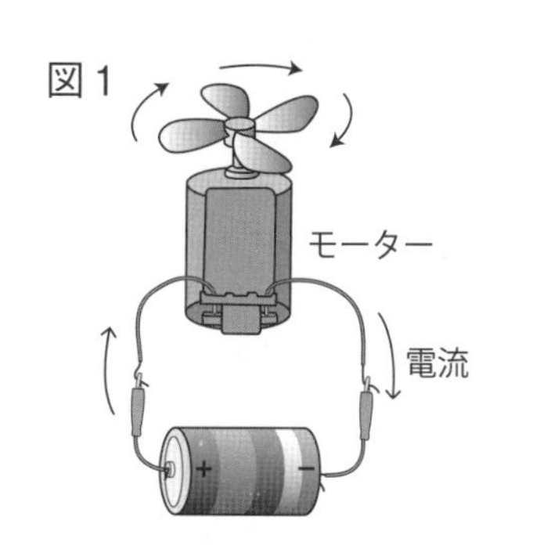

図１は(①　　　)を流して、永久磁石(えいきゅうじしゃく)と電磁石の(②　　　　)たり、しりぞけあったりする力を利用して(③　　　)するモーターのようすです。

図２は、豆電球をつないだモーターの回転じくに糸をまきつけ、その糸を引っぱって(③)させます。すると(④　　　)が流れて豆電球が光りました。

これが発電のしくみです。

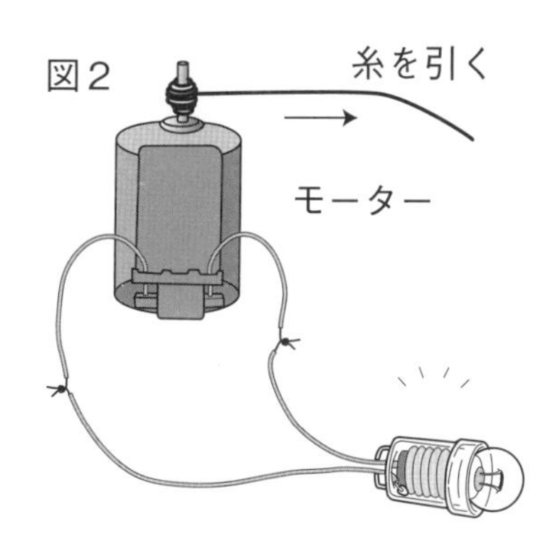

引きあっ　　電流　　電流　　回転

まとめテスト

電気の利用

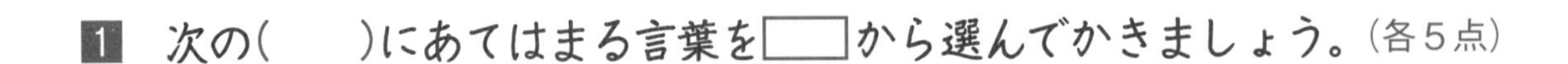

1 次の(　　)にあてはまる言葉を□から選んでかきましょう。(各5点)

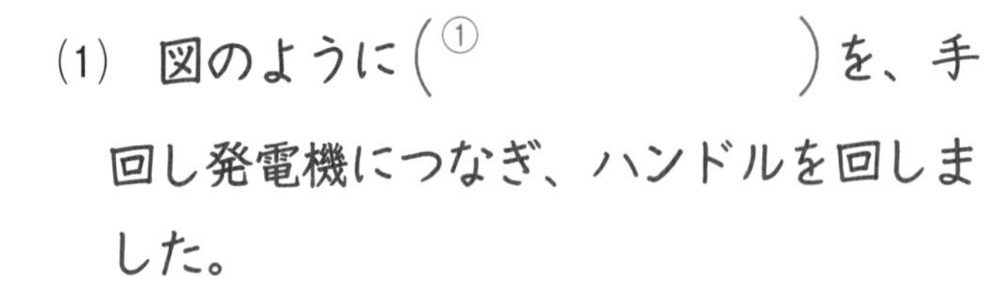

(1) 図のように(①　　　　　)を、手回し発電機につなぎ、ハンドルを回しました。

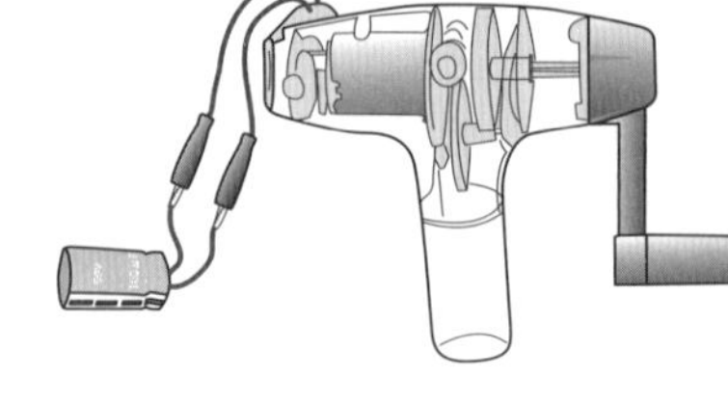

そのあと（①）に(②　　　　)をつなぎました。しばらく(③　　　)し、やがて消えました。

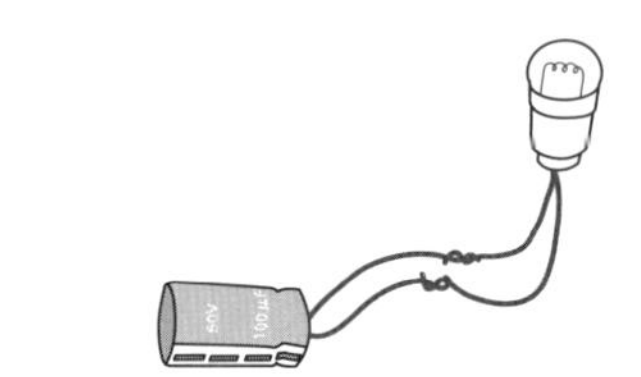

これより（①）には(④　　　　)をたくわえるはたらきがあることがわかります。また、（①）は(⑤　　　　　)ともいいます。

豆電球	点灯	ちく電器	電気	コンデンサー

(2) コンデンサー2個を、手回し発電機につないで電気をたくわえました。

そのあと(①　　　)につないだところ、コンデンサーが(②　　　)のときよりも(③　　　)時間、点灯しました。

コンデンサーのように電気をたくわえるものにノートパソコンや(④　　　　　)の(⑤　　　　　　)などがあります。

けい帯電話	バッテリー	長い	1個	豆電球

月　　日　名前

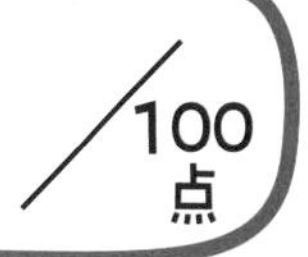

2 次の(　　)にあてはまる言葉を□から選んでかきましょう。(各5点)

(①　　　　　　)という音楽が流れるおもちゃがあります。これは、電気を(②　　　)に変えるはたらきを利用したものです。家庭にある(③　　　　　)や、車のクラクションなどもスピーカーを通して(④　　　)を声や音に変えています。

ブザーは、スイッチをおすと鳴り続けます。(⑤　　　　)のはたらきで、鉄のしん動板をつけたり、はなしたりして、音を出します。

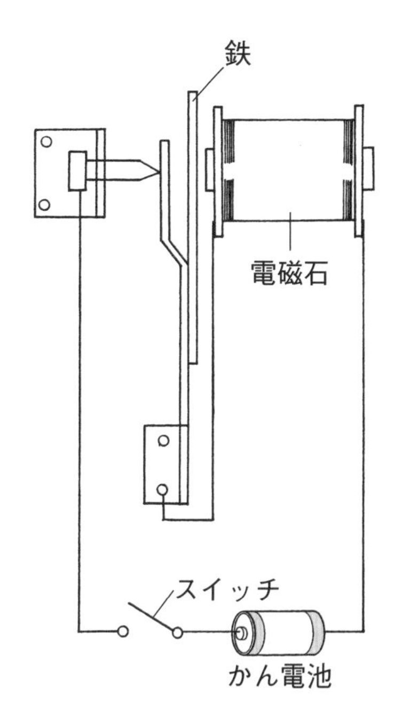

電気　　音　　電子オルゴール　　インターホン　　電磁石(でんじしゃく)

3 次の(　　)にあてはまる言葉を□から選んでかきましょう。(各5点)

電気のはたらきには、光や(①　　　)、電磁石のはたらきの他に、(②　　　)を出すはたらきがあります。このはたらきをする器具には、洗(せん)たく物のしわをのばす(③　　　　)やパンを焼く(④　　　　)などがあります。これらは、電流を流すと発熱する(⑤　　　　)という金属が使われています。

トースター　　アイロン　　熱　　音　　ニクロム

まとめテスト

電気の利用

1 次の(　　)にあてはまる言葉を□から選んでかきましょう。(各５点)

(1) 水力発電や風力発電は、流れる水の力や、(①　　　　)で、回転じくにつけられた羽を回し、(②　　　　)します。発電機のじくの回転を多くすると、発電量も(③　　　　)なり、発電機の中の電磁石(でんじしゃく)のコイルの巻(ま)き数を多くすると(④　　　　)も多くなります。

風の力	発電	発電量	多く

(2) 火力発電や原子力発電は、水を熱して(①　　　　)にし、その力で(②　　　　)を回転させて(③　　　　)します。

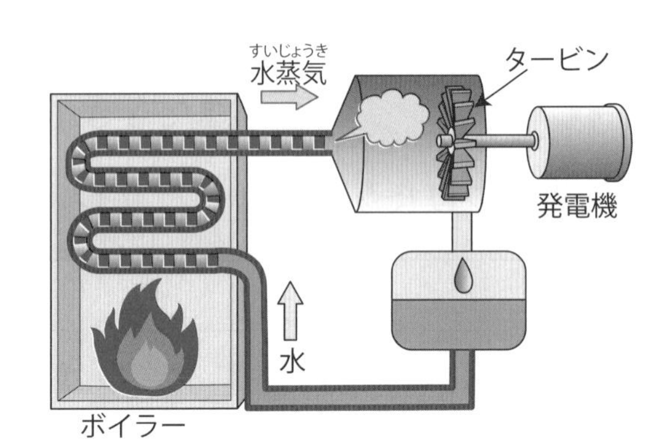

太陽光発電は(④　　　　)のエネルギーを電気に変えるもので、住宅(じゅうたく)の屋根上に見られます。

発電	水蒸気	タービン	日光

(3) 電気をたくわえるものにコンデンサーがありますが、その他に(①　　　　)のかん電池や、けい帯電話などに使われている(②　　　　)があります。たくわえた電気が少なくなると、またじゅう電して使うことができます。

バッテリー	じゅう電式

月　　　日 名前

2 図や表を見て、次の(　　)にあてはまる言葉を□から選んでかきましょう。(各5点)

(1) コイルに(①　　　)を流すと、導線が(②　　　)なることがあります。これは電流には(③　　　)を発熱させるはたらきがあるからです。

導線　熱く　電流

(2) 太さのちがう(①　　　)に電流を流して発ぽうスチロールが切れるまでの時間を調べました。このとき電熱線の(②　　　)、発ぽうスチロールの(③　　　)、電池の(④　　　)は同じにしておきます。

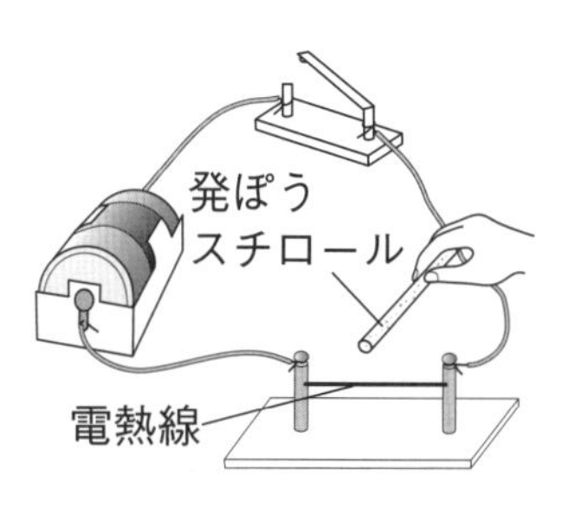

太さ　長さ　数　電熱線

(3) 発ぽうスチロールが切れるまでの時間は太い電熱線を使ったときは(①　　　)かかり、(②　　　)電熱線を使ったときは約4秒かかりました。電熱線の(③　　　)方が発熱が大きいとわかりました。

電熱線の太さ	切れるまでの時間
太い直径 0.4mm	約2秒
細い直径 0.2mm	約4秒

約2秒　太い　細い

まとめテスト

電気の利用

1 右の装置(そうち)で電流を流し、車を走らせました。あとの問いに答えましょう。（1つ5点）

(1) A、Bの器具の名前をかきましょう。

A（　　　　　　）　B（　　　　　　）

(2) 次の文は、A、Bどちらの説明ですか。記号で答えましょう。

① 光の力を電気の力に変かんしています。（　　）

② 電気の力を運動の力に変かんしています。（　　）

(3) Aの面を半分おおいでかくしました。車はどうなりますか。次の中から選びましょう。（　　）

① 速く走る　② ゆっくり走る　③ 止まる

(4) この装置と同じしくみを利用した発電方法をかきましょう。

（　　　　　　）

(5) 次の文は、(4)の発電方法についてかいています。正しいものには○、まちがっているものには×をかきましょう。

①（　　）パネルを北の空に向けるとたくさん発電します。

②（　　）くもった日は、発電量が減ります。

③（　　）地面の熱を利用しています。

④（　　）発電するとき、二酸化炭素を出します。

月　　　日　名前

2 次の文のうち、正しいものには○、まちがっているものには×をかきましょう。　（各５点）

①（　　）電熱線は、細い方がよく発熱します。

②（　　）電熱線は、太い方がよく発熱します。

③（　　）地熱発電は、火山の力を利用します。

④（　　）コンデンサーの電気は、いつまでも使えます。

⑤（　　）発光ダイオードは豆電球より少ない電気で点灯します。

⑥（　　）かん電池の向きを変えてもモーターの回転する向きは変わりません。

⑦（　　）電子オルゴールは、電気を音に変かんしています。

⑧（　　）水力発電は、ダムにたくわえた水を勢いよく低いところへ落とし、その力で水車を回して発電します。

3 図は風力発電のしくみを簡単(かんたん)に表しています。次の言葉を使って説明しましょう。　（10点）

①　ブレード（羽）　②　増速機（回転を速くする）　③　発電機

④　方位制ぎょ器（風の向きにあわせる）

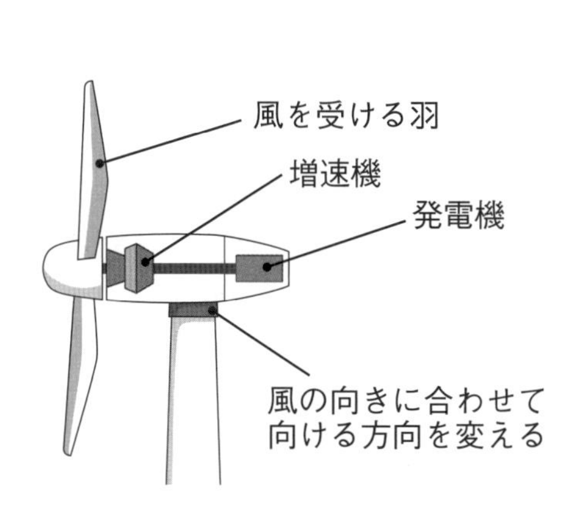

［　　　　　　　　　　］

てこのはたらき

棒を使ったてこ

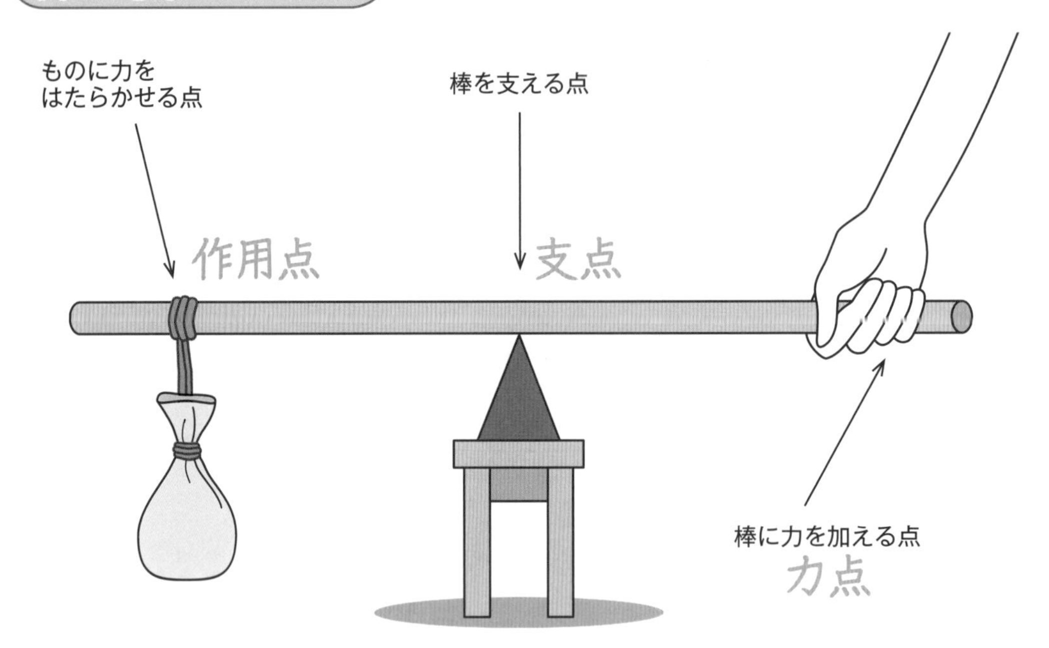

支点と力点のきょり

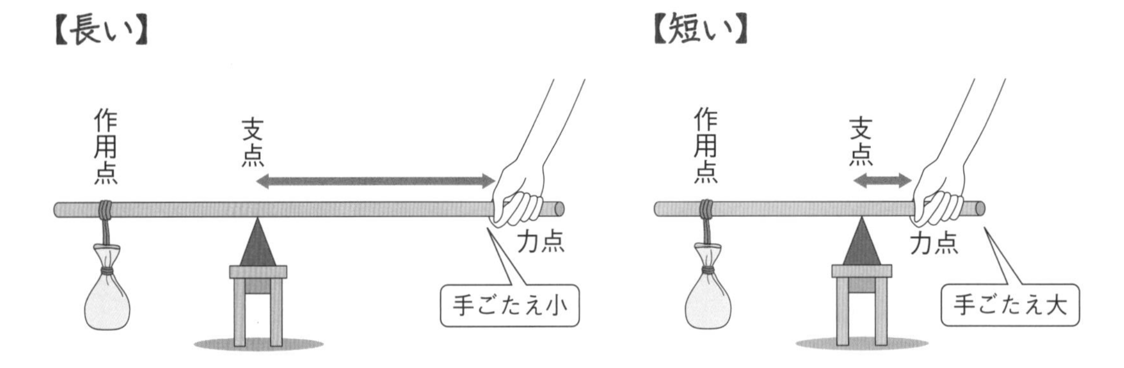

長い方 がらくに上がる

月　　日　名前

支点と作用点のきょり

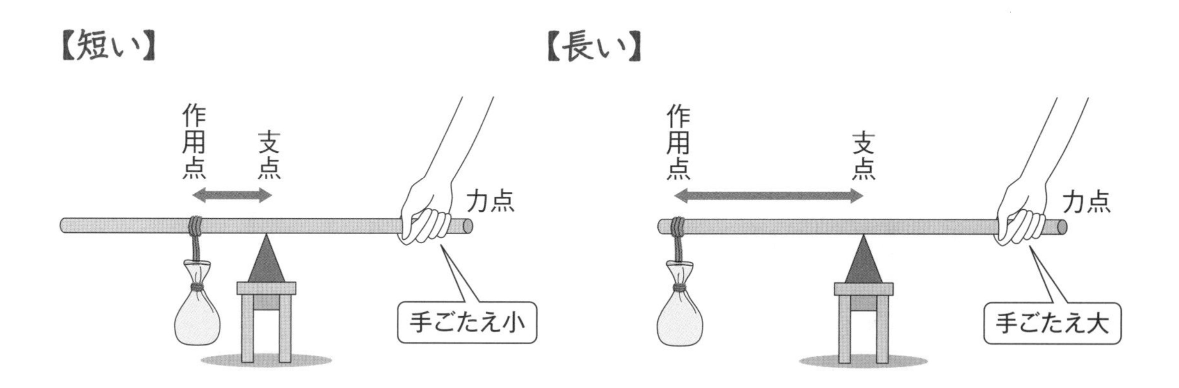

短い方 がらくに上がる

支点の位置

支点を動かすと、「支点と力点」「支点と作用点」のきょりが変わる

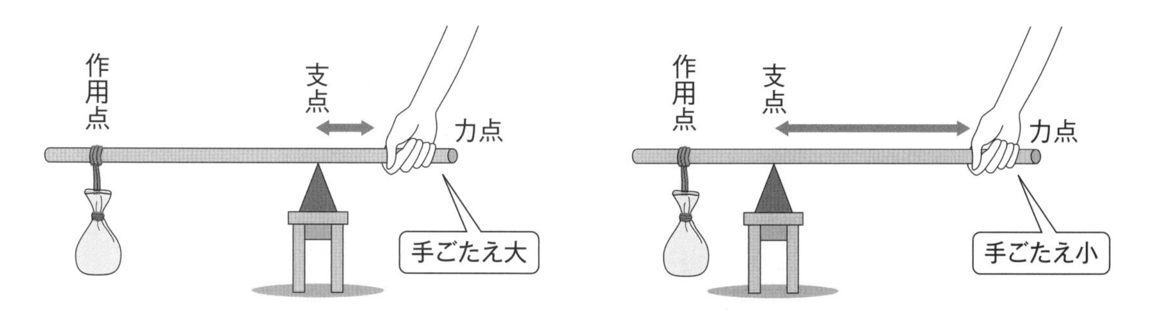

「支点と力点」が 長く、「支点と作用点」が 短い方 がらくに上がる

イメージマップ

てこのはたらき

てこのうでをかたむける力

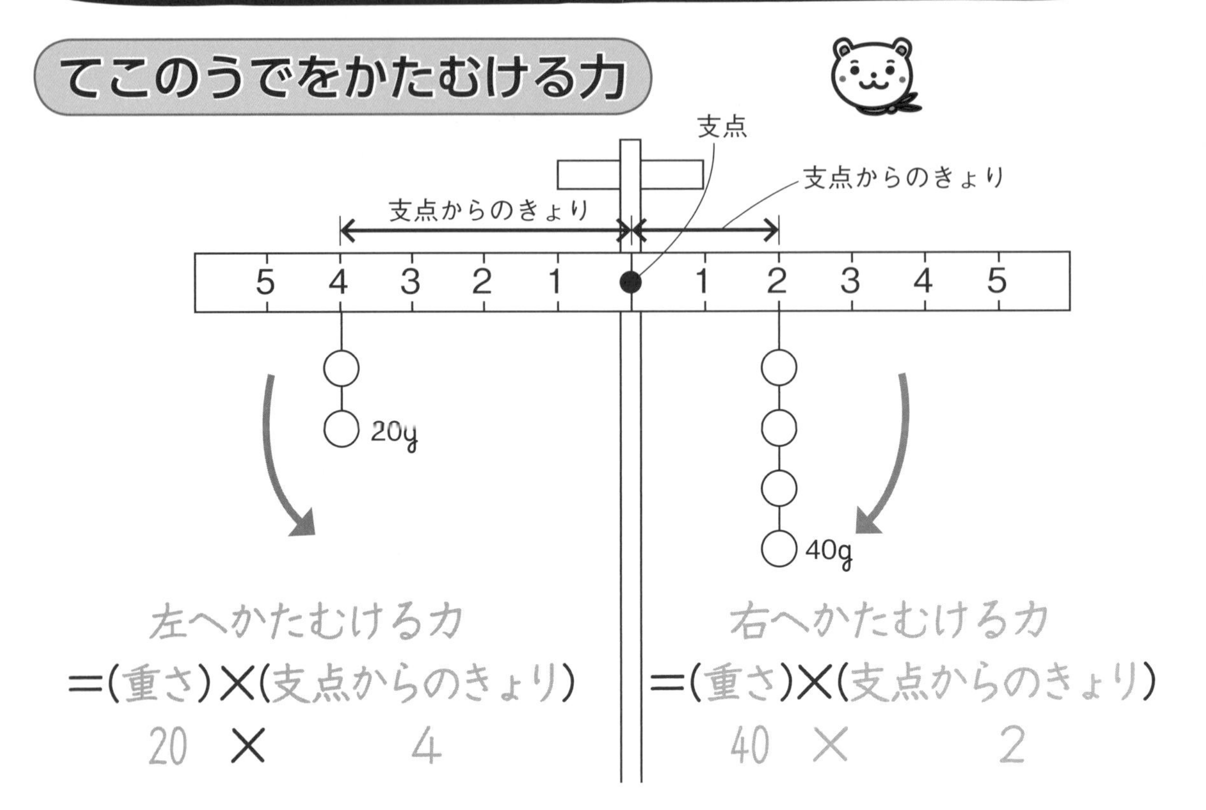

つりあう:(左へかたむける力)=(右へかたむける力)

てこを利用した道具

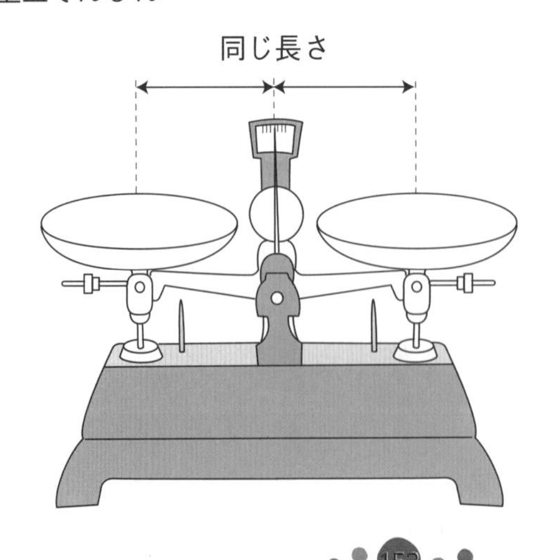

月　　日　名前

作用点ー支点ー力点

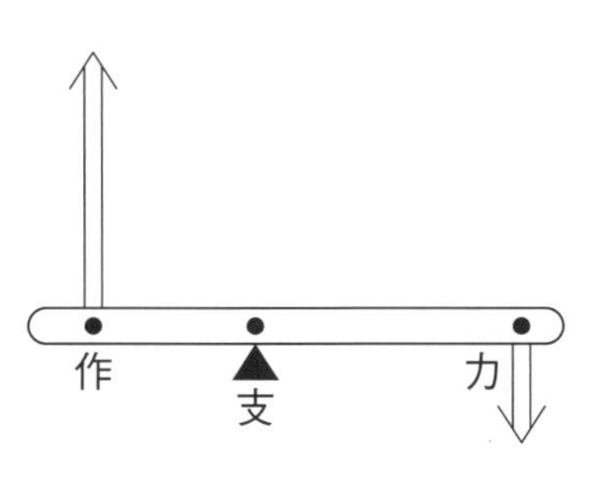

くぎぬき

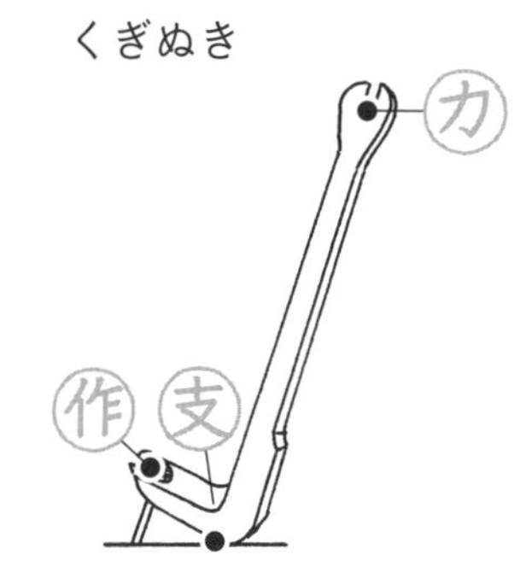

はさみ

力点ー作用点ー支点

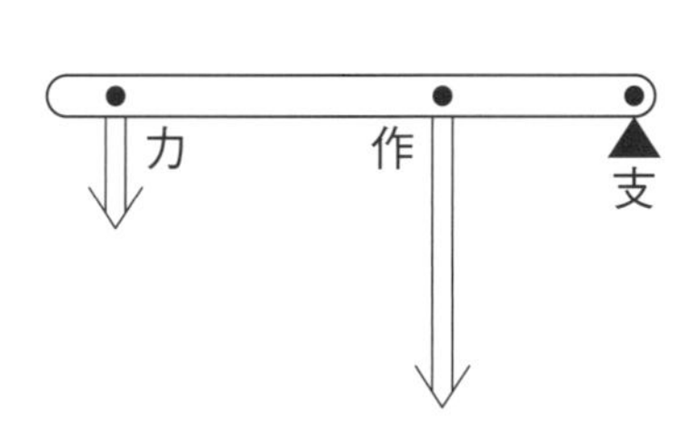

せんぬき

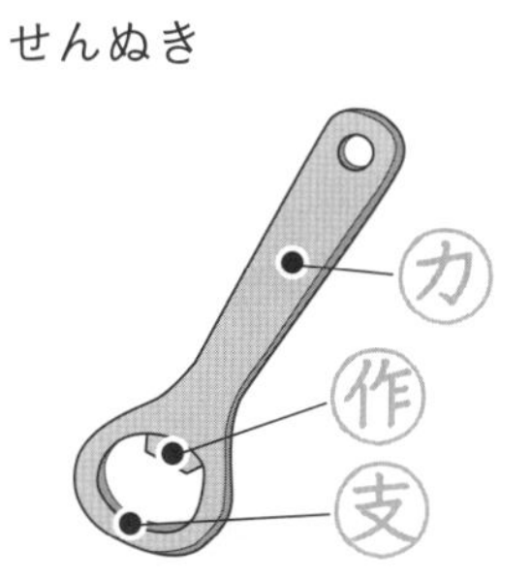

くるみ割(わ)り

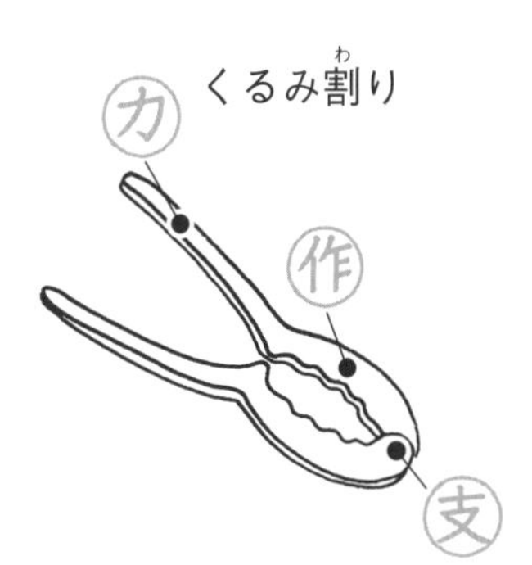

作用点ー力点ー支点

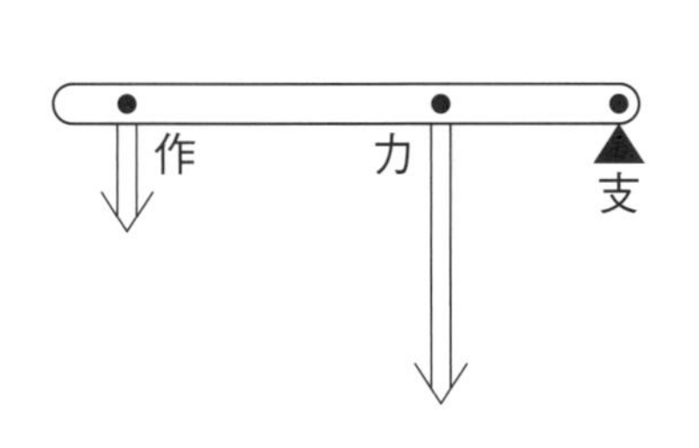

ピンセット

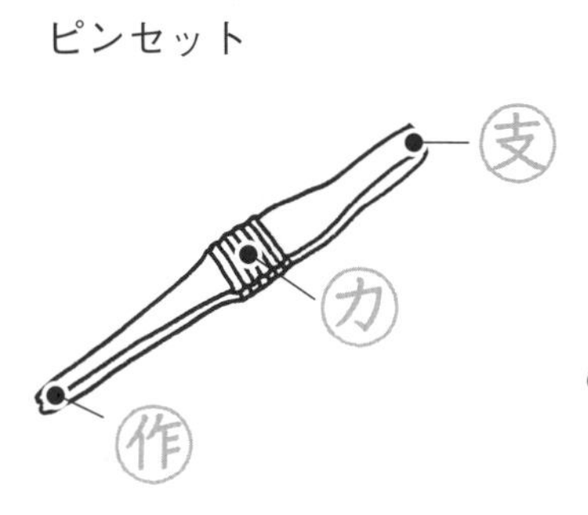

トング

てこのはたらき ①

てこの3つの点

1 図は、てこのようすを表したものです。あとの問いに答えましょう。

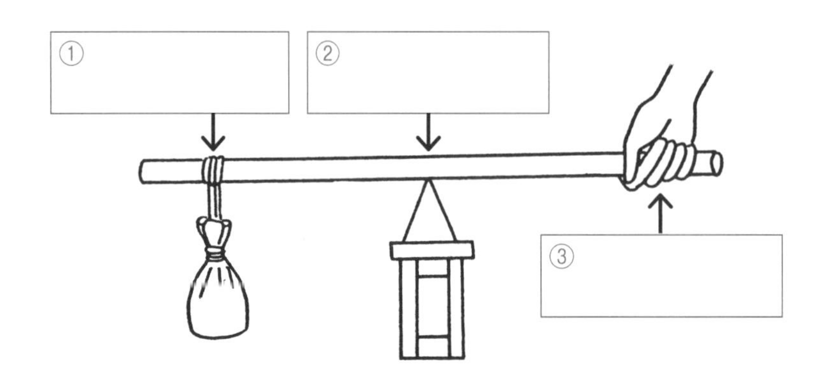

(1) てこには、支点・力点・作用点の3つがあります。支点・力点・作用点はそれぞれどこですか。図の□にかきましょう。

(2) 次の(　　)にあてはまる言葉を□から選んでかきましょう。

支点とは、棒(ぼう)を(①　　　　　　)ところです。図の台の上の三角形の先です。

(②　　　　)とは、棒に力を加えているところです。図の手で棒をにぎっているところです。

作用点とは、ものに(③　　　　　　　　　)ところです。図の荷物をおし上げているところです。

てこを使うと、より(④　　　　　)力でものを動かすことができます。

力をはたらかせる　　支えている　　小さい　　力点

月　　日 名前

てこには、支点・力点・作用点の３つの点があることを学びます。

2 重いものをらくに持ち上げるためには、てこをどのように使えばよいですか。あとの問いに答えましょう。

(1) 作用点と支点が決まっているとき、力点をA、Bのどちらにすれば、らくに持ち上がりますか。

（　　　）

作用点　支点　B　A

(2) 支点と力点が決まっているとき、作用点をA、Bのどちらにすれば、らくに持ち上がりますか。

（　　　）

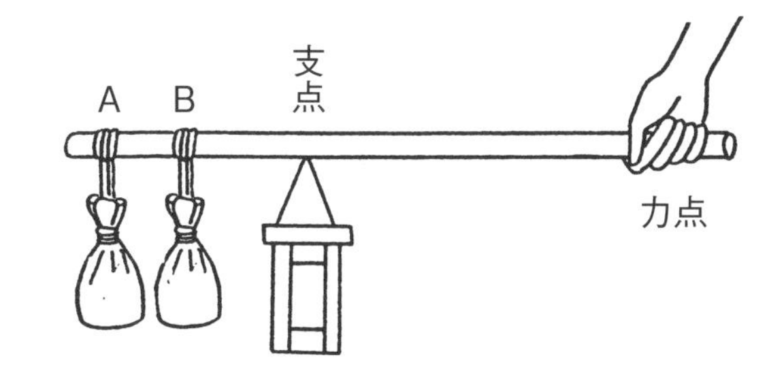

(3) 力点と作用点が決まっているとき、支点をA、Bのどちらにすれば、らくに持ち上がりますか。

（　　　）

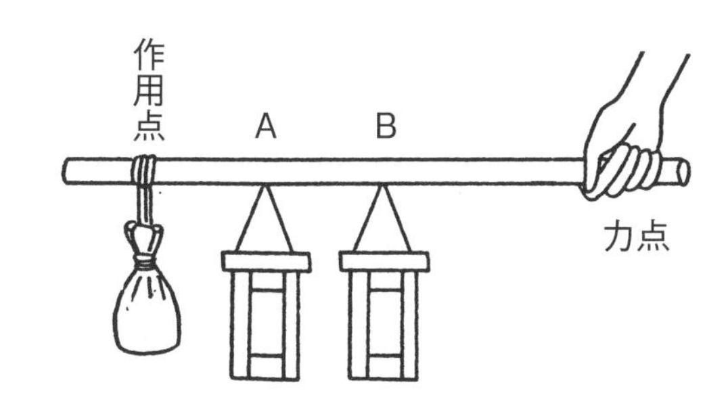

(4) 次の(　　)の言葉のうち、正しい方に○をつけましょう。

棒をてことして使うときのことを考えます。

支点から力点までのきょりが（① 長い，短い）ほど、らくにものが持ち上がります。

また、支点から作用点までのきょりが（② 長い，短い）ほど、らくにものが持ち上がります。

てこのはたらき ②

てこのつりあい

1 実験用てこを使って、てこのつりあいを調べます。次の(　　)にあてはまる言葉を□から選んでかきましょう。

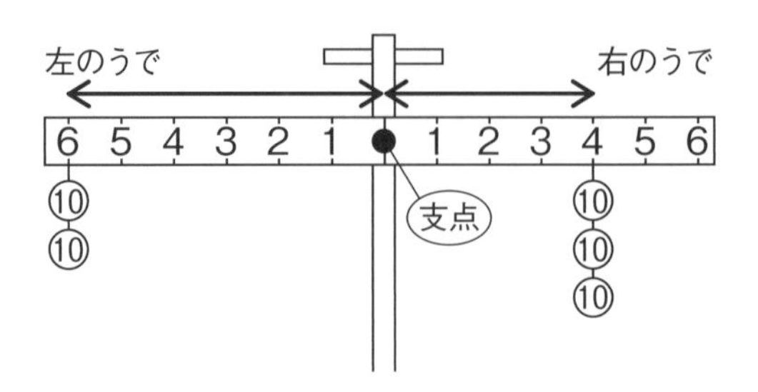

(1) てこは、支点の左右で、うでをかたむけるはたらきが等しいとき、水平になって(①　　　　)ます。てこのうでをかたむける力は

おもりの(②　　　)× 支点からの(③　　　　)

で表すことができます。

重さ　　きょり　　つりあい

(2) 左のうでをかたむけるはたらきは、(①　　　　　　　)が6のところに(②　　　)のおもりをつるしています。左にかたむける力は

20×(③　　　) で表すことができます。

右のうでをかたむけるはたらきは、支点からのきょりが(④　　)のところに30gのおもりをつるしています。右にかたむける力は

(⑤　　　)×4 で表すことができます。

計算すると、支点の左右で(⑥　　　　　　　　　)が等しくなるので、てこがつりあうことがわかります。

うでをかたむける力　20g　30　4　6　支点からのきょり

月　日 名前

てこのうでをかたむける力の大きさと、実験用てこが、つりあうときの条件を学びます。

2 実験用てこを使って、てこのつりあいを調べます。

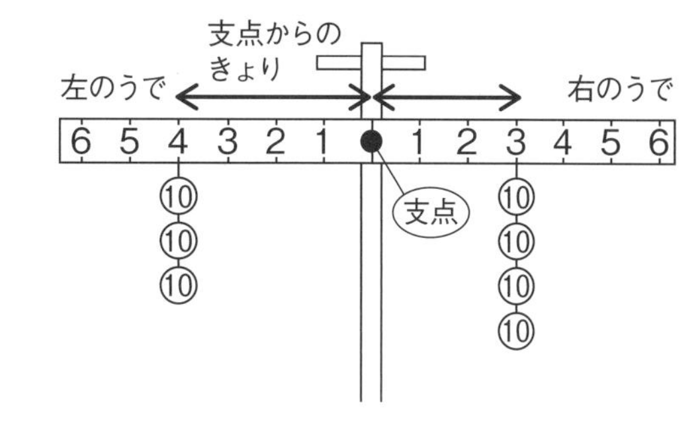

(1) 左うでをかたむける力を計算しましょう。

重さ　　　　きょり
(　　　　)×(　　　　)=(　　　　)

(2) 右うでをかたむける力を計算しましょう。

重さ　　　　きょり
(　　　　)×(　　　　)=(　　　　)

(3) てこはつりあいますか。　(　　　　)

3 図のように、てこにおもりをつるしました。かたむける力を計算しましょう。

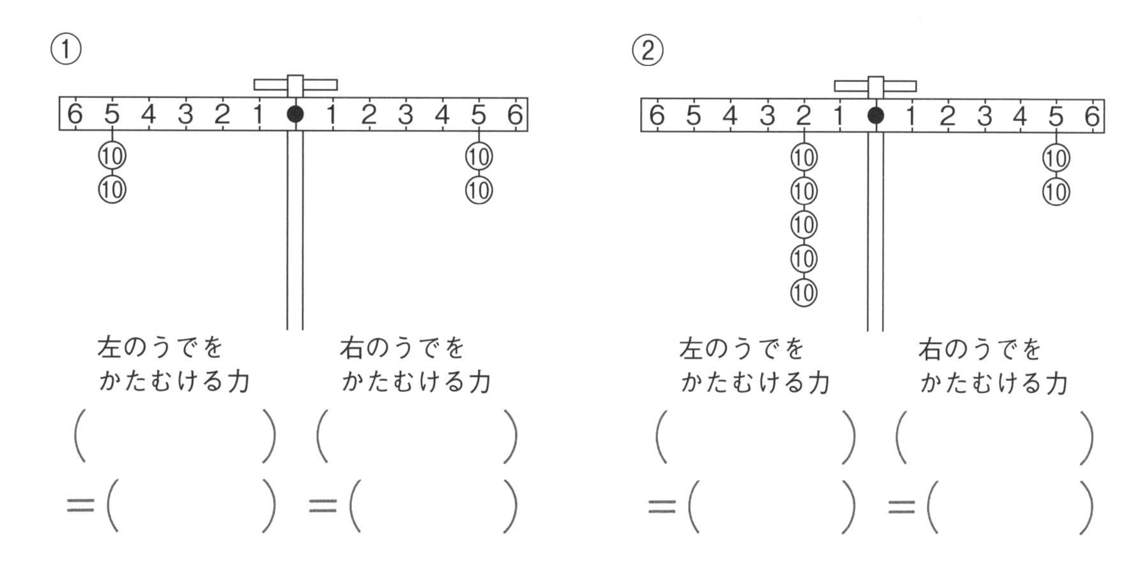

①
左のうでをかたむける力
(　　　　)
=(　　　　)

右のうでをかたむける力
(　　　　)
=(　　　　)

②
左のうでをかたむける力
(　　　　)
=(　　　　)

右のうでをかたむける力
(　　　　)
=(　　　　)

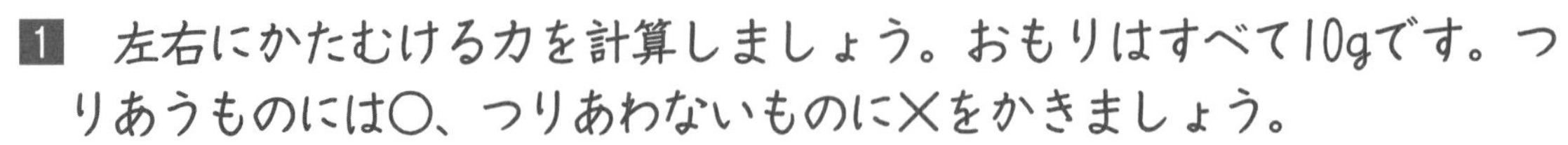

てこのはたらき ③

てこのつりあい

1 左右にかたむける力を計算しましょう。おもりはすべて10gです。つりあうものには○、つりあわないものに×をかきましょう。

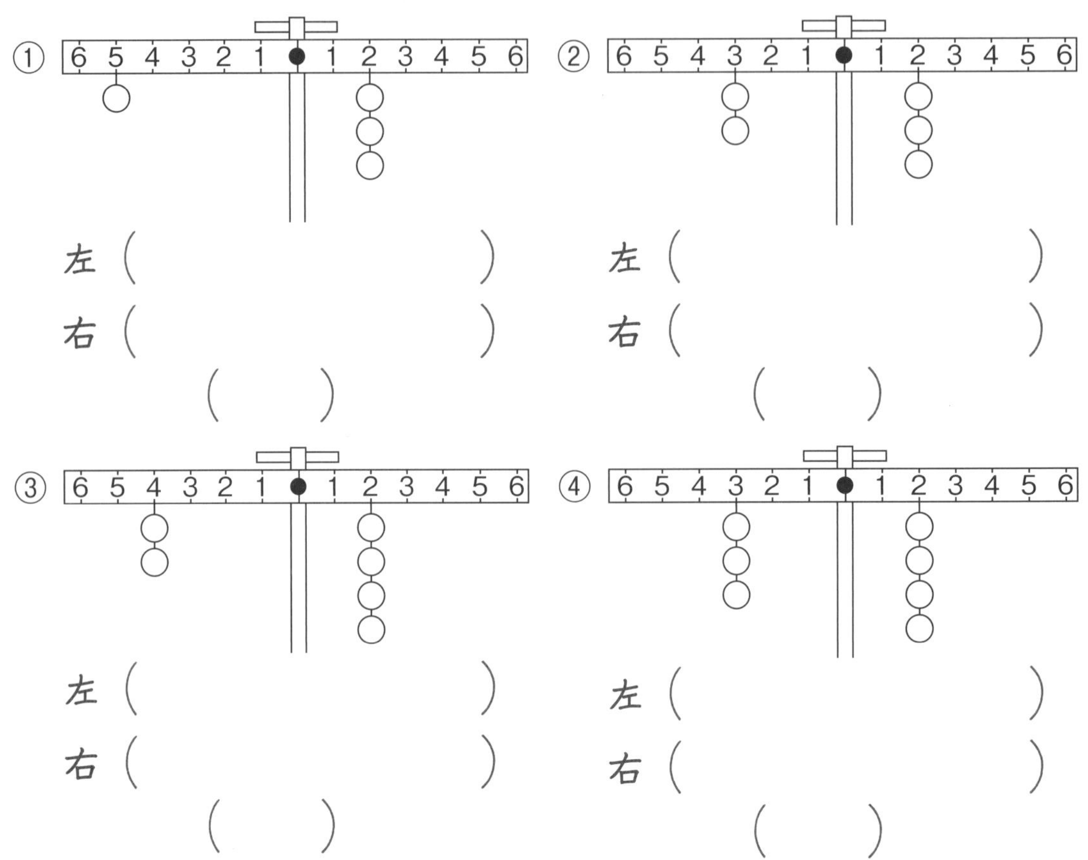

2 次のてこは、何gのおもりをつるすとつりあいますか。

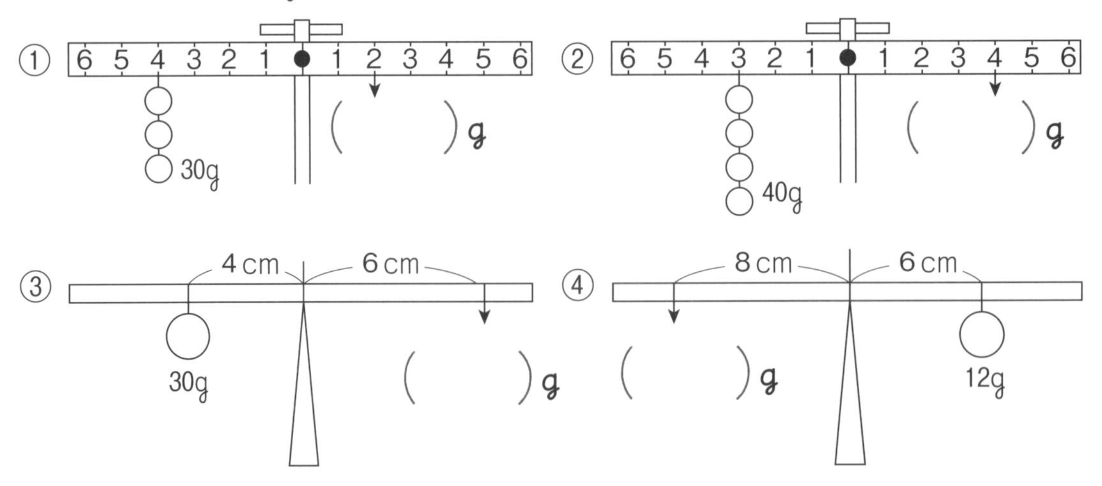

てこを左右にかたむける力の大きさの計算を学びます。

3 次の場合、支点から何cmのきょりにおもりをつるすとつりあいますか。

①

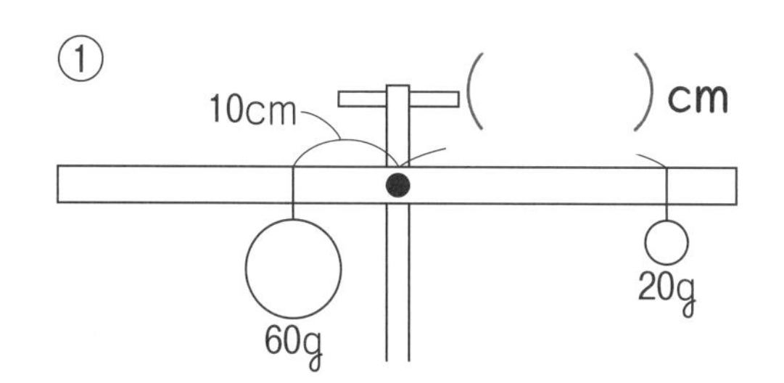

②

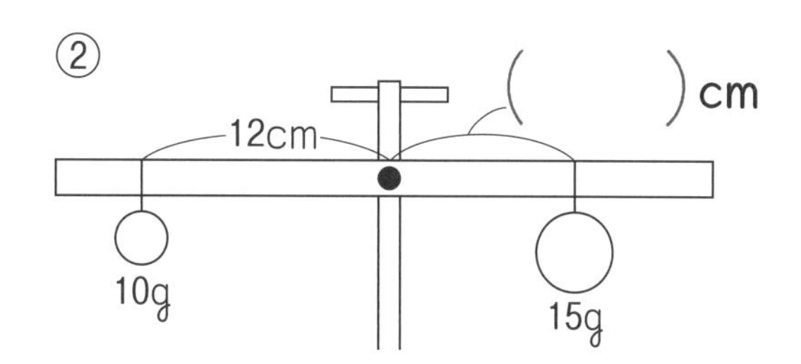

4 次の図のてんびんがつりあっているか調べています。

5 4 3 2 1 ● 1 2 3 4 5
10g 10g 10g
A B C

(1) 左うでをかたむける力を求めましょう。

① 左うでをかたむける力は２つあります。それぞれを計算します。

Aの力 (　　　)×(　　　)＝□

Bの力 (　　　)×(　　　)＝□

② ２つの点にはたらく力をあわせます。

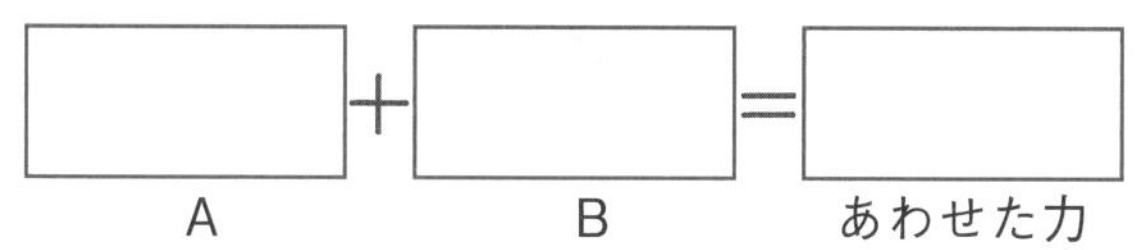

(2) 右うでをかたむける力を計算します。

Cの力 (　　　)×(　　　)＝□

(3) てんびんはどうなりますか。記号で答えましょう。　(　　　)

㋐ 左へかたむく　㋑ 右へかたむく　㋒ つりあう

てこのはたらき ④

てこを使った道具

1 次の(　　)にあてはまる言葉を□から選んでかきましょう。

(1) 私(わたし)たちの身の周りには、(① 　　　)を利用した道具がたくさんあります。

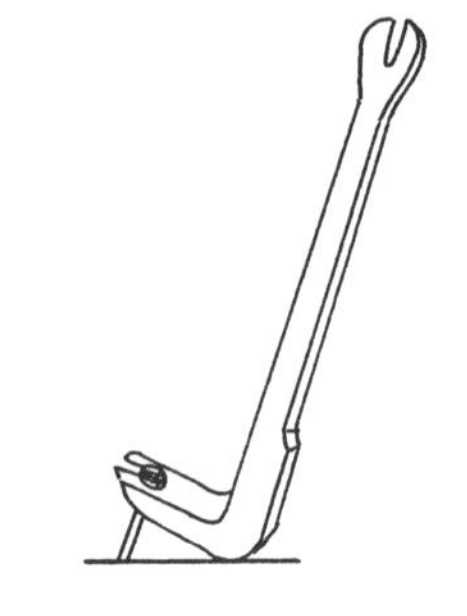

くぎぬきのように(② 　　　)が中にある道具では、支点と力点のきょりを長く、支点と作用点のきょりを(③ 　　　)することで、より(④ 　　　)で作業をすることができます。

短く	支点	てこ	小さい力

(2) せんぬきのように(① 　　　)が中にある道具では、支点と作用点のきょりを(② 　　　)、支点と(③ 　　　)のきょりを長くすることで、より(④ 　　　)で作業をすることができます。

力点	小さい力	作用点	短く

(3) ピンセットのように(① 　　　)が中にある道具では、力点が支点のすぐ近くにあるため、(② 　　　)を調整してものをはさむことができます。力点が中にある道具は、(③ 　　　)に利用されます。

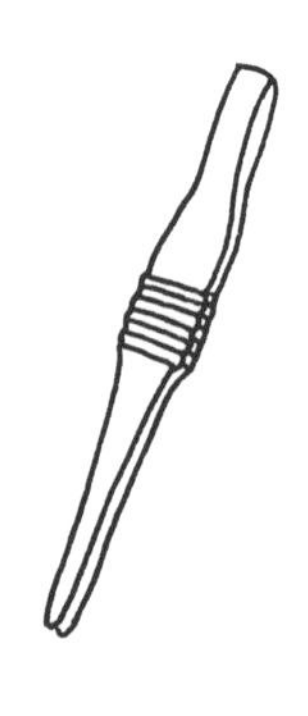

力	力点	細かい作業

月　　日 名前

てこを使ったいろいろな道具について学びます。

2 図は、てこのはたらきを利用した道具です。図の□に支点、力点、作用点をかきましょう。

(1) ペンチ

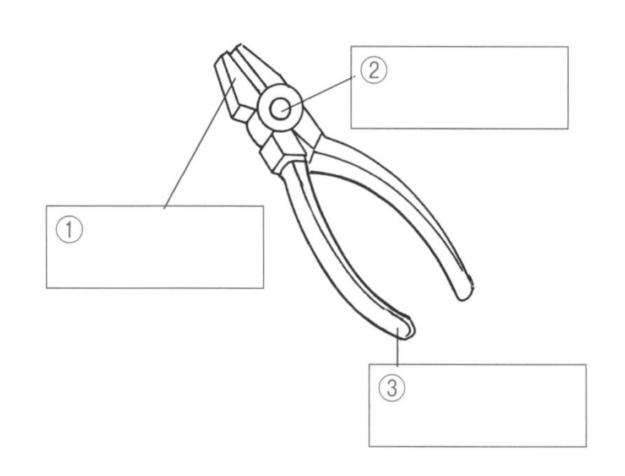

(2) はさみ

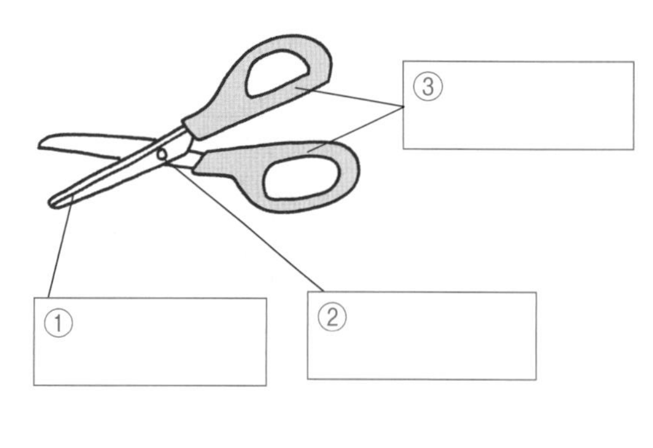

(3) トング

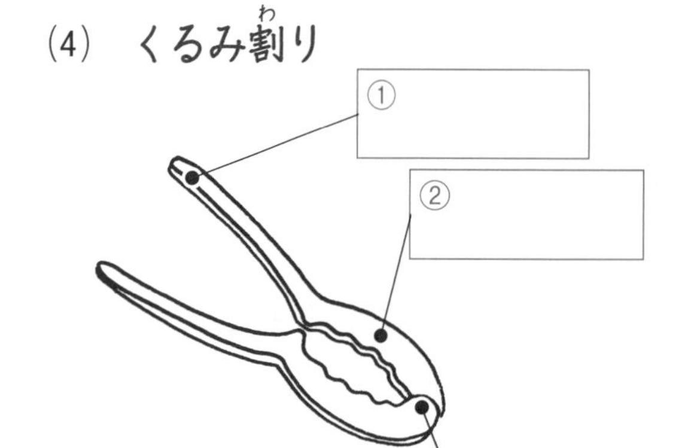

(4) くるみ割(わ)り

①
②
③

3 図の㋐～㋒のどこを持つと一番らくに作業ができますか。

(1)

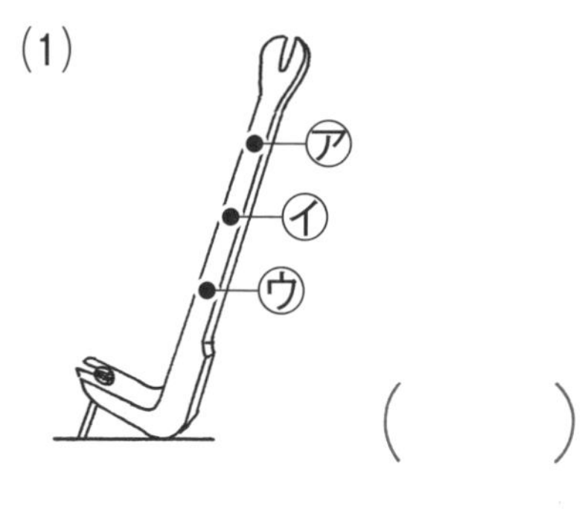

(　　　)

(2)

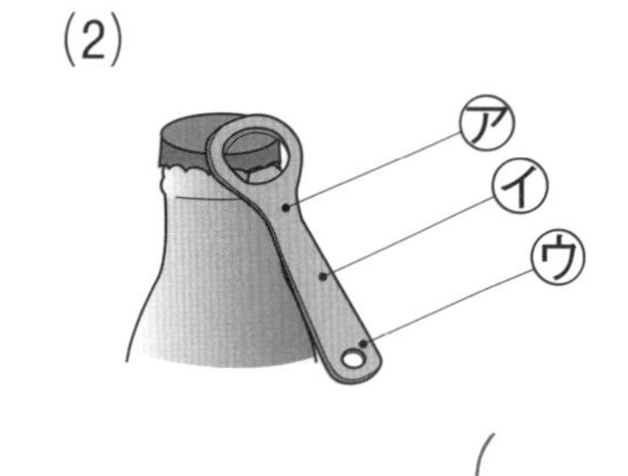

(　　　)

まとめテスト

てこのはたらき

1 図は、砂(すな)ぶくろを持ち上げるときの棒(ぼう)と、くぎぬきを表しています。

（1つ5点）

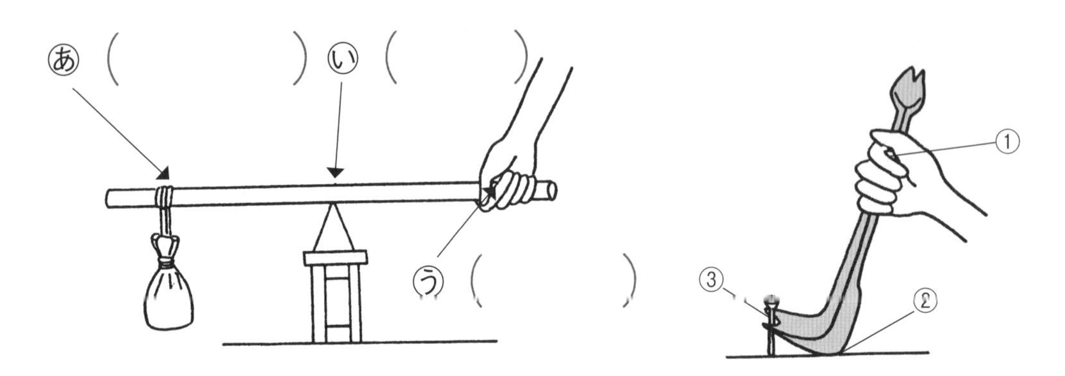

(1) あ～うの（　　）に支点、力点、作用点をかきましょう。

(2) くぎぬきで、あ～うの点と同じはたらきをしているのは、①～③のどこですか。番号で答えましょう。

あ（　　　）　　い（　　　）　　う（　　　）

2 てこの力点や作用点の位置を変えて、手ごたえを調べたものです。

（各5点）

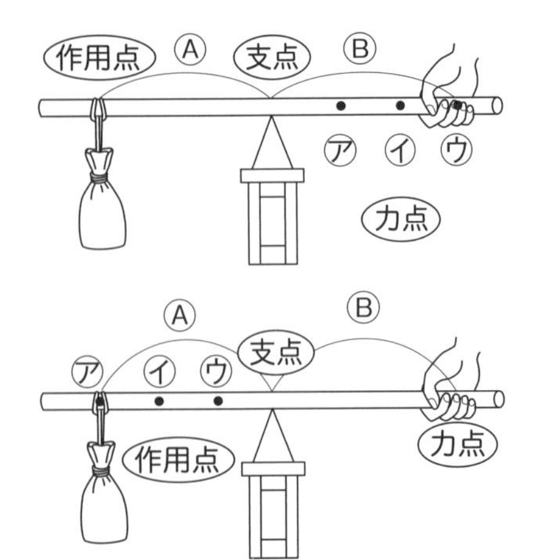

(1) 手ごたえが一番小さくなるのは、ア、イ、ウのどこを持ったときですか。

（　　　）

(2) 手ごたえが一番小さくなるのは、ア、イ、ウのどこに荷物をつるしたときですか。

（　　　）

月　　日　名前

3　右の例のように、てこの支点からのきょりが３のところに、20gのおもりをつるしました。うでをかたむける力は、20×３＝60とかき表すことができます。

それぞれのおもりがうでをかたむける力を、（　　）に計算しましょう。おもりはすべて10gです。また、つりあうものに○、つりあわないものに×を□にかきましょう。

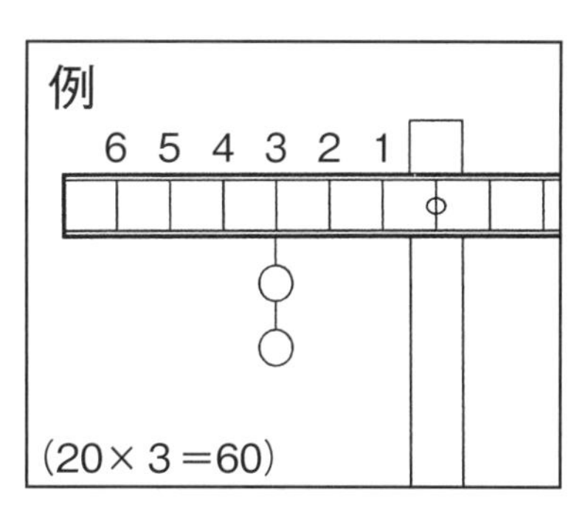

（式１つ５点、□１つ５点）

①　□

6 5 4 3 2 1 1 2 3 4 5 6

左（　　　　　　）
右（　　　　　　）

②　□

6 5 4 3 2 1 1 2 3 4 5 6

左（　　　　　　）
右（　　　　　　）

③　□

6 5 4 3 2 1 1 2 3 4 5 6

左（　　　　　　）
右（　　　　　　）

④　□

6 5 4 3 2 1 1 2 3 4 5 6

左（　　　　　　）
右（　　　　　　）

まとめテスト

てこのはたらき

1 図のように、長い棒(ぼう)を使って重い石を動かします。

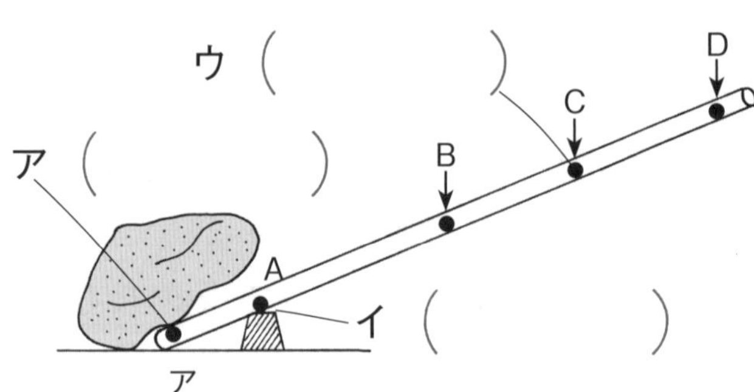

(1) ア、イ、ウの点の名前をかきましょう。（1つ5点）

(2) A～Dのうちどこをおすと、一番小さい力で石を動かせますか。（5点）

（　　　）

★(3) (2)で答えた理由をかきましょう。（5点）

（　　　　　　　　　　　　　　　　　　　　　　）

2 点の位置を変えたとき、手ごたえのちがいを調べるには、図の㋐～㋓のどれとどれを比べますか。（各5点）

㋐
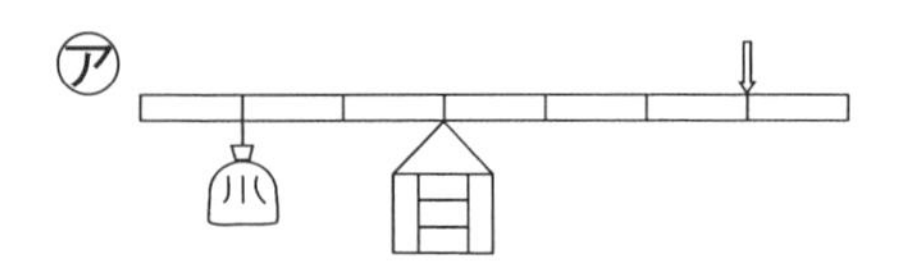

㋑
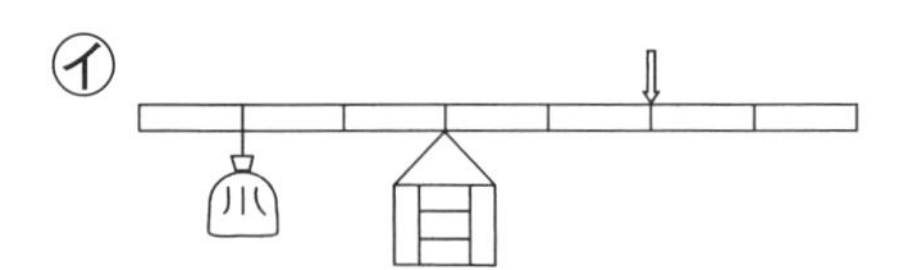

㋒
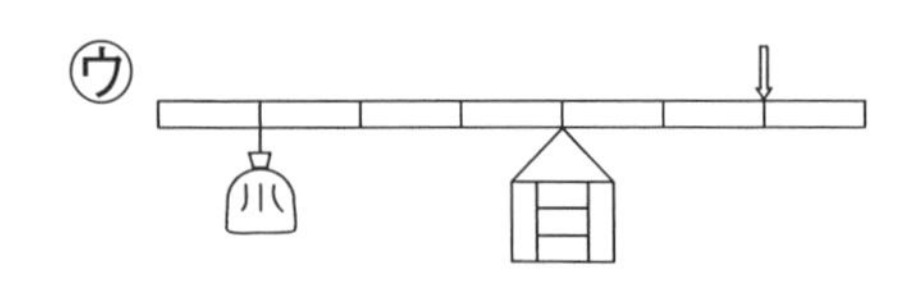

㋓
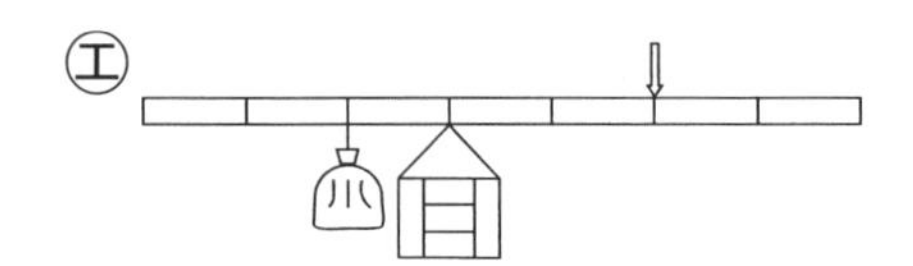

① 支点を変えたとき（　　と　　）

② 力点を変えたとき（　　と　　）

③ 作用点を変えたとき（　　と　　）

月　　　日　名前　　　　　　　　　　　　　　　　　　　／100点

3　図のように、実験用てこがつりあっているとき、(　　)は何gになりますか。　(各5点)

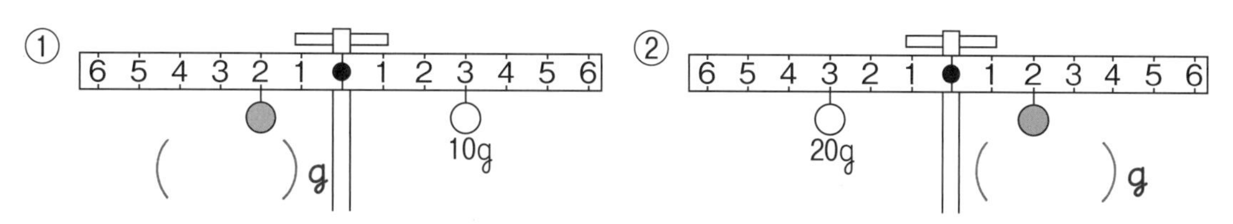

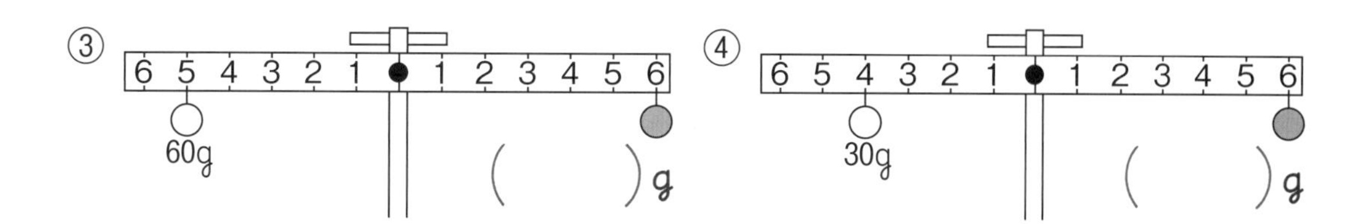

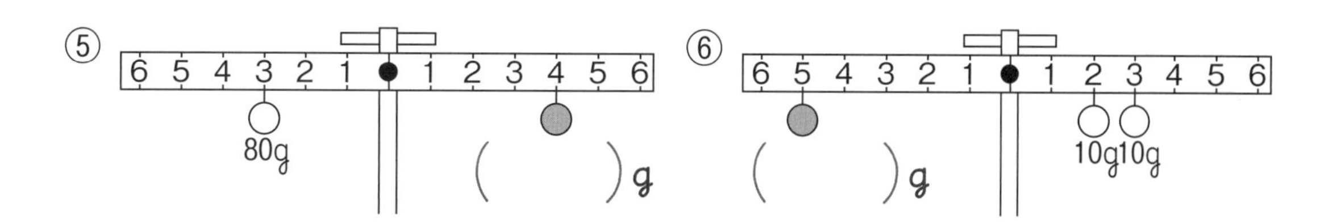

4　てこを利用している道具について調べました。支点には支、力点には力、作用点には作を○の中にかきましょう。　(1つ5点)

①　和ばさみ

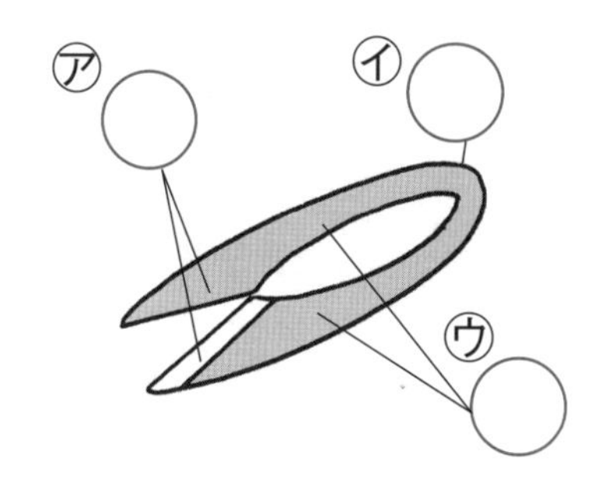

②　ペンチ

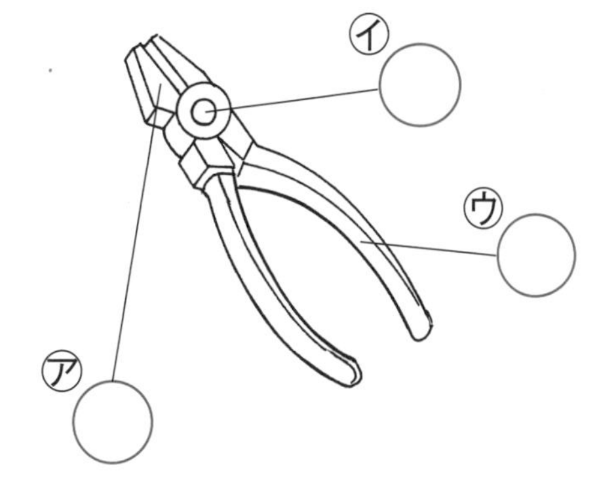

まとめテスト

てこのはたらき

1 次の文のうち、正しいものには○、まちがっているものには×をかきましょう。（各5点）

①（　　）てこにはピンセットのように、力を調整してはさむ道具もあります。

②（　　）左へかたむける力と右にかたむける力が等しいとき、てこは、つりあいます。

③（　　）支点のないてこもあります。

④（　　）上皿てんびんが右にかたむいたとき、右の皿の上に乗っているものの方が軽いです。

⑤（　　）つめきりは、てこを利用した道具です。

2 図のように、棒（ぼう）で石を動かしています。あとの問いに答えましょう。（1つ5点）

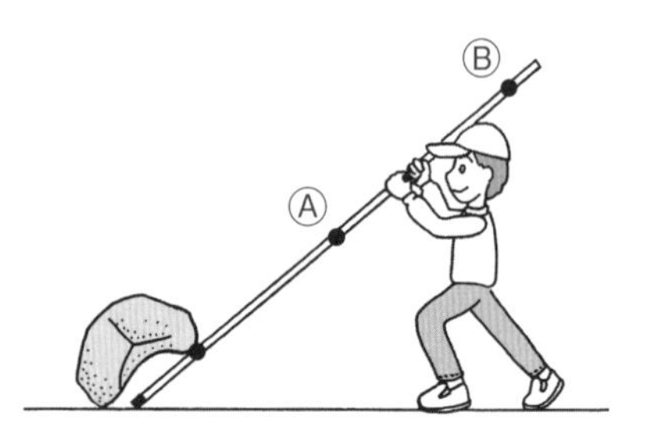

(1) 図のてこの使い方は、下の㋐〜㋒のどれですか。（　　）

㋐ 作用点　支点　力点

㋑ 支点　作用点　力点

㋒ 支点　力点　作用点

(2) らくに石を動かすには、Ⓐ、Ⓑどちらをおせばよいですか。（　　）

(3) 次の道具は、㋐〜㋒のどの使い方になりますか。記号で答えましょう。

① ピンセット（　　）② せんぬき（　　）③ はさみ（　　）

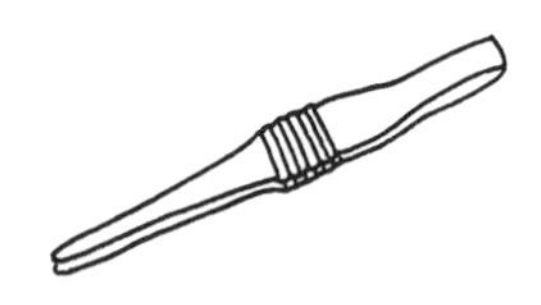

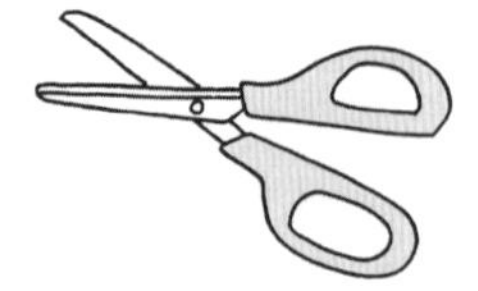

月　　日　名前　　　　／100点

3 図のように実験用てこにおもりをつるしました。おもりはすべて10gです。左にかたむける力と右にかたむける力を(　　)に計算した上、□につりあうものは○、つりあわないものは×をかきましょう。

(すべて正解で各10点)

①

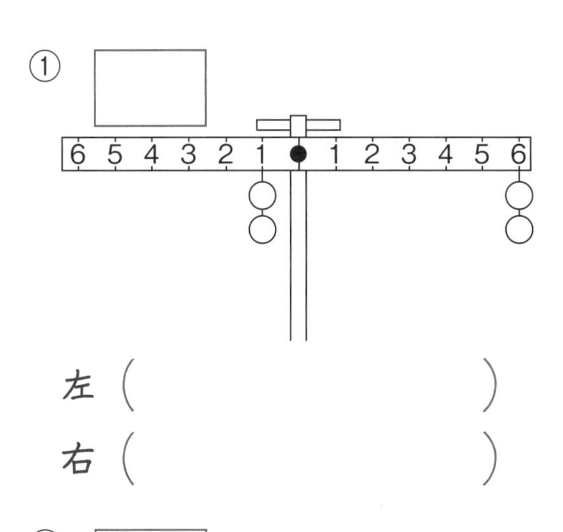

左(　　　　　　)
右(　　　　　　)

②

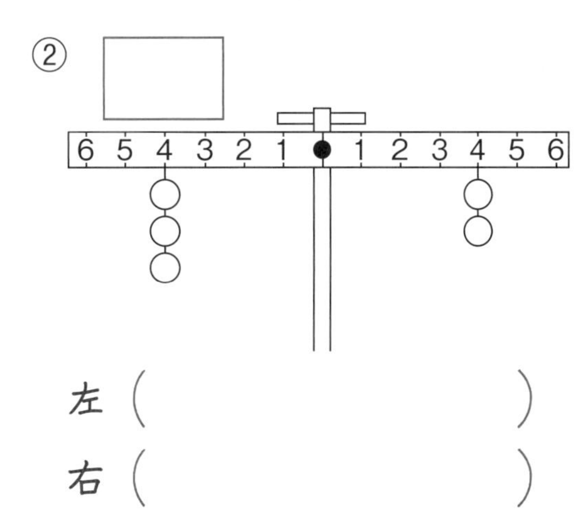

左(　　　　　　)
右(　　　　　　)

③

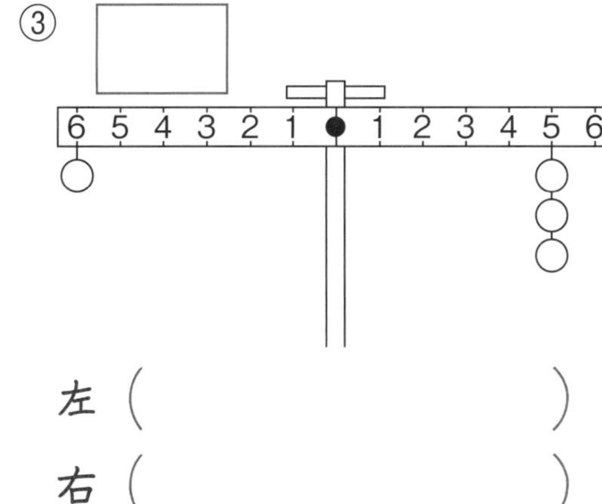

左(　　　　　　)
右(　　　　　　)

④

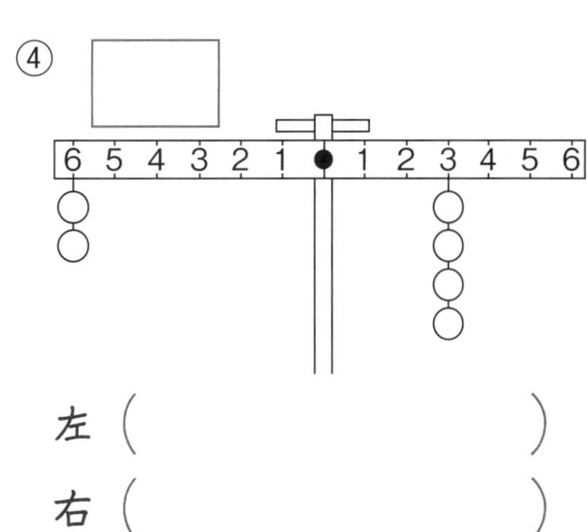

左(　　　　　　)
右(　　　　　　)

4 図のてこはつりあっています。(　　)にあてはまる数をかきましょう。

(各5点)

①

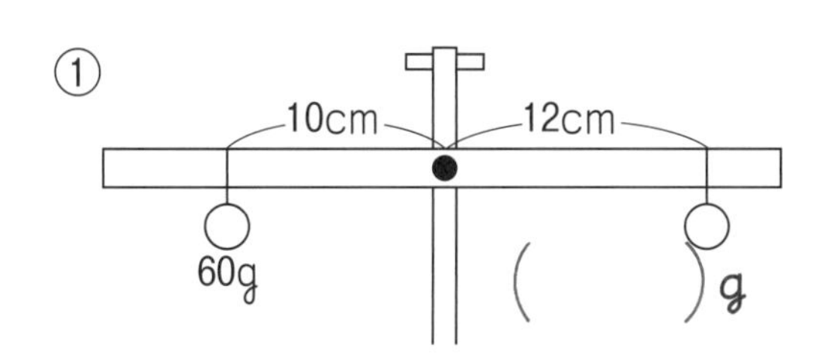

②

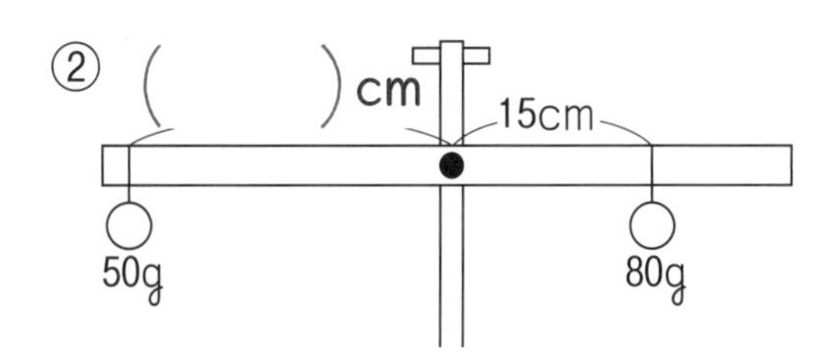

まとめテスト

てこのはたらき

1 ①〜③の道具をてこのしくみ別に㋐〜㋒に分け、□にその記号をかきましょう。（各5点）

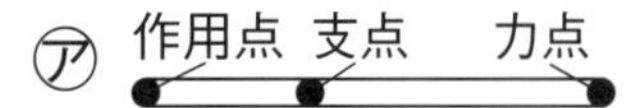

㋑ 支点　作用点　力点

㋒ 支点　力点　作用点

① ピンセット □　② せんぬき □　③ くぎぬき □

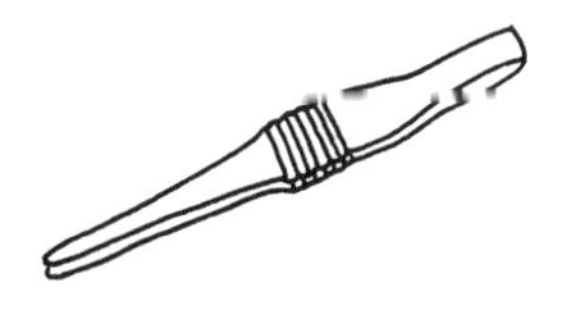

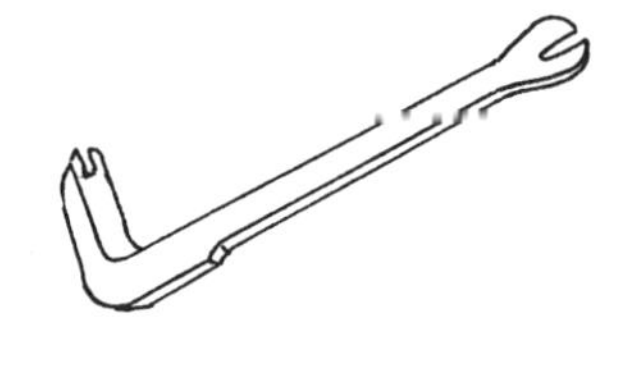

2 2000年もの昔、エジプトの商人は、てんびんを使って貝を売っていました。ところが、4kgだとはかって買ったものが、あとではかると4kgより少ないことがあったのです。さて、どのようにして、インチキをしていたのでしょう。

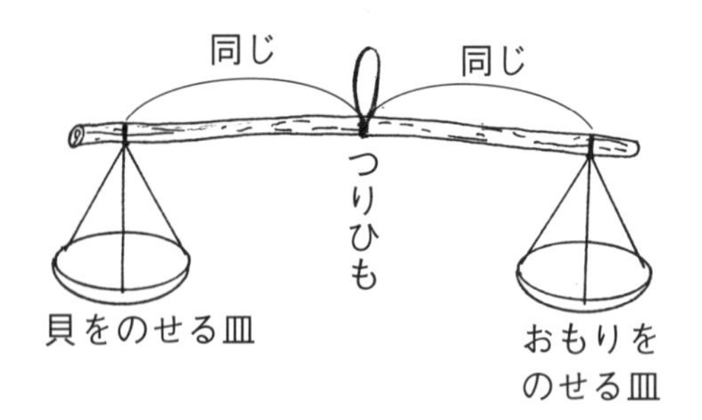

（インチキてんびん）

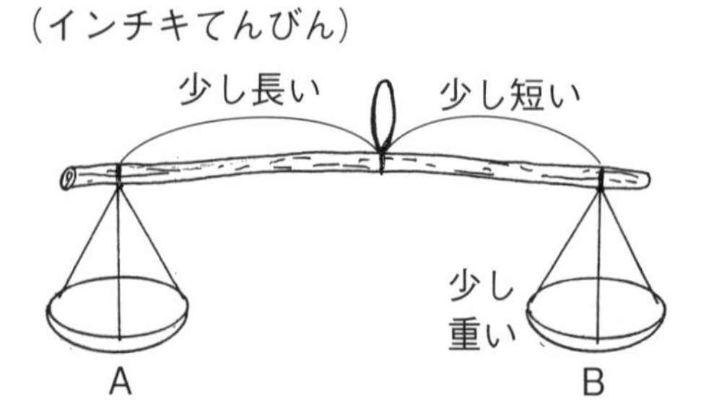

(1) インチキてんびんのどちらの皿に貝をのせてはかりますか。（5点）

（　　）

★(2) なぜ買った貝は少ないのでしょう。理由をかきましょう。（20点）

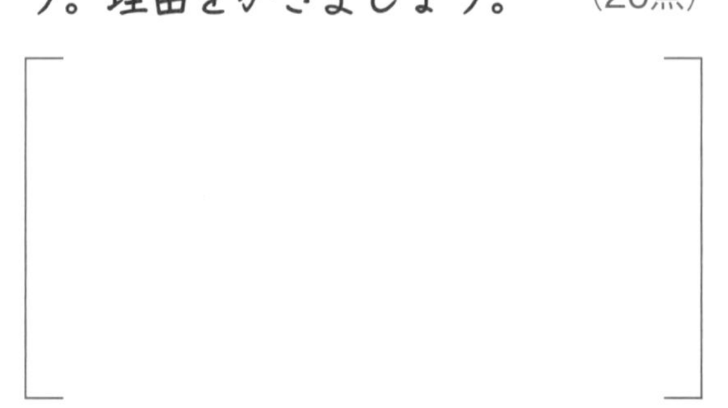

月　　日　名前　　／100点

3 次の(　　)にあてはまる重さや長さを計算しましょう。　(各5点)

①

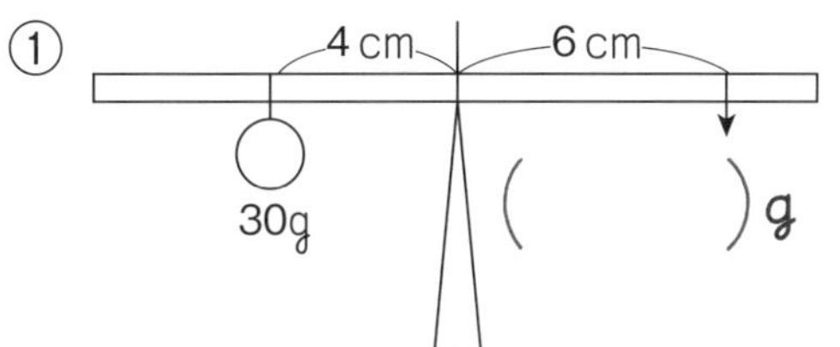

②

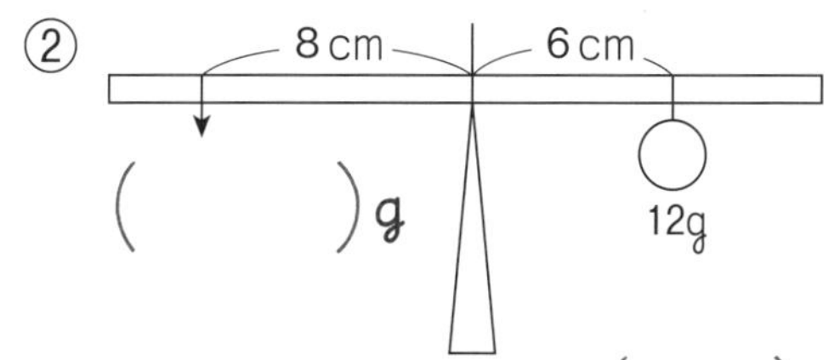

③

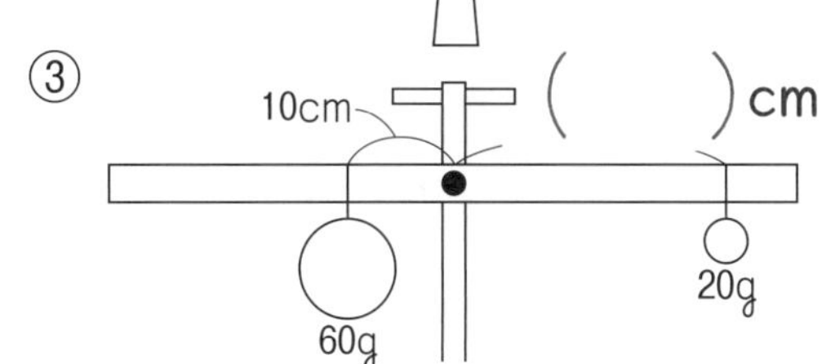

④

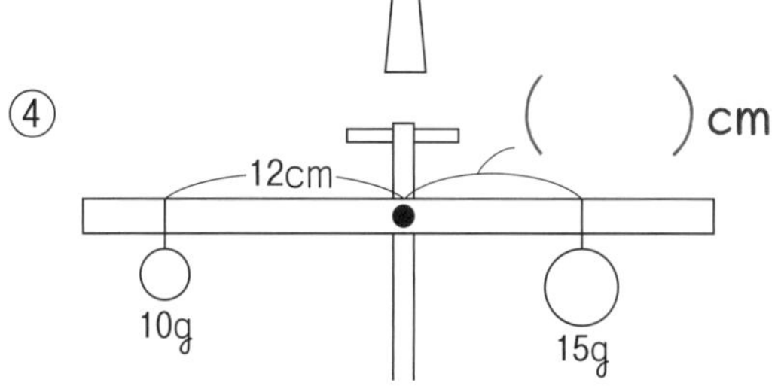

4 図のてんびんがつりあっているか調べます。　(①～⑤各8点)

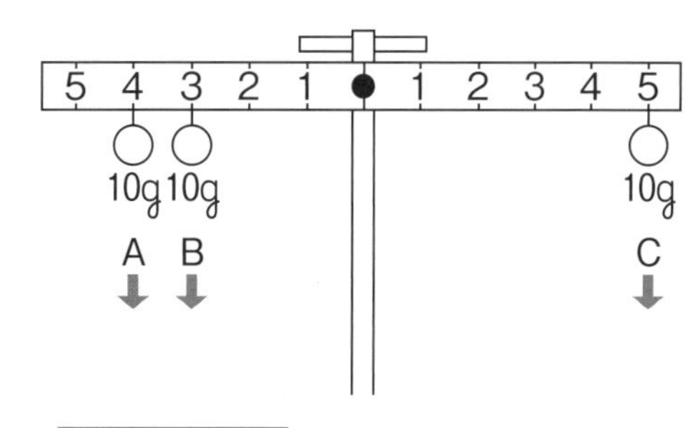

(1) 左うでをかたむける力の計算

① 左うでをかたむける力は2つあります。それぞれ計算します。

Aの力　(　　)×(　　)＝ ①

Bの力　(　　)×(　　)＝ ②

② 2つの点にはたらく力をあわせます。

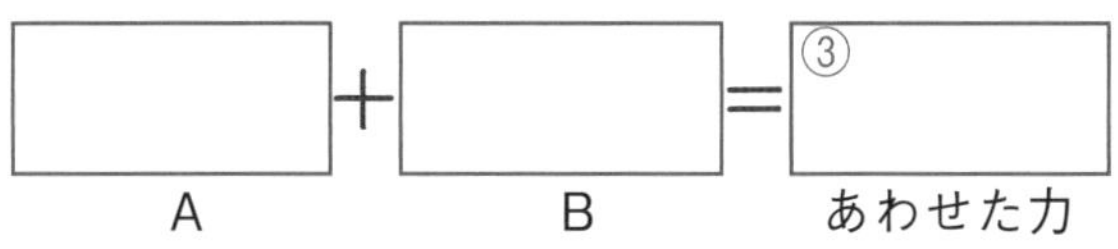

(2) 右うでをかたむける力を計算します。

Cの力　(　　)×(　　)＝ ④

(3) てんびんはどうなりますか。㋐～㋒で答えましょう。　(⑤　　)

㋐ 左へかたむく　㋑ 右へかたむく　㋒ つりあう

クロスワードクイズ

クロスワードにちょう戦しましょう。カ・ガ、キ・ギ、ユ・ュは同じとします。

①❶			②	③			■
	■	■	❷		■	■	④
❺		⑥	■	❼	⑧		
	■		■	■		■	
❾	⑩		⑪		■	⑫⓬	
■		■		■	⓭		■
⓮		■		■	■	⓯	
■		■	■	⓰			■

タテのかぎ

① 実がはじけて、種が飛び出します。

ヨコのかぎ

❶ 北の空に見える星座です。ひしゃく星とも呼ばれています。

月　　日　名前

② 空気中の水蒸気(すいじょうき)が冷やされて、地面に雪のようにうっすら白く積もります。

③ どろ、砂(すな)、小石などの層(そう)が積み重なって見えます。

④ 全国に1300か所ある気象観測システムです。

⑥ 種が発芽して○○○が開きます。

⑧ 花のおくに○○があり、ハチやチョウが吸(す)いにきます。

⑩ 肺(はい)で空気を吸ったり、はいたりします。

⑪ ○○○がつくるまゆから糸をとり、上等な布をつくります。

⑫ たい積岩や火成岩があります。

❺ おすがつくる○○○とめすがつくる卵子(らんし)が結びついて受精(せい)卵ができます。

❼ 海にいる大きなカメの仲間です。

❾ 火成岩の１つで、地下深くにできます。みかげ石とも呼ばれています。

⓬ 気体のことです。

⓭ 水よう液には、○○性、中性、アルカリ性があります。

⓮ 空気中の水蒸気が冷やされて、植物の葉などに水てきとなってつくものです。

⓯ このこん虫は、土の中によう虫として８年もすみ、あたたかな夏に成虫になります。成虫は短い命といわれています。

⓰ こん虫によっては、○○○にならないものもいます。このあと、成虫になります。

理科ゲーム

答えは、どっち？

正しいものを選んでね。

1　空気中に多くふくむ気体に、ちっ素と酸素があります。量が多いのは、どっち？

（　　　　　　　）

2　ヒトの消化管の中には、小腸（しょうちょう）と大腸があります。養分を吸収（きゅうしゅう）するのは、どっち？

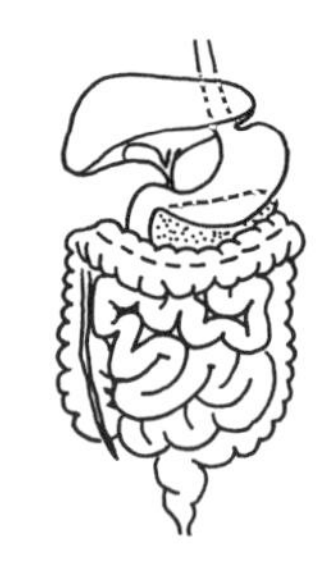

（　　　　　　　）

3　植物は、空気中の酸素か二酸化炭素を取り入れて、日光の力で養分をつくります。取り入れる気体は、どっち？

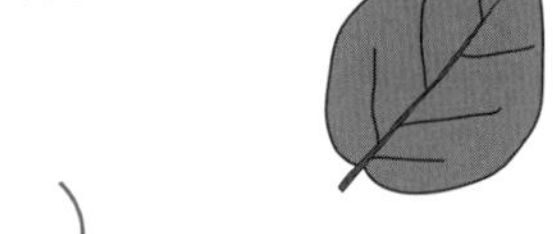

4　リトマス紙には、赤色と青色があります。青色リトマス紙に炭酸水をつけると、赤く変わりました。酸性・アルカリ性、どっち？

（　　　　　　　）

5　赤色リトマス紙に、ある水よう液をつけました。青く変わりました。ある水よう液は、酸性・アルカリ性、どっち？

月　　日　名前

6　地球の4分の1の大きさで、クレーターと呼(よ)ばれるくぼみがあるのは、月、太陽のどっち？

（　　　　　　）

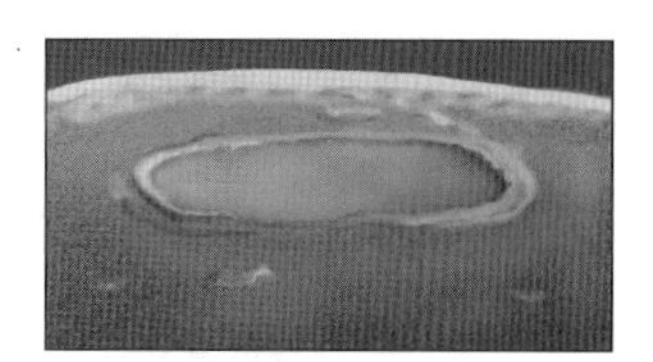

7　太陽・月・地球がこの順で一直線に並(なら)びます。日食、月食のどっち？

（　　　　　　）

8　地層(ちそう)は、流れる水のはたらきや火山活動によってつくられます。地層の多くは、どっち？

（　　　　　　）

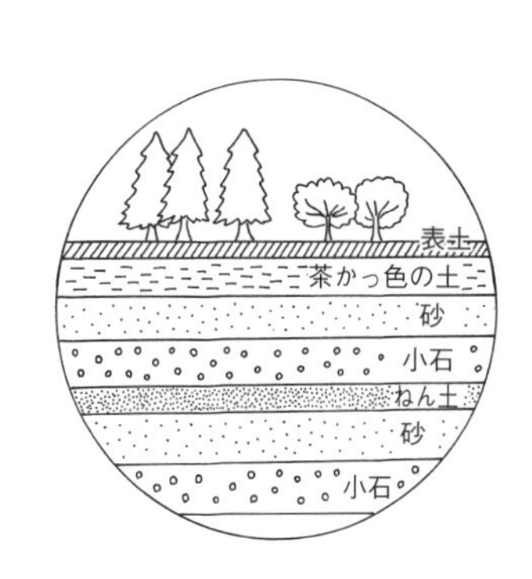

9　火山灰(かざんばい)をかいぼうけんび鏡で見ました。㋐と㋑のどっち？

（　　　　　　）

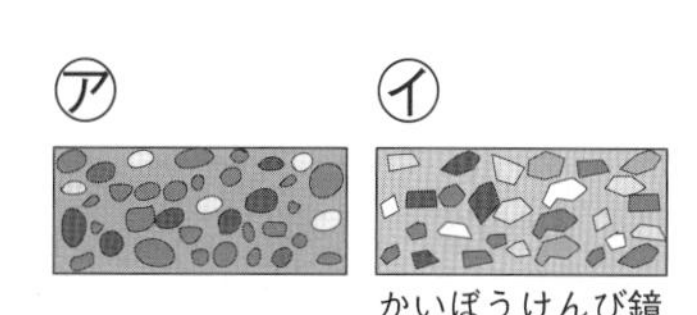

かいぼうけんび鏡
（約10倍）

10　火力発電と風力発電があります。自然の力を利用しているのは、どっち？

（　　　　　　）

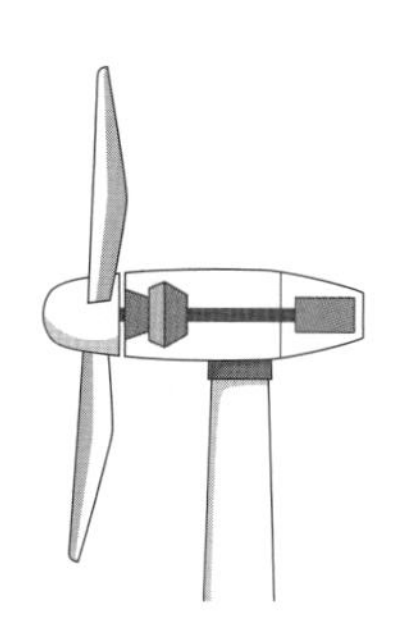

まちがいを直せ！

次の文の＿＿部分には、正しいものとまちがったものがあります。正しいものは○、まちがいは正しく直しましょう。

1 酸素には、ものを燃やすはたらきがあります。ろうそくを燃やすと、酸素が使われ、ちっ素が発生します。
（　　　　　　）（　　　　　　）

2 はき出した息をビニールぶくろにつめて、ヨウ素液を入れてふると、白くにごります。
（　　　　　　）（　　　　　　）

3 ヒトの血液は、肺(はい)で取り入れた酸素をまずヒトのかん臓に送ります。
（　　　　　　）（　　　　　　）

4 でんぷんにヨウ素液を加えると、茶かっ色になります。
（　　　　　　）（　　　　　　）

5 植物の根から運ばれた水は、葉の気こうから水蒸気(すいじょうき)となって外に出ます。これを蒸発といいます。
（　　　　　　）（　　　　　　）

月　　日　名前

6　太陽・地球・月がこの順に一直線上に並(なら)ぶと日食が起こります。
(　　　　　　)(　　　　　　)

7　エベレスト山の山頂(さんちょう)付近の地層(ちそう)からアンコロナイトの化石が発見されました。
(　　　　　　)(　　　　　　)

8　ねん土が固まってできた岩石をれき岩といい、砂(すな)が固まった岩石を砂岩(さがん)といいます。
(　　　　　　)
(　　　　　　)

9　植物は、光合成によって、二酸化炭素を取り入れ、酸素をつくります。植物は呼吸(こきゅう)はしません。
(　　　　　　)
(　　　　　　)

10　電気をたくわえるものに手回し発電機があります。たくわえた電気を発光ダイオードにつなぎ、明かりをつけます。
(　　　　　　)
(　　　　　　)

理科習熟プリント　小学6年生

2020年4月20日　発行

編　集　宮崎　彰嗣

著　者　西川　典克　　藤原　拓也

発行者　蒔田　司郎

企　画　フォーラム・A

発行所　清 風 堂 書 店

〒530-0057　大阪市北区曽根崎２-11-16

TEL 06-6316-1460／FAX 06-6365-5607

振 替　00920-6-119910

制作編集担当　蒔田司郎

表紙デザイン　ウエナカデザイン事務所

理科6年生
習熟プリント
答え

答えの中にある※について
※③④は、③、④に入る言葉は、その順番は自由です。

例

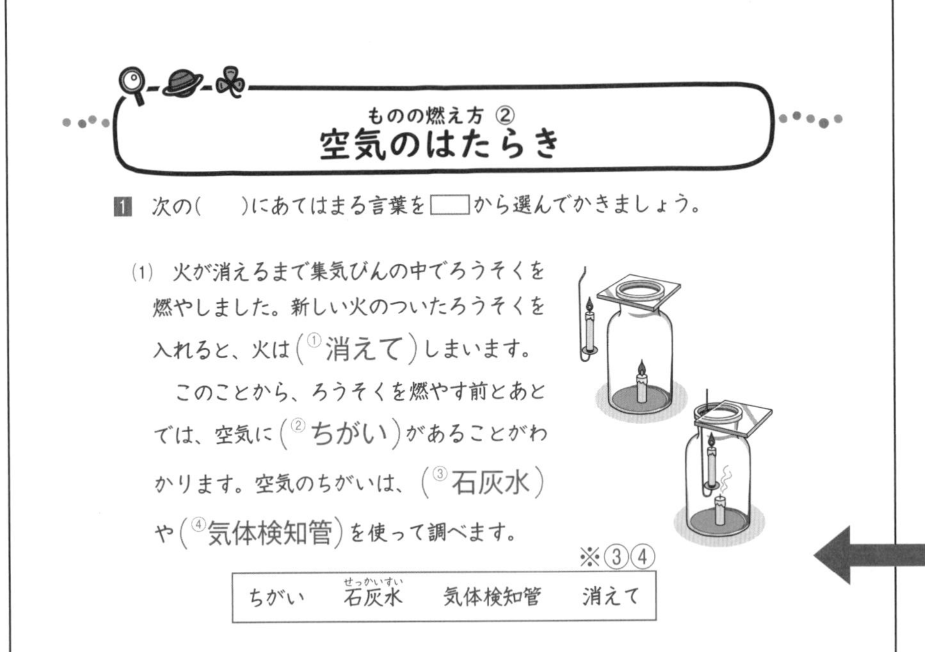
ものの燃え方 ②
空気のはたらき

1 次の(　　)にあてはまる言葉を□から選んでかきましょう。

(1) 火が消えるまで集気びんの中でろうそくを燃やしました。新しい火のついたろうそくを入れると、火は(①消えて)しまいます。

このことから、ろうそくを燃やす前とあとでは、空気に(②ちがい)があることがわかります。空気のちがいは、(③石灰水)や(④気体検知管)を使って調べます。

※③④

ちがい　石灰水（せっかいすい）　気体検知管　消えて

(2) 燃える前の空気に、石灰水を入れると(①変化しません)でした。

燃えたあとの空気に石灰水を入れると(②白くにごり)ました。このことから、燃えたあとの空気には(③二酸化炭素)が多くふくまれていることがわかります。

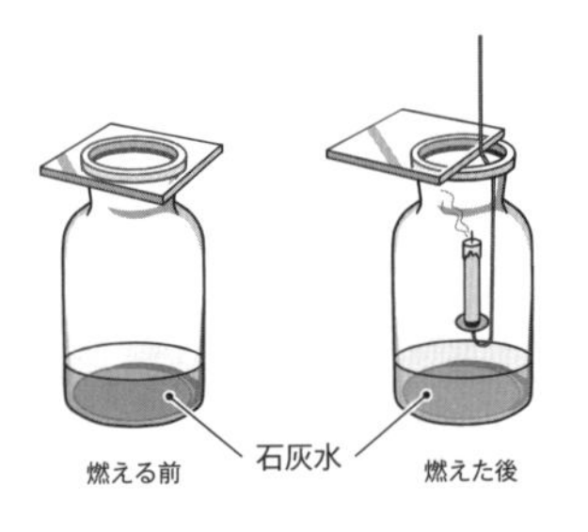

白くにごり　二酸化炭素　変化しません

ものの燃え方 ①
空気のはたらき

1 びんの中でろうそくを燃やしたときの燃え方を調べました。次の(　)にあてはまる言葉を□から選んでかきましょう。

(1) びんにふたをかぶせます。
びんの中の空気は、入れ(①かわらない)ので、ろうそくの火は(②消えます)。

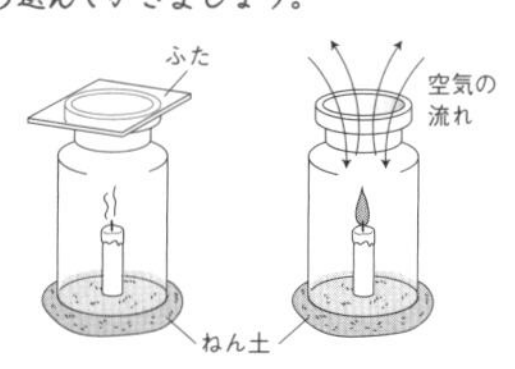

かわらない　消えます

(2) ふたをしないとき、びんの中の空気は、入れ(①かわる)ので、ろうそくの火は(②燃え続けます)。びんの中でろうそくの火が燃え続けるには、新しい(③空気)が必要です。

空気　かわる　燃え続けます

(3) 図のように、下のすき間に、火のついた線こうを近づけると、線こうのけむりが(①すき間)から吸いこまれ、そして(②びんの口)から出ていきます。
けむりの動きから、すき間から空気が(③入り)、びんの口から(④出る)ことがわかります。

入り　出る　すき間　びんの口

月　日　名前

ポイント びんの中でろうそくが燃えるとき、空気中の酸素が使われて、燃えたあとは二酸化炭素が発生します。

2 次の(　)にあてはまる言葉を□から選んでかきましょう。

燃やす前の空気には、約79％の(①ちっ素)と約21％の(②酸素)、わずかな(③二酸化炭素)などがあります。ろうそくが燃えると、空気中の(④酸素)が、使われて(⑤二酸化炭素)ができます。

酸素　二酸化炭素　ちっ素　◉2回使う言葉もあります。

3 次の(　)にあてはまる言葉を□から選んでかきましょう。

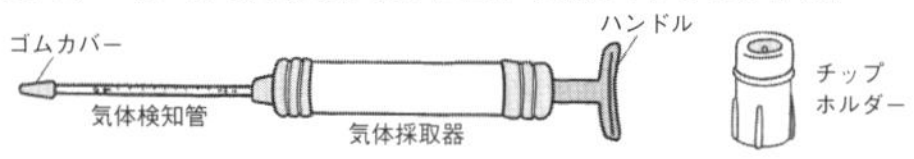

(1) (①気体検知管)を使うと、空気中にふくまれる酸素や(②二酸化炭素)の(③割合)を調べることができます。

二酸化炭素　割合(わりあい)　気体検知管

(2) 気体検知管の(①両はし)をチップホルダーで折り、ゴムカバーをつけます。そして(②気体採取器)に取りつけ、ハンドルを引いて、気体を取りこみます。決められた時間後、色が(③変わった)ところの目もりを読みます。

気体採取器　変わった　両はし

ものの燃え方 ②
空気のはたらき

1 次の(　)にあてはまる言葉を□から選んでかきましょう。

(1) 火が消えるまで集気びんの中でろうそくを燃やしました。新しい火のついたろうそくを入れると、火は(①消えて)しまいます。
このことから、ろうそくを燃やす前とあとでは、空気に(②ちがい)があることがわかります。空気のちがいは、(③石灰水)や(④気体検知管)を使って調べます。

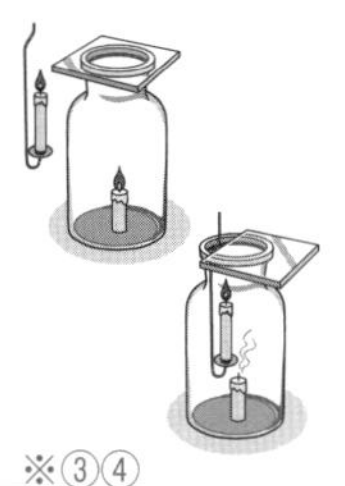

※③④

ちがい　石灰水(せっかいすい)　気体検知管　消えて

(2) 燃える前の空気に、石灰水を入れると(①変化しません)でした。
燃えたあとの空気に石灰水を入れると(②白くにごり)ました。このことから、燃えたあとの空気には(③二酸化炭素)が多くふくまれていることがわかります。

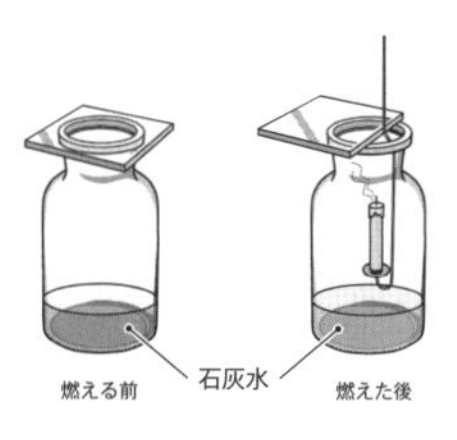

白くにごり　二酸化炭素　変化しません

月　日　名前

ポイント 燃えたあとの空気を石灰水を使って調べます。酸素と二酸化炭素の量の変化を学びます。

2 次の(　)にあてはまる言葉を□から選んでかきましょう。

(1) 燃える前の空気と、燃えたあとの空気を(①気体検知管)を使って調べました。
燃える前の空気の酸素は約(②21％)ふくまれていましたが、燃えたあとは約(③17％)で、酸素の割合(わりあい)は(④小さく)なりました。

ゴムカバー　気体検知管　気体採取器

	燃える前	燃えたあと
酸素	約21%	約17%　減る。
二酸化炭素	0.03%～1.0%用 約0.03%	0.5%～8.0%用 約3％　増える。

気体検知管　小さく　21%　17%

(2) 燃える前の空気には、二酸化炭素は、ほとんど(①ありません)が、燃えたあとの空気では、約(②3％)で、二酸化炭素の割合は(③大きく)なりました。

ありません　3%　大きく

(3) このことから、ものが燃えるときには、空気中の(①酸素)の一部が使われて、(②二酸化炭素)ができることがわかります。

酸素　二酸化炭素

ものの燃え方 ③
酸素と二酸化炭素

ポイント びん中に酸素や二酸化炭素を入れて燃え方を調べます。

月　　日 名前

1 次の(　　)にあてはまる言葉を□から選んでかきましょう。

(1) 酸素を集めたびんの中に火のついたろうそくを入れました。ろうそくは、空気中で燃やすよりも(①激しく)燃えました。

燃やしたあとのびんに(②石灰水)を入れてふると、(③白く)にごりました。それは、燃えることによって(④二酸化炭素)ができたからです。

激しく	白く	二酸化炭素	石灰水

(2) このように、空気中の(①酸素)は、ものを(②燃やす)はたらきがあります。(③線こう)や木炭などを燃やすときも、酸素が使われて、(④二酸化炭素)ができます。

燃やす	酸素	二酸化炭素	線こう

(3) 二酸化炭素を集めたびんの中に火のついたろうそくを入れました。

すると、ろうそくの火はすぐに(①消え)ました。(②二酸化炭素)には、ものを燃やすはたらきは(③ありません)。

二酸化炭素	ありません	消え

2 びんの中にいろいろな気体を集め、火のついたろうそくを入れました。ろうそくのようすで正しいものを線で結びましょう。

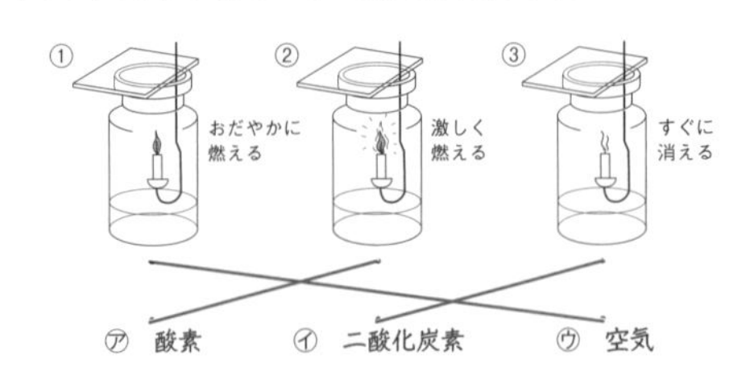

3 次の(　　)にあてはまる言葉を□から選んでかきましょう。

酸素を入れたびんの中に熱したスチールウール（鉄の細い線）を入れました。すると(①火花)を出して激しく燃え、そのあとに黒いかたまりができました。

燃えたあとのびんに石灰水を入れてよくふりました。びんの中の石灰水は(②白くにごりません)でした。

これは鉄を燃やしても(③二酸化炭素)はできないことを示しています。

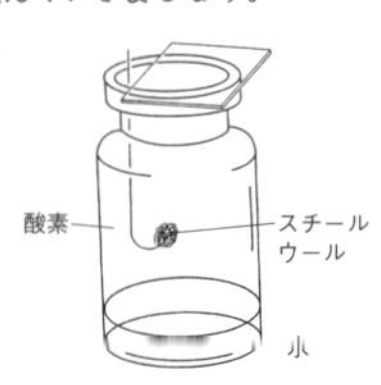

火花	白くにごりません	二酸化炭素

まとめテスト
ものの燃え方

月　　日 名前

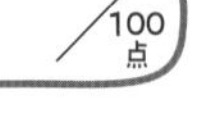

1 ねん土に火のついたろうそくを立て、底のないびんをかぶせました。あとの問いに答えましょう。　（各5点）

(1) ㋐～㋒の中で、ろうそくが一番よく燃えるものを選びましょう。
(　㋒　)

(2) ㋒の下のすき間に、線こうのけむりを近づけるとどうなりますか。右の図にけむりのようすをかきましょう。

2 気体検知管を使ってろうそくが燃える前と燃えたあとの酸素の割合を調べました。　（各10点）

㋐ 約21%
㋑ 約16%

(1) 燃える前の酸素の割合を表しているのは㋐、㋑のどちらですか。
(　㋐　)

(2) ろうそくが燃えるとき、使われて減る気体は何ですか。
(　酸素　)

(3) ろうそくが燃えるとき、できて増える気体は何ですか。
(　二酸化炭素　)

3 次のグラフは、空気の成分を表しています。ちっ素、酸素はそれぞれ約何%ですか。　（各10点）

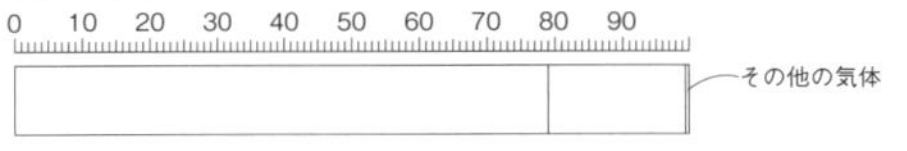

ちっ素 約(79%)、酸素 約(21%)、その他の気体 約0.03%

4 次の㋐～㋒のびんの中には、空気、酸素、二酸化炭素のいずれかが入っています。次の問いに答えましょう。　（1つ8点）

(1) ㋐～㋒のびんに、火のついたろうそくを入れると、上のようになりました。それぞれのびんに入った気体は何ですか。
㋐(　酸素　)　㋑(　空気　)　㋒(二酸化炭素)

(2) ㋑のろうそくの火が消えたあと、石灰水を入れてよくふると、石灰水はどうなりますか。
(　白くにごる　)

(3) (2)の実験から、何ができたことがわかりますか。
(　二酸化炭素　)

ものの燃え方

1 図のように、3つの空きかんにわりばしを入れ、どれがよく燃えるか調べます。（1つ10点）

㋐ 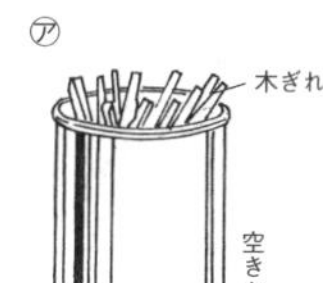

㋑ 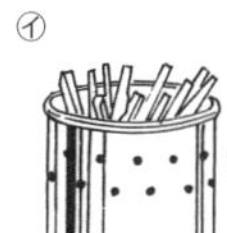

㋒ 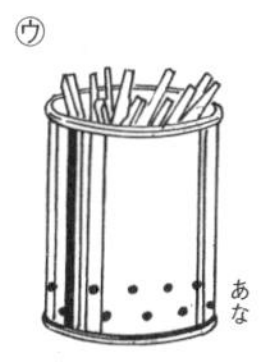

(1) 次の（　）にあてはまる言葉を□から選んでかきましょう。

同じ大きさの空きかん、同じ本数のわりばしを用意するのは、条件を（①同じに）して比べたいからです。ちがっているのは、空きかんに（②あな）があるか、ないか、また（②）の位置によって燃え方のちがいを比べたいからです。

同じに　あな

(2) ㋐～㋒のうちで、わりばしが一番よく燃えたのはどれですか。（㋒）

(3) (2)の理由として、正しいもの1つを選びましょう。（②）
① かんにあながない方がよく燃えます。
② 空気の入るあなが下にある方がよく燃えます。
③ 空気の入るあなが上にある方がよく燃えます。

月　日　名前　／100点

2 次の（　）にあてはまる言葉を□から選んでかきましょう。（各5点）

空気中には、その体積の約21%の酸素がふくまれていて、残りのほとんどをしめる気体は（①ちっ素）です。

（①）の中では、線こうやろうそくは、（②燃えません）。

線こうやろうそくを燃やすと、空気中の（③酸素）が使われて、（④二酸化炭素）ができます。できた（④）の中では、線こうやろうそくは（⑤燃えません）。

また、この気体は（⑥石灰水）にまぜると白くにごらせる性質があります。

石灰水（せっかいすい）　酸素　ちっ素　二酸化炭素 燃えません　燃えません

3 気体についてかかれた次の文のうち、酸素だけにあてはまるものには㋚、二酸化炭素だけにあてはまるものには㋥、両方にあてはまるものには○、両方にあてはまらないものには×をかきましょう。（各5点）

①（㋚）ものが燃えるのを助ける性質があります。
②（○）色もにおいもない気体です。
③（㋥）石灰水を白くにごらせます。
④（㋥）ろうそくなどが燃えるとできる気体です。
⑤（×）空気中に約79%ふくまれています。
⑥（㋚）空気中に約21%ふくまれています。

まとめテスト

ものの燃え方

1 酸素や二酸化炭素の量を調べるものに気体検知管があります。

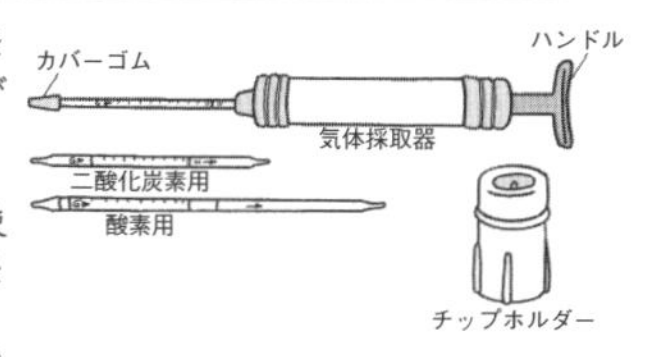

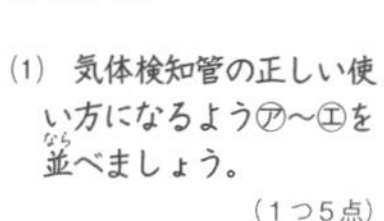

(1) 気体検知管の正しい使い方になるよう㋐～㋓を並（なら）べましょう。（1つ5点）

㋐ 決められた時間がたってから、目もりを読み取ります。
㋑ 気体検知管を矢印の向き（⇨）に、気体採取器に取りつけます。
㋒ 気体検知管の両はしを折り、Gマーク側にゴムカバーをつけます。
㋓ 気体採取器のハンドルを引いて、気体検知管に気体を取りこみます。

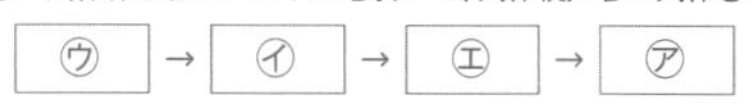

(2) 気体検知管を使って、ろうそくが燃えたあとの空気を調べました。次の（　）にあてはまる数をかきましょう。（1つ10点）

酸素用の検知管から、酸素は（①17）%に減っていました。

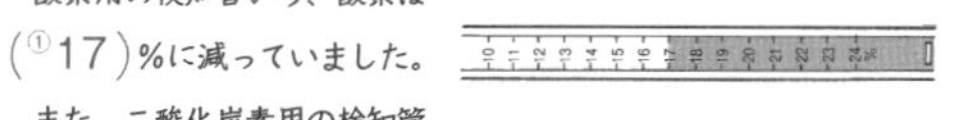

また、二酸化炭素用の検知管から二酸化炭素は（②3）%に増えていました。

月　日　名前　／100点

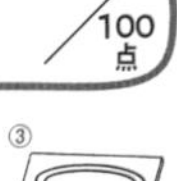

2 酸素、二酸化炭素、ちっ素のいずれかが入ったびん①、②、③があります。
次の実験の結果からそれぞれの気体の名前を答えましょう。（1つ10点）

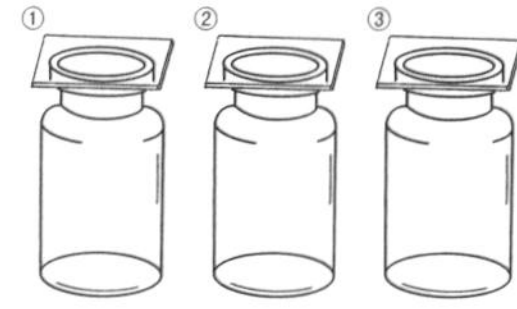

（実験1）火のついたろうそくをそれぞれのびんの中に入れました。
①、②はすぐに火が消え、③は明るくかがやいて燃えました。

（実験2）実験1のあとびんの中に石灰水（せっかいすい）を入れてよくふりました。
①、③は白くにごり、②は変化しませんでした。

①（二酸化炭素）　②（ちっ素）　③（酸素）

3 酸素を集めたびんの中で、㋐線こう　㋑木炭　㋒スチールウールを燃やす実験をしました。（1つ5点）

(1) それぞれどのようになりましたか。その結果を次の①～③から選びましょう。

① 激（はげ）しく燃えた　② 消えた　③ 火花をとばして燃えた

㋐（①）　㋑（①）　㋒（③）

(3) ㋐～㋒の実験のあとに、それぞれのびんに石灰水を入れてまぜました。その結果を次の①、②から選びましょう。

① 白くにごる　② 変化しない

㋐（①）　㋑（①）　㋒（②）

まとめテスト

ものの燃え方

月　日 名前　　/100点

1 次のグラフは、ろうそくを燃やす前の空気の成分と、燃やしたあとの空気の成分を表したものです。

㋐

㋑

(1) 空気中の成分のうちⒶとⒷは何を表していますか。（1つ10点）

Ⓐ（　ちっ素　）　Ⓑ（　酸素　）

(2) ろうそくを燃やしたあとの空気の成分を表したグラフは㋐、㋑のどちらですか。（10点）

（㋑）

★(3) (2)のように考えられる理由をかきましょう。（20点）

酸素の量が減って、二酸化炭素の量が増えている㋑です。
ろうそくを燃やすと、酸素が使われて、二酸化炭素が発生するからです。

★2 昔から魚などを焼くために、中で炭を燃やして使う「七輪」が使われてきました。
「七輪」には下の方に開け閉めできる窓がついています。これはなぜでしょうか。（25点）

炭を燃やし続けるには、新しい空気が必要で、新しい空気を下から取り入れるためです。

★3 バーベキューコンロを使って中の炭に火をつけるとき、一度に炭をたくさん入れず、すき間ができるように炭を入れるのがよいとされています。この理由をかきましょう。（25点）

すき間ができるように炭を入れるのは、燃えることに必要な新しい空気を取り入れやすいからです。

ヒトや動物の体 ①

呼吸のはたらき

月　日 名前

ポイント　呼吸による酸素、二酸化炭素の変化を知ります。また、肺などの呼吸器官を学びます。

1 吸う空気とはき出した空気とのちがいを調べるため、次のような実験をしました。（　）にあてはまる言葉を□から選んでかきましょう。

(1) 人は空気を吸ったり、はき出したりしています。これを（①呼吸）といいます。吸う空気をふくろに集め、石灰水を入れてよくふると、石灰水は（②変化しません）。
はき出した空気をふくろに集め、石灰水を入れてよくふると、石灰水は（③白くにごります）。

吸う空気（周りの空気）

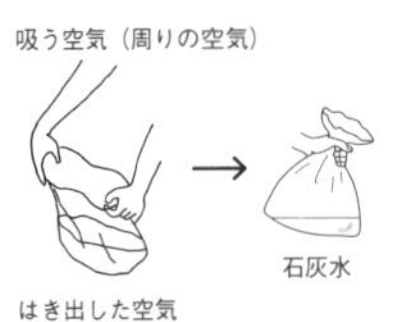

はき出した空気

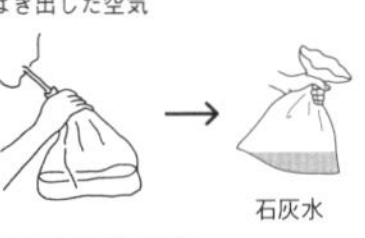

呼吸　白くにごります　変化しません

(2) 気体検知管で調べました。酸素の割合は（①吸う空気）では約21%でしたが、はき出した空気では約（②17）%に減りました。また、二酸化炭素の割合については吸う空気では約（③0.03）%でしたが、（④はき出した空気）では約3%に増えました。

酸素　（吸う空気）約21%　→　（はき出した空気）約17%
二酸化炭素　（吸う空気）約0.03%　→　（はき出した空気）約3%

吸う空気　はき出した空気　17　0.03

2 図は人や動物の呼吸について表したものです。（　）にあてはまる言葉を□から選んでかきましょう。

(1) 鼻や（①口）から入った空気は（②気管）を通って（③肺）に入ります。

酸素　二酸化炭素　気管　肺

肺　口　気管

(2) 肺には（①血管）が通っていて空気中の（②酸素）の一部が（③血液）に取り入れられ、血液からは（④二酸化炭素）が出されます。

二酸化炭素が多い空気　酸素が多い空気　二酸化炭素　気管　血管　肺　酸素　酸素が多い血液（全身へ）

酸素　二酸化炭素 血管　血液

(3) 魚は（①えら）で呼吸しています。水にとけている（②酸素）を取り入れ、（③二酸化炭素）を出しています。

えら　酸素　二酸化炭素

ヒトや動物の体 ②
消化と吸収

1 図は人の体内を表したものです。
（　）にあてはまる名前を□から選んでかきましょう。

食道　小腸（しょうちょう）　大腸
胃（い）　こう門

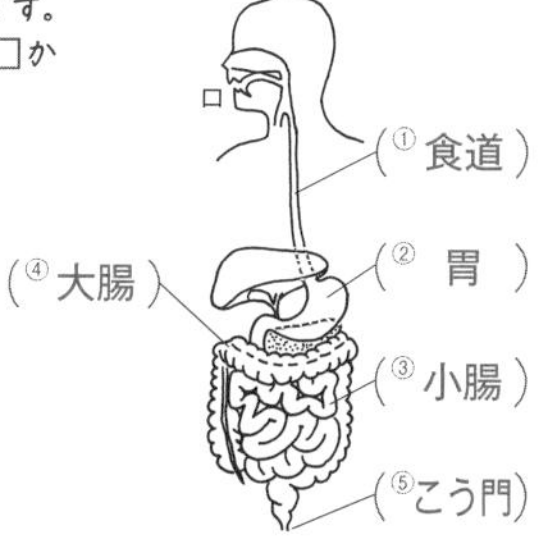

2 図は食べ物の通り道について表したものです。（　）にあてはまる言葉を□から選んでかきましょう。

(1) 口から入った食べ物は、口→（①食道）→（②　胃　）→（③小腸）→（④大腸）を通って、こう門から出されます。

胃　小腸　大腸　食道

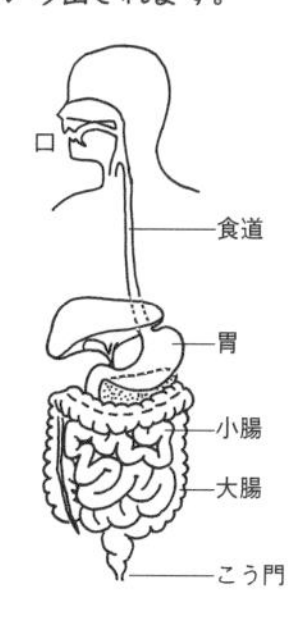

(2) 口から（①こう門）までの通り道を（②消化管）といいます。
　食べ物はこの管を通るうちに、体内に吸収（きゅうしゅう）されやすいものに変えられます。これを（③消化）といいます。

消化　消化管　こう門

月　日 名前

ポイント　消化器官のしくみを学びます。吸収されたでんぷんの変化を調べます。

3 だ液のはたらきを、図のような実験をして調べました。（　）にあてはまる言葉を□から選んでかきましょう。

　ご飯つぶ（でんぷん）をガーゼにつつみ、湯の中でよくもんで、ご飯の養分をとかし出します。これを㋐、㋑、㋒の３つのビーカーに入れます。

　㋐のビーカーにスポイトで（①ヨウ素液）を入れたところ、青むらさき色になりました。

　㋑のビーカーにだ液を入れます。㋒のビーカーは何も入れません。

　㋑と㋒のビーカーを、10分間ほど（②体温）より少し高い温度であたためました。

　㋑と㋒のビーカーにヨウ素液を入れました。すると㋑のビーカーは（③変化しない）で、㋒のビーカーは（④青むらさき）色に変化しました。

　これより（⑤だ液）はでんぷんを、別のものに変えるはたらきがあることがわかりました。

ヨウ素液　だ液　体温　変化しない　青むらさき

ヒトや動物の体 ③
消化と吸収

1 図を見て、（　）にあてはまる言葉を□から選んでかきましょう。

(1) 食べ物が（①　歯　）などで細かく、くだかれたり（②だ液）などで体に吸収（きゅうしゅう）されやすい（③養分）に変えられたりすることを（④消化）といいます。

消化　養分　歯　だ液

(2) だ液のほかに（①胃液）など食べ物を消化するはたらきをもつ液を（②消化液）といいます。

消化液　胃液

(3) 消化された食べ物の養分は、主に（①小腸）から吸収され、（②大腸）では水分が吸収されます。養分は（③血液）に取り入れられて全身に運ばれます。吸収されなかったものは（④　ふん　）として体外に出されます。

大腸　小腸　血液　ふん(便)

月　日 名前

ポイント　各器官から出る消化液とかん臓のはたらきを学習します。

2 図を見て、（　）にあてはまる言葉を□から選んでかきましょう。

(1) 消化された食べ物の養分は（①小腸）で吸収されます。養分は（②血液）によって（③かん臓）に運ばれます。かん臓は運ばれてきた養分の一部を、一時的に（④たくわえ）、必要なときに全身に送り出すはたらきをしています。

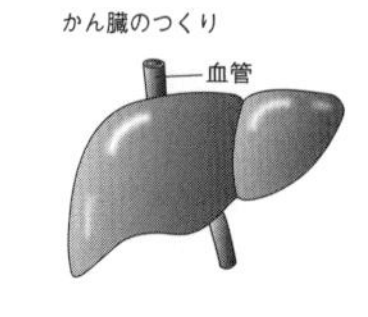

かん臓　たくわえ　血液　小腸

(2) かん臓には、さまざまなはたらきがあり、（①消化液）をつくって（②消化管）で食べ物を消化するのを助けるはたらきや、（③アルコール）など体に害のあるものを、（④害のないもの）に変えるはたらきもあります。

消化液　害のないもの　アルコール　消化管

(3) 動物の（①消化管）も人と同じように（②　口　）から（③こう門）までひと続きの管になっています。

口　こう門　消化管

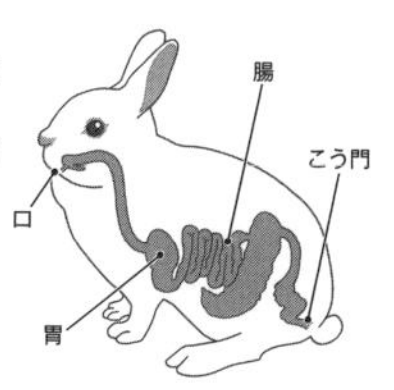

ヒトや動物の体 ④
心臓と血液

1 次の(　)にあてはまる言葉を□から選んでかきましょう。

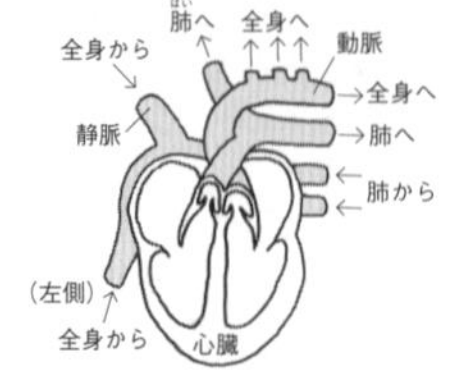

(1) 心臓は(①のびたり)、ちぢんだりして、全身に(②血液)を送り出す(③ポンプ)の役目をしています。

のびたり　ポンプ　血液

(2) 心臓は(①4つ)の部屋に分かれていて、規則正しく動いています。この動きを(②はく動)といいます。手首の血管をおさえると(③脈はく)を調べられます。心臓から血液が出ていく血管を(④動脈)、血液がもどってくる血管を(⑤静脈)といいます。

動脈　静脈　4つ　はく動　脈はく

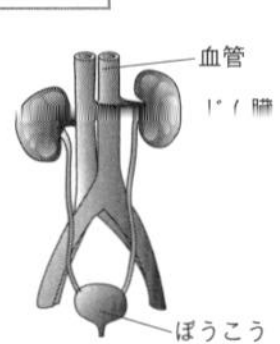

(3) 体の各部分でいらなくなったものは(①血液)によって(②じん臓)に運ばれます。じん臓は血液中の不要なものを取り除いて(③にょう)をつくるはたらきをしています。つくられたにょうは(④ぼうこう)にためられてから、体外に出されます。

血液　じん臓　ぼうこう　にょう

月　日 名前

ポイント 心臓のしくみやはたらきと血管や血液のはたらきについて学びます。

2 図は、全身の血液の流れを表したものです。次の(　)にあてはまる言葉を□から選んでかきましょう。

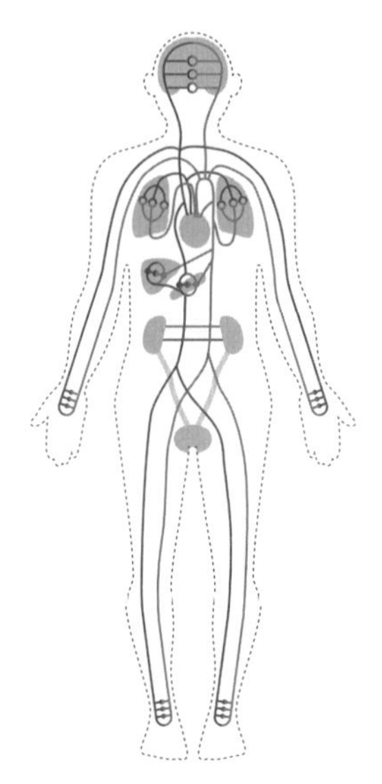

(1) 血液は(①血管)を通り体のすみずみまで運ばれます。

血液は(②心臓)から送り出され、再び心臓にもどってきます。

心臓　血管

(2) 血液は、肺で取り入れた(①酸素)や小腸で吸収した(②養分)などを体の各部分にわたしています。

反対に、体内でできた(③二酸化炭素)や(④不要なもの)を受け取って運んでいます。

養分　酸素　二酸化炭素　不要なもの

※③④

まとめテスト

ヒトや動物の体

1 吸う空気とはき出した空気のちがいを調べました。あとの問いの答えを□から選んでかきましょう。(各5点)

はき出した空気

(1) ふくろに入れた液は、何ですか。

(　石灰水　)

(2) (1)の液を入れてよくふると、液が白くにごるのは、吸う空気とはき出した空気のどちらですか。

(はき出した空気)

吸う空気

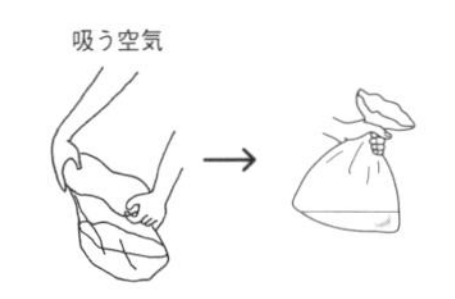

(3) 実験の結果から、吸う空気と比べて、はき出した空気に多くふくまれている気体は何ですか。

(　二酸化炭素　)

はき出した空気　二酸化炭素　石灰水

2 心臓と血液のはたらきについて、正しいものには○、まちがっているものには×をかきましょう。(各5点)

① (○) 筋肉の毛細血管を通っている間に血液は、周りに酸素をあたえ、二酸化炭素を受け取っています。

② (○) 静脈を通ってきた血液は、心臓を経て、肺に運ばれ、そこで二酸化炭素と酸素を取りかえます。

③ (○) 心臓から全身へ送り出される血液は、酸素をたくさんふくんでいます。

④ (×) 心臓から出ていく血液が通る血管を静脈といいます。

⑤ (×) 脈はく数は、心臓からはなれるにつれて減ります。

⑥ (○) 心臓がのびたりちぢんだりすることで脈はくができます。

月　日 名前

3 次の(　)にあてはまる言葉を□から選んでかきましょう。(各5点)

口から入った食物は、(①歯)でかみくだかれ、だ液とまざります。

図㋐の(②食道)を通って、図㋑の(③胃)に運ばれます。

ここでは、消化液とまざり、養分がさらに吸収されやすいように十分にこなされます。

さらに、㋒の(④かん臓)でつくられた消化液とまざり、㋓の(⑤小腸)に送られ、消化液とまざります。

こなされた食物から(⑥養分)が吸収されます。㋔の(⑦大腸)に送られて、(⑧水分)が吸収されます。

残ったものは、㋕の(⑨こう門)から出されます。

このように、口からとり入れた食物をこなして養分を吸収しやすい形に変えることを(⑩消化)といい、口からこう門までを(⑪消化管)といいます。

小腸　大腸　胃　食道　かん臓　こう門 養分　消化　消化管　歯　水分

ヒトや動物の体

月　日　名前　/100点

1 吸う空気と、はき出した空気のちがいを気体検知管を使って調べました。あとの問いに答えましょう。（各10点）

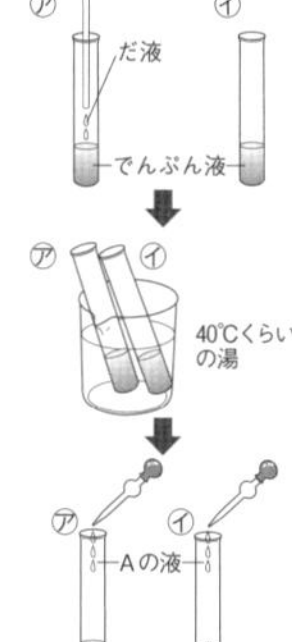

	酸素	二酸化炭素
吸う空気	約21%	約0.03%
はいた空気	約17%	約4％

(1) 吸う空気と比べて、はき出した空気で体積の割合が減っている気体は何ですか。（ 酸素 ）

(2) 吸う空気と比べて、はき出した空気の二酸化炭素の体積の割合はどうなりますか。（ 増えています ）

2 図を見て、あとの問いに答えましょう。（1つ10点）

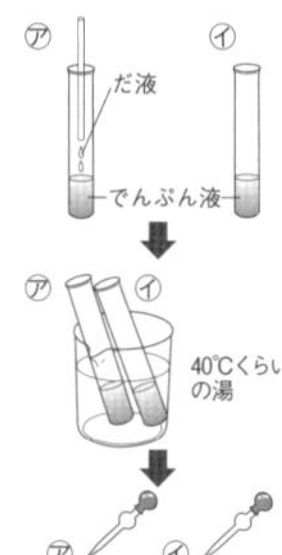

(1) でんぷんがあるかを調べるために入れるAの液は何ですか。（ ヨウ素液 ）

(2) ㋐、㋑の試験管の液にAの液を入れると色は変わりますか、それとも変わりませんか。

㋐ 色は（変わりません）

㋑ 色は（変わります）

(3) だ液は何を変化させますか。（ でんぷん ）

3 図は血液の流れとはたらきについてかかれています。次の（　）にあてはまる言葉を□から選んでかきましょう。（各5点）

図の㋐は（① 肺 ）といい、酸素を取り入れ、二酸化炭素を捨てるはたらきをしています。

㋑は（② 心臓 ）といい、全身に（③ 血液 ）を送り出すはたらきをしています。

胃で消化された養分は、小腸で（④ 吸収 ）されます。吸収された養分は㋒の（⑤ かん臓 ）に一時的にたくわえられます。

図の㋓は（⑥ じん臓 ）といい、血液中の（⑦ 不要なもの ）や余分な水分をこしとって、㋔の（⑧ ぼうこう ）から外部に出します。

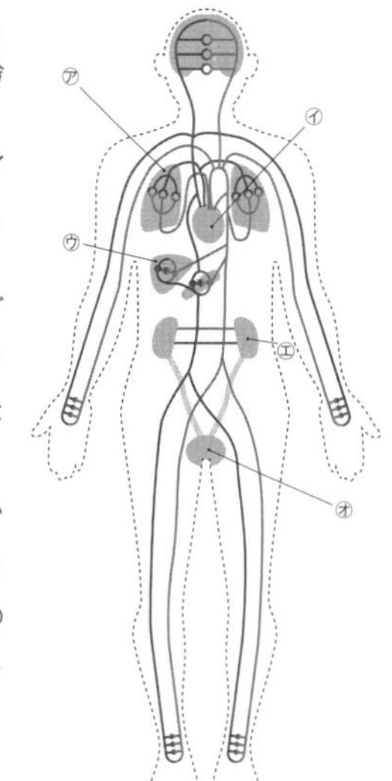

心臓　血液　かん臓　吸収　肺　ぼうこう　不要なもの　じん臓

ヒトや動物の体

月　日　名前　/100点

1 次の（　）にあてはまる言葉を□から選んでかきましょう。（各5点）

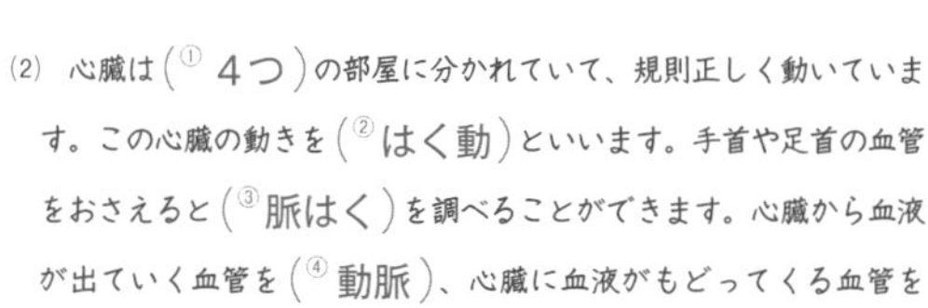

(1) 心臓は（① のびたり ）、ちぢんだりして、全身に（② 血液 ）を送り出す（③ ポンプ ）の役目をしています。

のびたり　ポンプ　血液

(2) 心臓は（① 4つ ）の部屋に分かれていて、規則正しく動いています。この心臓の動きを（② はく動 ）といいます。手首や足首の血管をおさえると（③ 脈はく ）を調べることができます。心臓から血液が出ていく血管を（④ 動脈 ）、心臓に血液がもどってくる血管を（⑤ 静脈 ）といいます。

動脈　静脈　4つ　はく動　脈はく

(3) 図の㋐の血管を（① 静脈 ）といい、（② 二酸化炭素 ）をたくさんふくんでいます。また、㋑の血管を（③ 動脈 ）といい、（④ 酸素 ）と（⑤ 養分 ）をたくさんふくんでいます。※④⑤

動脈　静脈　酸素　二酸化炭素　養分

2 図を見て、（　）にあてはまる言葉を□から選んで答えましょう。（各3点）

図1は動脈が酸素や（① 養分 ）を体のすみずみへ運び、静脈が（② 不要なもの ）や二酸化炭素を図2の（③ じん臓 ）へ運ぶところです。

（③）は血液中の（②）を取り除いて、（④ にょう ）をつくるはたらきをします。つくられた（④）は、（⑤ ぼうこう ）にためられてから、体外に出されます。

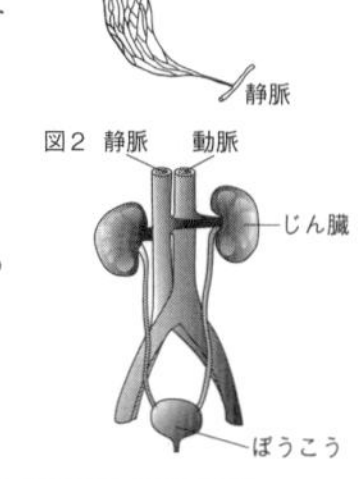

ぼうこう　不要なもの　養分　じん臓　にょう

3 ウサギと魚の呼吸について、答えましょう。（1つ5点）

(1) ウサギが呼吸する㋐の部分を何といいますか。（ 肺 ）

(2) 魚が呼吸する㋑の部分を何といいますか。（ えら ）

(3) 動物が呼吸によって、とり入れる気体と、はき出す気体は何ですか。

とり入れる気体（ 酸素 ）

はき出す気体（ 二酸化炭素 ）

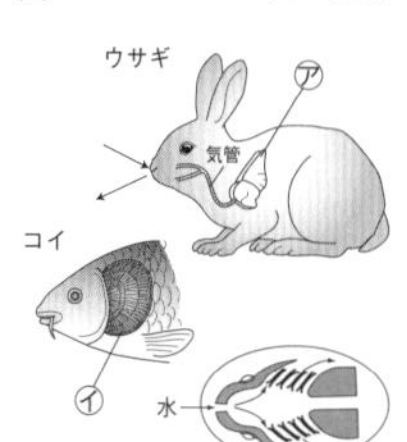

ヒトや動物の体

1 次の(　)にあてはまる臓器の名前をかきましょう。（各８点）

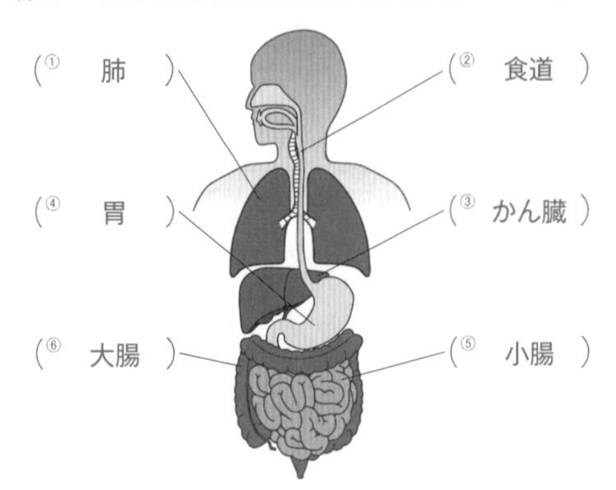

2 **1**の図を見て、次の問いに答えましょう。（各８点）

(1) 口から②、④、⑤、⑥と続く食べ物の通り道を何といいますか。
（ 消化管 ）

(2) 血液を全身に送り出すポンプのはたらきをしている臓器を何といいますか。
（ 心臓 ）

(3) 小腸で吸収した養分をたくわえるはたらきをしている臓器を何といいますか。
（ かん臓 ）

月　日 名前　　/100点

3 (1) うすいでんぷんの液が入った試験管A、Bがあります。Aにはだ液を、Bには水を加え、約40℃の湯につけました。しばらくしてからヨウ素液を加えると、Bは色が変わりましたが、Aは変化しませんでした。その理由を説明しましょう。（14点）

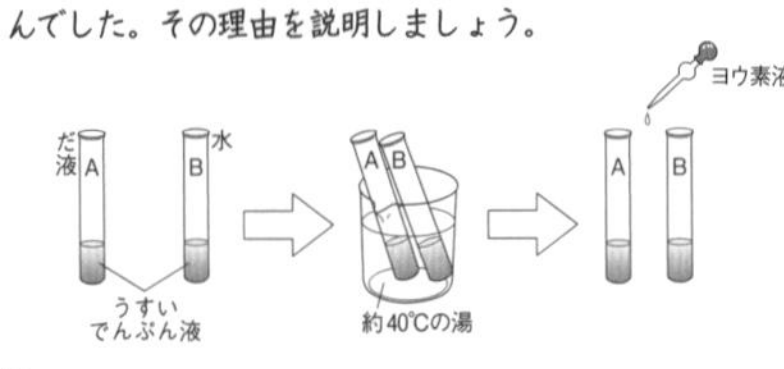

［ Aは、うすいでんぷん液がだ液によって、でんぷんとはちがう養分に変わったからです。 ］

(2) うすいでんぷん液にだ液を加えた試験管C、Dがあります。Cは約40℃の湯に、Dは氷水に入れました。しばらくしてからヨウ素液を加えると、Dは色が変わりましたが、Cは変化しませんでした。その理由を説明しましょう。（14点）

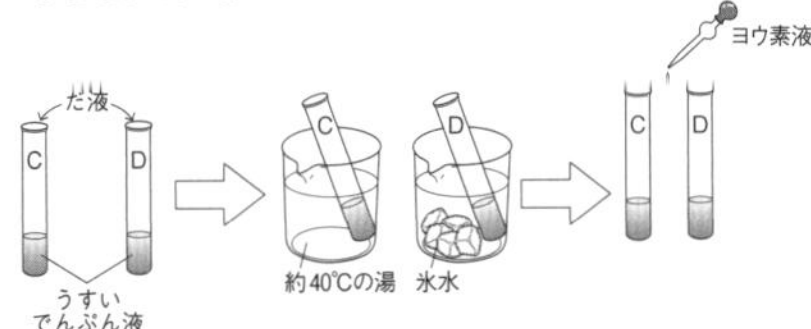

［ でんぷんをだ液によって、でんぷんとはちがう養分に変えるには、適度な温度が必要だからです。Cはそれを示しています。 ］

植物のつくり ①

植物と水

ポイント 植物の根、くき、葉のはたらきと、水の通り道を学びます。

月　日 名前

1 次の(　)にあてはまる言葉を□から選んでかきましょう。

(1) 図は食べニで赤く色をつけた水にホウセンカをしばらく入れてからくきを切ったようすを表したものです。

くきの一部を横に切ってみると(① 円形)に、縦に切ってみると(② 縦)に赤くそまっていました。この赤くそまったところが(③ 水)の通り道であるとわかります。さらに、葉をとって調べてみると、葉も(④ 赤く)そまっていました。

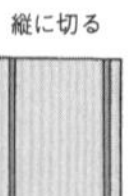

水　赤く　円形　縦

(2) このことから(① 根)から吸い上げられた水は、根・くき・葉にある(② 水の通り道)を通って体全体に運ばれることがわかります。

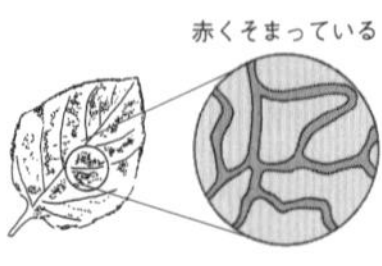

根　水の通り道

2 次の(　)にあてはまる言葉を□から選んでかきましょう。

(1) ジャガイモの葉のついた枝㋐と、葉をすべて取った枝㋑にビニールぶくろをかぶせました。

15分後、㋐のふくろには(① 水てき)がついて、ふくろは(② 白くくもり)ました。㋑のふくろは(③ くもりません)でした。

水てき　くもりません　白くくもり

(2) ジャガイモの葉をけんび鏡で観察すると、ところどころに(① 三日月形)のものに囲まれた(② 気こう)というあながみられます。(③ 根)から運ばれてきた水は、このあなから(④ 水蒸気)となって外へ出ていきます。

このはたらきを(⑤ 蒸散)といいます。

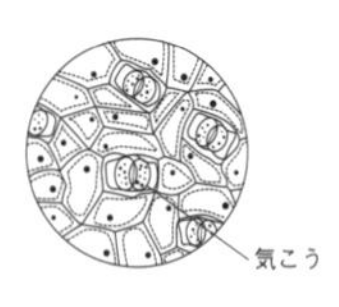

蒸散　三日月形　気こう　水蒸気　根

植物のつくり ②
植物と空気

1 植物が日光にあたったときの、空気中の酸素と二酸化炭素の量の変化を調べました。( )にあてはまる言葉を□から選んでかきましょう。

(1) ふくろに入った植物にストローを使って(① 息)をふきこみました。酸素と二酸化炭素の割合を(②気体検知管)で調べます。

息　気体検知管

(2) 1～2時間、(① 日光)にあてておき、(1)と同じように調べると、(② 酸素)は約17%から約20%に増え、(③二酸化炭素)は約4%から約1%に減っていました。

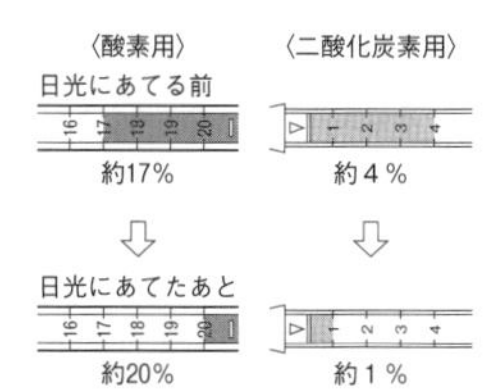

日光　二酸化炭素　酸素

(3) このことから葉に(① 日光)があたっているとき、空気中の(②二酸化炭素)を取り入れ、(③ 酸素)を出すことがわかります。

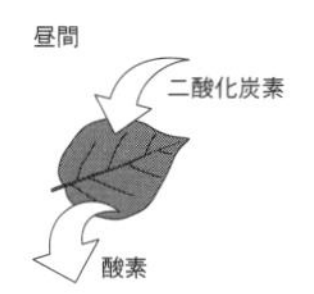

酸素　二酸化炭素　日光

月　日　名前

ポイント　空気の変化を調べ、日光による光合成（でんぷんをつくる）のようすと呼吸のちがいを学びます。

2 植物が日光にあたらないときの、空気中の酸素と二酸化炭素の量の変化を調べました。( )にあてはまる言葉や数を□から選んでかきましょう。

(1) ふくろに入った植物にストローを使って息をふきこみ、酸素と二酸化炭素の割合を調べます。

1～2時間、日光のあたらない(① 暗い)場所に置きました。

酸素は約17%から約(② 13)%に減り、二酸化炭素は約4%から(③ 7)%に増えました。

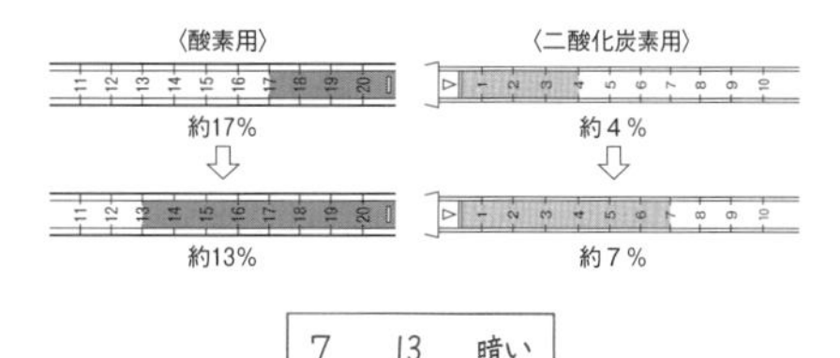

7　13　暗い

(2) これは植物も(① 呼吸)を行っているためです。呼吸は(② 日光のあたる)昼間も行われていますが、呼吸で出す二酸化炭素の量より(③ 多く)の二酸化炭素を(④取り入れる)ため、結果として二酸化炭素を出しているように見えません。

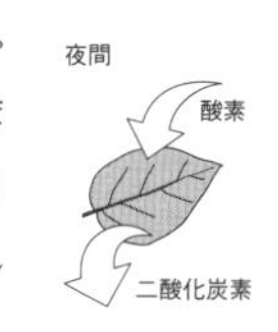

日光のあたる　取り入れる　多く　呼吸

植物のつくり ③
植物と養分

1 図は葉にでんぷんがあるかを調べるための、たたき出しの方法を表したものです。( )にあてはまる言葉を□から選んでかきましょう。

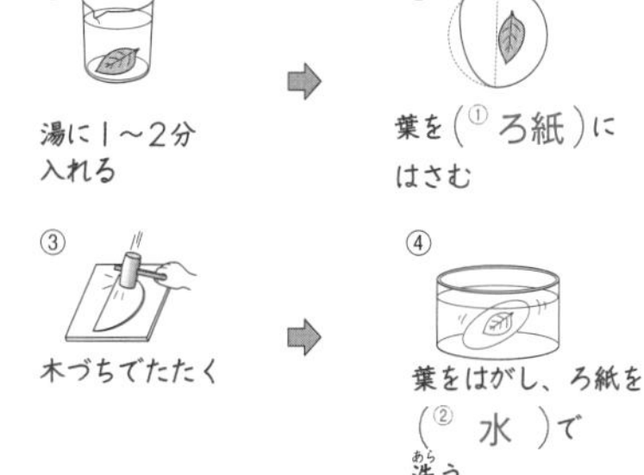

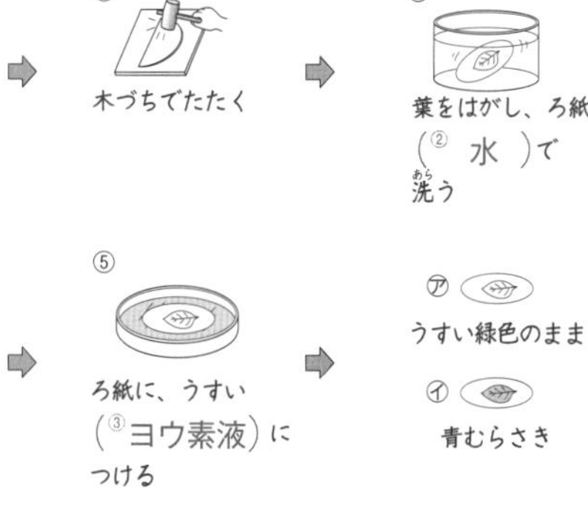

この実験から、葉に(④ でんぷん)がないと㋐となり、(④) があると㋑のように色が青むらさきに変わります。

水　ヨウ素液　でんぷん　ろ紙

月　日　名前

ポイント　光合成により葉でつくられたでんぷんについて調べます。

2 ジャガイモの葉を使って、でんぷんのでき方を調べました。次の( )にあてはまる言葉を□から選んでかきましょう。

(1) 前日の(① 夕方)ごろ、㋐、㋑、㋒の3つの葉をアルミニウムはくで包みます。

次の日の(② 朝)、㋐の葉をとり、でんぷんが(③ ない)ことを確かめます。これにより㋑と㋒にも朝の時点で(④でんぷん)がないといえます。

朝　夕方　ない　でんぷん

(2) ㋑の葉のアルミニウムはくを外し、㋒の葉はそのまま数時間(① 日光)をあてました。

その後、㋑と㋒の葉にでんぷんがあるかどうか(②ヨウ素液)を使って調べました。

結果㋑の葉にはでんぷんが(③ あり)、㋒の葉にはでんぷんが(④ありません)でした。

このことから植物の葉に日光があたると(⑤でんぷん)がつくられることがわかります。

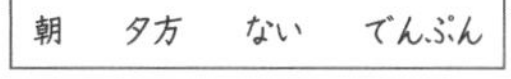

でんぷん　日光　ヨウ素液　ありません　あり

植物のつくり

1

1 図のように食べニで色をつけた水にしばらく入れてから、くきを切って観察すると赤くそまった部分がありました。あとの問いに答えましょう。（1つ5点）

くきを横に切る　くきを縦に切る

食べニで色をつけた水

(1) 赤くそまっていたようすのうち正しく表しているものを2つ選びましょう。

（ ㋐ ）（ ㋒ ）

㋐ 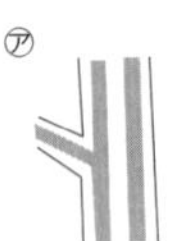
㋑ 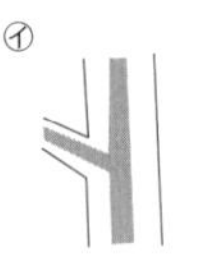
㋒ 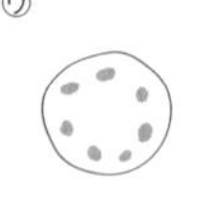
㋓ 

(2) 次の文のうち、正しいものには○、まちがっているものには×をかきましょう。

①（ ◯ ） 赤くそまった部分は、水の通り道です。

②（ × ） 赤くそまった部分は、空気の通り道です。

③（ × ） くきは赤くそまりましたが、葉は赤くそまりませんでした。

④（ ◯ ） くきだけでなく、葉も赤くそまりました。

⑤（ ◯ ） 根から吸い上げられた水は、植物の体全体にとどけられます。

⑥（ × ） 根から吸い上げられた水は、葉にだけとどけられます。

月　　日　名前　　／100点

3 植物に日光があたったときの空気中の酸素と二酸化炭素の量の変化を調べました。（1つ8点）

(1) 気体の割合を調べるとき、何という器具を使いますか。

（ 気体検知管 ）

(2) 日光があたる前に比べて、日光があたったあとの酸素と二酸化炭素の割合は増えていますか、減っていますか。

日光にあてる前〈酸素用〉約17%　〈二酸化炭素用〉約4％
日光にあてたあと　約20%　約1％

酸素（ 増えています ）

二酸化炭素（ 減っています ）

(3) この実験から、植物は日光があたると、何を取り入れ、何を出していることがわかりますか。

（ 二酸化炭素 ）を取り入れ（ 酸素 ）を出しています。

3 たたき出しの方法で、でんぷんがあるかどうか調べました。

㋐ 
ろ紙を水で洗う

㋑ 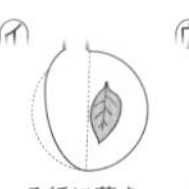
ろ紙に葉をはさむ

㋒ 湯に1～2分入れる

㋓ 
木づちでたたく

㋔ 
うすいヨウ素液につける

(1) 調べ方の順に、㋐～㋔をならべましょう。（10点）

㋒→（ ㋑ ）→（ ㋓ ）→（ ㋐ ）→（ ㋔ ）

(2) ヨウ素液につけると、でんぷんのある葉は何色になりますか。（10点）

（ 青むらさき色 ）

植物のつくり

1 次の（　）にあてはまる言葉を□から選んでかきましょう。（各5点）

(1) 図のように大きさが同じぐらいの枝で

㋐ 葉はそのままにして、ビニールぶくろをかぶせます。

㋑ 葉を全部取って、ビニールぶくろをかぶせます。

10～15分間、そのままにしておきました。

すると、（① ㋐ ）のふくろに水てきが多くついていました。水はおもに（② 葉 ）から出ています。これを（③ 蒸散 ）といいます。

植物の（④ 根 ）から吸い上げられた水は、（⑤ くき ）を通り葉まで運ばれます。水は養分をとかして体のすみずみに送られます。

㋐　蒸散　葉　根　くき

(2) 葉の表面をけんび鏡で見ると、ところどころに（① 三日月 ）の形をしたものに囲まれたあながあります。植物の体の中の水は、このあなから（② 水蒸気 ）となって出ていきます。このあなは（③ 酸素 ）や（④ 二酸化炭素 ）の出入口でもあります。

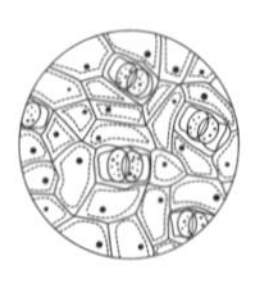

※③④

水蒸気　酸素　二酸化炭素　三日月

月　　日　名前　　／100点

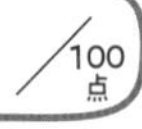

2 気体検知管を使って、植物に日光があたったときの、空気中の酸素と二酸化炭素の量の変化を調べました。（1つ10点）

(1) ①、②はそれぞれ酸素、二酸化炭素のどちらを調べたものですか。

①（ 酸素 ）

②（ 二酸化炭素 ）

	①	②
日光をあてる前	約17%	約4％
日光をあてたあと	約20%	約1％

(2) 日光があたったとき、植物に取り入れられる気体は何ですか。

（ 二酸化炭素 ）

(3) 日光があたったとき、植物から出される気体は何ですか。

（ 酸素 ）

3 夕方、ジャガイモの葉の一部だけをアルミニウムはくで包み、次の日、日光に十分あてたあと、でんぷんができているか調べました。（各5点）

(1) ヨウ素液につけると葉はどうなりますか。次の中から選びましょう。

（ ① ）

① アルミニウムはくで包まなかったところ（㋑）だけ、色が変わった。

② アルミニウムはくで包んだところ、（㋐）だけ、色が変わった。

③ 葉全体の色が変わった。

アルミニウムはく

(2) でんぷんができているのは、㋐、㋑のどちらですか。

（ ㋑ ）

(3) でんぷんができるためには、何が必要だとわかりましたか。

（ 日光 ）

まとめテスト

植物のつくり

月　日　名前　　/100点

1 葉に日光があたるとでんぷんができるかどうか、次のような実験をして調べました。あとの問いで正しいものに○をつけましょう。（各7点）

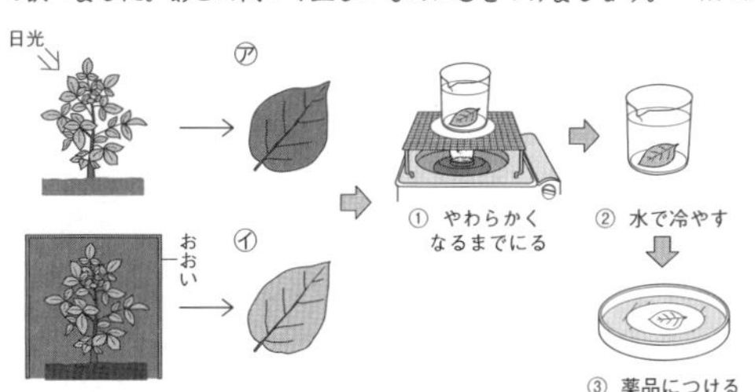

(1) ①のところで、やわらかくなるまでにるのは、葉の緑色を（(うすく) こく）するためです。

(2) ③のところで、でんぷんがあるかどうか調べる薬品は、（(ヨウ素液) BTB液）です。

(3) でんぷんがあると③の薬品は（うすい黄色,(青むらさき色)）になります。

(4) でんぷんがあるのは（(㋐) ㋑）とわかりました。

(5) 実験の結果から、植物の葉ででんぷんがつくられるためには、（酸素,(日光)）が必要だとわかりました。

2 次の（　）にあてはまる言葉を□から選んでかきましょう。（各7点）

植物には（① 根 ）からくき、葉へと続く水の通り道があります。（①）から取り入れられた水は、細い管のような道を通り、植物の体の（②すみずみ）まで行きわたります。

（②）まで届いた水は、（③水蒸気）として（④ 葉 ）から外へ出ていきます。このことを（⑤蒸散）といいます。

水の通り道　横

根　葉　すみずみ　水蒸気　蒸散

3 図のようにビーカーにとりたての葉を入れて、ビニールをかぶせ、暗い部屋に置きました。（各10点）

(1) 数時間後、ビーカーの中の空気を注射器で吸い、石灰水の中に入れてみました。石灰水はどうなりますか。次の中から選びましょう。

①（○）白くにごる　②（　）変化なし
③（　）青むらさきになる

(2) (1)の実験によって、ビーカーの中の空気に何が増えましたか。
（　二酸化炭素　）

(3) これを「植物の○○」といいます。漢字2字でかきましょう。
（植物の　呼吸　）

まとめテスト

植物のつくり

月　日　名前　　/100点

1 ジャガイモの3枚の葉をアルミニウムで包み、でんぷんのでき方を調べました。次の問いに答えましょう。（各14点）

前の日の夕方、アルミニウムはくで包んでおく。

㋐ ㋑ ㋒

	次の日	
㋐の葉	朝、アルミニウムはくを外す。 →	外してすぐにヨウ素液につける。
㋑の葉	朝、アルミニウムはくを外す。 →	数時間日光にあて、ヨウ素液につける。
㋒の葉	アルミニウムはくはそのまま。 →	数時間後に、ヨウ素液につける。

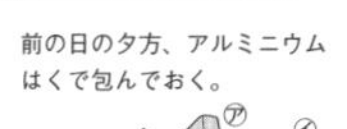

(1) 朝、葉にでんぷんがないことは、㋐～㋒のどの葉を調べた結果からわかりますか。
（　㋐　）

(2) ㋑の葉を調べた結果、色はどのようになっていますか。
（　青むらさき色　）

(3) ㋒の葉を調べた結果、色はどのようになっていますか。
（　変化しない　）

(4) でんぷんができた葉は、㋐～㋒のどの葉ですか。
（　㋑　）

(5) この実験から、植物がでんぷんをつくるためには、何が必要だとわかりますか。
（　日光　）

2 よく晴れた日の昼間と夜間にジャガイモの葉にポリエチレンのふくろをかぶせ、息をふきこみ、ふくろの中の酸素と二酸化炭素の割合の変化を気体検知管で調べました。

〈方法〉

ストロー　気体検知管　1時間後もう一度調べる　気体検知管

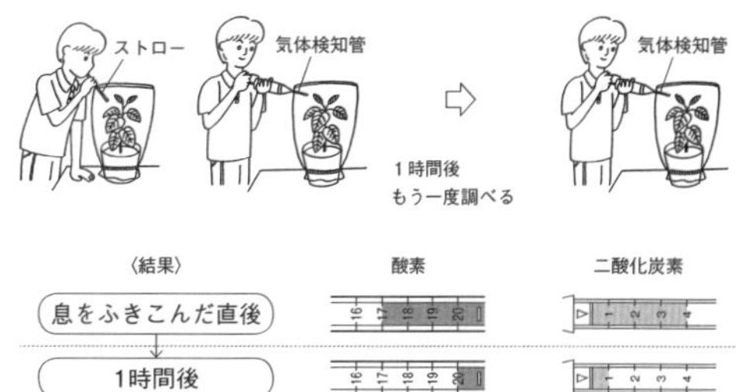

(1) この実験は昼間と夜間のどちらで調べた結果ですか。（10点）
（　昼間　）

★(2) (1)のように考えられる理由をかきましょう。（20点）

昼は太陽の光を受けて、葉は二酸化炭素を取り入れて酸素を出すので、実験結果のようになります。

水よう液の性質 ①
水よう液の仲間分け

ポイント リトマス紙などを使い、酸性、中性、アルカリ性などの水よう液の仲間分けをします。

月　日 名前

1 リトマス紙について、(　)にあてはまる言葉を□から選んでかきましょう。

(1) リトマス紙には(① 赤色)と青色の2種類があります。水よう液をつけて、青色リトマス紙が赤く変化すれば(② 酸性)を、赤色リトマス紙が(③ 青く)変化すればアルカリ性を表します。

青く　赤色　酸性

(2) リトマス紙は(① ピンセット)でつかみ、直接(② 指)でつかみません。

調べる液は(③ ガラス棒)を使ってリトマス紙につけ、使ったガラス棒は(④ 一回ごと)に水でよく洗います。

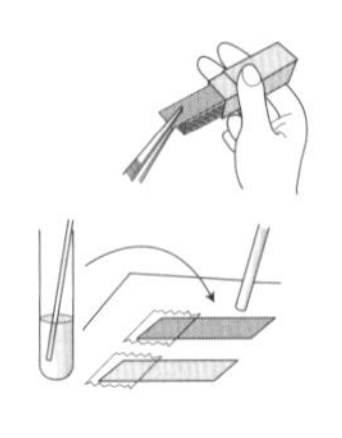

指　ガラス棒　ピンセット　一回ごと

(3) リトマス紙以外にもムラサキキャベツの液や(① BTB液)を使って水よう液を酸性・中性・(② アルカリ性)に仲間分けすることができます。

アルカリ性　BTB液

2 表は、リトマス紙やBTB液を使って、水よう液を仲間分けしたものです。(　)にあてはまる言葉を□から選んでかきましょう。

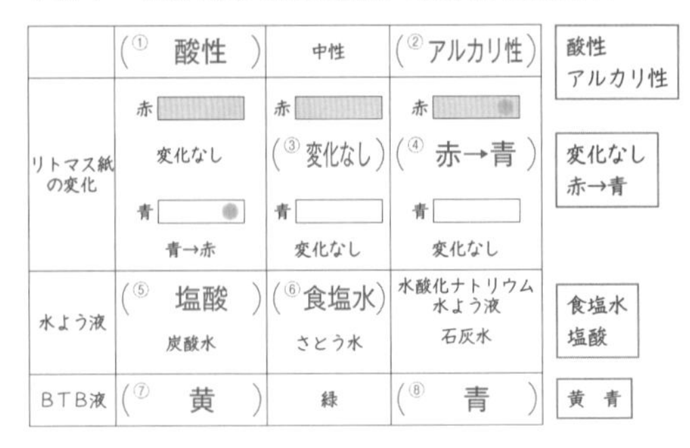

	(① 酸性)	中性	(② アルカリ性)
リトマス紙の変化	赤 変化なし 青 青→赤	赤 (③ 変化なし) 青 変化なし	赤 (④ 赤→青) 青 変化なし
水よう液	(⑤ 塩酸) 炭酸水	(⑥ 食塩水) さとう水	水酸化ナトリウム水よう液 石灰水
BTB液	(⑦ 黄)	緑	(⑧ 青)

酸性　アルカリ性

変化なし　赤→青

食塩水　塩酸

黄　青

3 水よう液をあつかう実験をするときの注意について、(　)にあてはまる言葉を□から選んでかきましょう。

水よう液はビーカーには(① $\frac{1}{3}$)以下、試験管には(② $\frac{1}{5}$)程度に入れます。

においは直接鼻を近づけず、(③ 手)であおいで確かめます。水よう液が手についたらすぐ(④ 水)で洗い流します。

$\frac{1}{3}$　$\frac{1}{5}$　水　手

水よう液の性質 ②
とけているもの

ポイント 水よう液にとけているものを取り出します。

月　日 名前

1 塩酸と食塩水について、(　)にあてはまる言葉を□から選んでかきましょう。

(1) 塩酸は水に塩化水素という(① 気体)がとけた水よう液で、(② 無色とう明)です。水を蒸発させても(③ 何も残りません)。

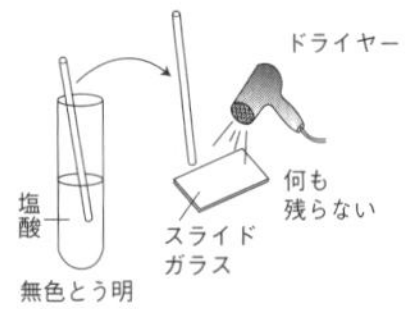

何も残りません　気体　無色とう明

(2) 食塩水は水に食塩という(① 固体)がとけた水よう液で、(② 無色とう明)です。

水を蒸発させると(③ 食塩)が出てきます。

無色とう明　固体　食塩

(3) (① 水酸化ナトリウム水よう液)は蒸発するとこくなって、とても(② 危険)です。蒸発させては(③ いけません)。

いけません　水酸化ナトリウム水よう液　危険

2 炭酸水にとけているものを次のように調べました。(　)にあてはまる言葉を□から選んでかきましょう。

(1) 炭酸水から出る(① 気体)を試験管に集めました。

石灰水を入れ、ゴムせんをしてふると(② 白くにごり)ました。

火のついた線こうを入れると(③ すぐ消え)ました。

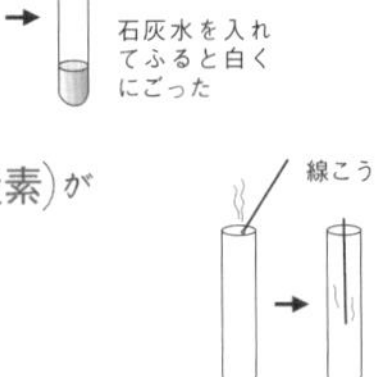

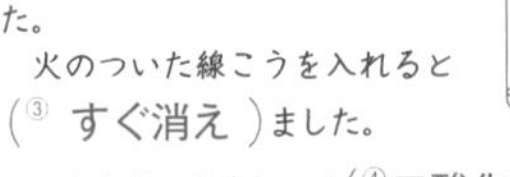

これより、炭酸水には(④ 二酸化炭素)がとけていることがわかりました。

線こう
火が消えた

白くにごり　すぐに消え　気体　二酸化炭素

(2) ペットボトルに(① 水)を入れ、ボンベの(② 二酸化炭素)をふきこんでから、ふたをしてよくふります。すると、ペットボトルは(③ へこみ)ます。このことから二酸化炭素は水に(④ とける)ことがわかります。

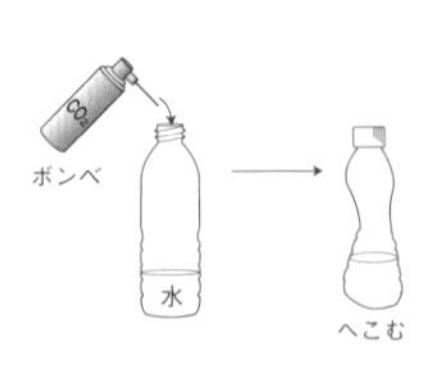

へこみ　とける　水　二酸化炭素

水よう液の性質 ③
水よう液と金属

ポイント 金属がとけた水よう液を調べます。とけたものが変化しているようすについても学びます。

1 次の(　)にあてはまる言葉を□から選んでかきましょう。

うすい塩酸の水よう液、食塩水、うすい水酸化ナトリウム水よう液が、アルミニウムやスチールウール（鉄）をとかすかどうかの実験をしました。

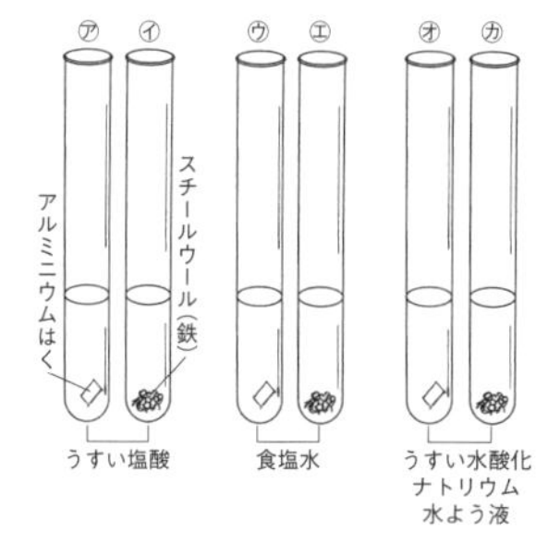

㋐のように、アルミニウムにうすい塩酸を加えました。しばらくすると、アルミニウムの表面から、たくさんの(①あわ)が出てきました。

やがて、アルミニウムは、(②とけて)しまいました。このとき、試験管は、(③熱く)なりました。

㋑のように、スチールウールにうすい塩酸を加えました。しばらくすると、スチールウールの表面からポツポツと(④あわ)が出てきました。

㋔のように、アルミニウムにうすい水酸化ナトリウムの水よう液を加えました。するとアルミニウムの表面から少しずつ(⑤あわ)が出てきました。㋒、㋓、㋕は(⑥変化しません)でした。

あわ　変化しません　とけて　熱く ◉3回使う言葉もあります。

2 **1**の実験の結果を次の表にまとめます。あわを出してとけるものに○を、変化がないものに×をつけましょう。

	アルミニウムはく	スチールウール(鉄)
うすい塩酸	㋐　○	㋑　○
食塩水	㋒　×	㋓　×
うすい水酸化ナトリウム水よう液	㋔　○	㋕　×

3 次の(　)にあてはまる言葉を□から選んでかきましょう。

㋑の鉄がとけた液を(①蒸発皿)に少し入れて(②加熱)します。液が蒸発(じょうはつ)すると、あとに(③黄色いもの)が残りました。

次に蒸発皿に残ったものをうすい塩酸に入れると(④あわ)を出さずにとけました。

また、(③)に磁石(じしゃく)を近づけても(⑤引きつけられません)でした。

このことから蒸発皿に残ったものは、元の鉄とは(⑥別のもの)だといえます。

塩酸と鉄がとけた液　加熱し蒸発させる

近づける　磁石　入れる　残ったもの　うすい塩酸

加熱　黄色いもの　蒸発皿 あわ　引きつけられません　別のもの

まとめテスト
水よう液の性質

1 表はリトマス紙を使っていろいろな水よう液を調べた結果です。あとの問いに答えましょう。

水よう液	リトマス紙の色の変化のようす　青色リトマス紙	赤色リトマス紙	水よう液の性質
水酸化ナトリウム水よう液 石灰水(せっかいすい)	(①変化なし)	青色に変化	(㋐アルカリ性)
食塩水 さとう水	変化なし	(②変化なし)	(㋑中性)
塩酸 炭酸水	(③赤色に変化)	変化なし	(㋒酸性)

(1) リトマス紙の変化のようすを①～③の(　)に、変化なし・赤色に変化のどちらかをかきましょう。（各5点）

(2) 実験の結果から、㋐～㋒の(　)に、水よう液は酸性・中性・アルカリ性のどれかをかきましょう。（各5点）

(3) (　)にあてはまる言葉を□から選んでかきましょう。（各5点）

リトマス紙は手でさわらず、(①ピンセット)などを使ってあつかいます。水よう液を調べるときは(②ガラス棒)を使い、毎回水で(③洗い)ます。

ガラス棒(ぼう)　洗(あら)い　ピンセット

2 図はうすい塩酸にスチールウール（鉄）を入れたときのようすです。(　)から正しい答えを選んで○をつけましょう。（各5点）

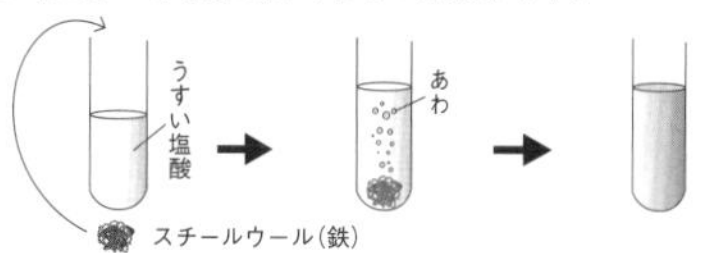

(1) 鉄の表面から何が出てきますか。
(〔あわが出る〕　何も出てこない)

(2) うすい塩酸に鉄をとかすとき、試験管の温度はどうなりますか。
(〔上がる〕、そのまま、下がる)

(3) 鉄のかわりにアルミニウムを入れたときは、どのような変化が起こりますか。
(〔あわが出る〕　何も出てこない)

3 表はいろいろな水よう液の性質をまとめたものです。(　)にあてはまる言葉を□から選んで表を完成させましょう。（各8点）

	においをかぐ	蒸発皿(じょうはつざら)に入れて熱する	石灰水を入れる
塩　酸	強いにおいがする	(①何も残らない)	(②変化なし)
炭酸水	においがしない	何も残らない	(③白くにごる)
食塩水	(④においがしない)	(⑤白いものが残る)	変化なし

白くにごる　何も残らない　白いものが残る においがしない　変化なし

まとめテスト

水よう液の性質

1 次の表は、リトマス紙とBTB液を使って、水よう液を調べたものです。

水よう液名	(Ⓐ 塩酸)	(Ⓑ 食塩水)	(Ⓒ 水酸化ナトリウム水よう液)
リトマス紙	青色→赤く	変化なし	赤色→青く
BTB液	(㋐ 黄色)	緑色	(㋑ 青色)

(1) Ⓐ、Ⓑ、Ⓒは食塩水、塩酸、水酸化ナトリウムの水よう液どれですか。 (各8点)

(2) ㋐、㋑は何色ですか。( )にかきましょう。 (各6点)

2 図は、うすい塩酸に鉄をとかした液を調べたものです。次の( )にあてはまる言葉を□から選んでかきましょう。 (各8点)

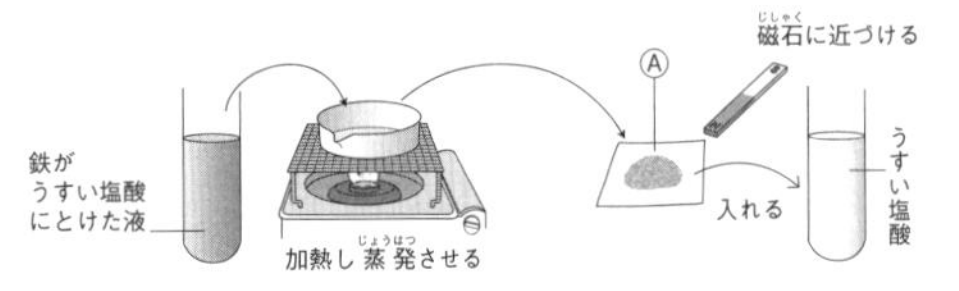

蒸発皿に残ったものⒶの色は(① 黄色)で、磁石を近づけても(② 引きつけられません)でした。Ⓐを再びうすい塩酸に入れると、あわは(③ 出ないで)とけました。これよりⒶは(④ 鉄ではない)ことがわかります。

引きつけられません　黄色　鉄ではない　出ないで

月　　日　名前

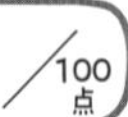

3 炭酸水について実験をしました。あとの問いに答えましょう。(各8点)

(1) 図のようにして、プラスチック容器に二酸化炭素を半分ほど入れました。そのあと、容器のふたをしてよくふりました。

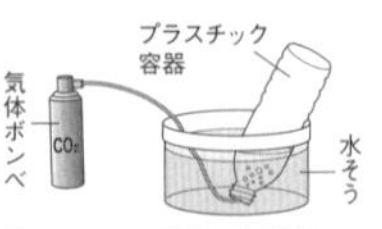

プラスチックの容器に水を満たし、気体ボンベから二酸化炭素を入れる

① ふったあとのプラスチック容器は、どのようになりますか。正しいものに○をつけましょう。

(ふくらむ、(へこむ))

② ①のようになったのはどうしてですか。理由として正しいものを、次の㋐～㋒から選びましょう。 (㋑)

㋐ ふることによって、二酸化炭素が液体に変化したから。

㋑ ふることによって、二酸化炭素が水にとけたから。

㋒ ふることによって、水の体積が小さくなったから。

(2) よくふったあと、中の液体を、石灰水に入れました。正しいものに○をつけましょう。

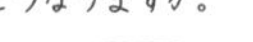

石灰水

① 石灰水は、どうなりますか。

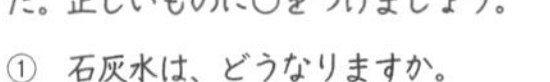

(黄色くにごる、(白くにごる) 変化しない)

② ①のような変化が起きたのは、プラスチック容器内の水に何がふくまれていたからですか。

(塩化水素、(二酸化炭素) 酸素)

まとめテスト

水よう液の性質

1 水よう液を使った実験のようすです。 (1つ5点)

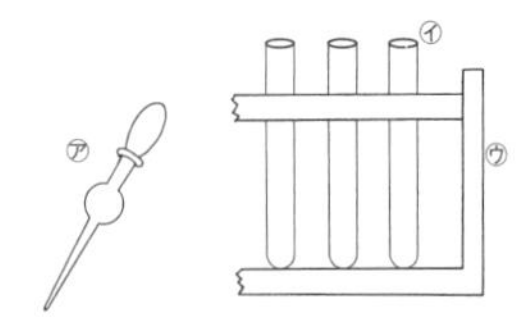

(1) ㋐～㋒の実験器具の名前を答えましょう。

㋐ (ピペット)

㋑ (試験管)

㋒ (試験管台)

(2) 次の実験の方法で正しいものに○を、まちがいに×をつけましょう。

① (○) 水よう液はピペットを使って試験管に入れます。

② (×) 水よう液の種類を変えるときは、ピペットをそのまま続けて使います。

③ (○) 試験管には水よう液は$\frac{1}{4}$～$\frac{1}{5}$くらいまでにします。

2 次の( )にあてはまる言葉を□から選んでかきましょう。(各5点)

リトマス紙は、(① 酸)性・(② アルカリ)性を示す試験紙でリトマスゴケからつくります。リトマス紙には、青と赤の2種類があり、青色リトマス紙が(③ 赤く)なれば酸性を表し、赤色リトマス紙が(④ 青く)なればアルカリ性を表します。

リトマス紙の他に(⑤ BTB液)など酸性・アルカリ性を示す薬品があります。(⑥ ムラサキキャベツ)のしるも酸性で変色します。

酸　アルカリ　BTB液 ムラサキキャベツ　青く　赤く

月　　日　名前

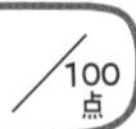

3 表は、塩酸、炭酸水、食塩水の性質をまとめたものです。次の( )にあてはまる言葉を□から選んでかきましょう。 (1つ8点)

水よう液の性質	Ⓐ	Ⓑ	Ⓒ
におい	ない	ない	ある
青色リトマス紙の色の変化	赤く	変化なし	赤く
赤色リトマス紙の色の変化	変化なし	変化なし	変化なし
蒸発皿に入れて熱する	何も残らない	固体が残る	何も残らない
石灰水に入れる	白くにごる	変化なし	変化なし

(1) Ⓐは石灰水を白くにごらせることから、(① 炭酸水)です。

(2) 青色、赤色リトマス紙の変化がないことから、Ⓑは(② 中性)の水よう液で(③ 食塩水)です。石灰水を入れても変化はありません。

(3) Ⓒは蒸発皿に入れて熱したとき、あとに何も残らないことから水に(④ 気体)がとけている水よう液です。これは、青色リトマス紙を赤く変えることから酸性の水よう液で(⑤ 塩酸)です。また、石灰水を入れても変化はありません。

※②③

中性　気体　炭酸水　食塩水　塩酸

まとめテスト

水よう液の性質

1 塩酸、炭酸水、食塩水の３つの水よう液について、あとの問いに答えましょう。

(1) (　　)にあてはまる言葉を□から選んでかきましょう。 (各６点)

(①塩酸)は、水に塩化水素という気体がとけた水よう液です。

水に二酸化炭素がとけた水よう液を(②炭酸水)といいます。

食塩水は水に(③食塩)という固体がとけた水よう液です。

炭酸水	食塩	塩酸

(2) 塩酸を蒸発皿(じょうはつざら)に入れ、加熱しました。 (各６点)

① 熱したあとの蒸発皿のようすを、図の㋐、㋑から選びましょう。 (㋐)

② 塩酸のときとちがう結果が出る水よう液は、炭酸水、食塩水のどちらですか。 (食塩水)

③ 塩酸のときと同じ結果が出る水よう液は、炭酸水、食塩水のどちらですか。 (炭酸水)

(3) リトマス紙に３種類の水よう液をつけました。酸性の水よう液をすべて答えましょう。 (14点)

(塩酸、炭酸水)

月　　日 名前　　　　/100点

2 次の㋐〜㋔の５つのビーカーには、炭酸水・す・食塩水・うすい塩酸・石灰水(せっかいすい)のどれかが入っています。

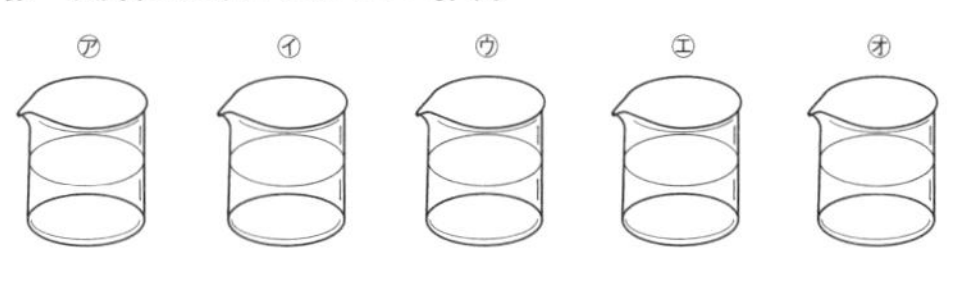

次の４つの実験をしました。㋐〜㋔の水よう液は何か調べましょう。

実験１　㋑、㋒、㋔は青色リトマス紙を赤色に変えました。

実験２　水よう液を少しとって熱したら、㋐と㋓は、あとにつぶが残りました。㋑、㋒、㋔は何も残りませんでした。

実験３　ある気体にふれると白くにごる㋐の液を㋑、㋒、㋓、㋔に加え、かきまぜると㋔だけが白くにごりました。

実験４　㋑と㋒の液にアルミニウムを入れました。㋒の液はさかんにあわが出ました。㋑の液は変化がありませんでした。

㋐〜㋔の液の名前は何ですか。 (各10点)

㋐(石灰水)　㋑(す)

㋒(うすい塩酸)　㋓(食塩水)

㋔(炭酸水)

月と太陽 ①

太陽の見え方

1 次の(　　)にあてはまる言葉を□から選んでかきましょう。

(1) 太陽の光が棒(ぼう)によって(①さえぎられる)ことで、地面にかげができるので、かげは太陽の(②反対側)にできます。実験は、時間がたっても(③日かげ)にならない場所で行います。

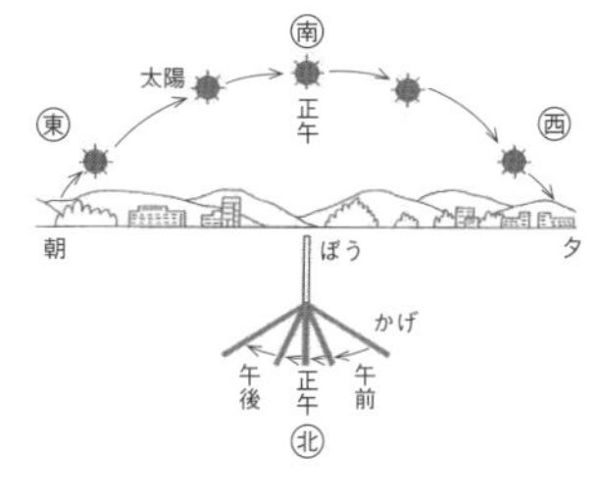

さえぎられる	反対側	日かげ

(2) 午前９時、西側に長いかげができました。かげの長さは、太陽の高さが(①低い)ほど長くなります。正午、かげの位置は北に移動しました。かげの長さは、午前９時と比べて(②短く)なります。

時間がたつと、かげは西から北を通って東へ移動します。太陽は、朝(③東)の空に出て、時間とともに(④南)の空に高くのぼり、やがて(⑤西)の空にしずみます。このように太陽が動いて見えるのは、(⑥地球)が自転しているからです。

東	南	西	低い	短く	地球

月　　日 名前

ポイント　太陽やかげの動きを調べ、夏至・冬至と太陽の関係を学びます。

2 次の(　　)にあてはまる言葉を□から選んでかきましょう。

(1) 何日か観察して変化を調べるため(①月日)とその日の天気をかきます。観察する場所は(②同じ)にします。

(度) 場所(屋上)　2月10日　天候(晴れ)
太陽の高さ
午前９時　10時　11時　正午　午後１時　２時　３時
方位　東　南東　南　南西　西

太陽の高さは、(③正午)ごろに一番高くなります。これを太陽の(④南中)といいます。

７月に、同じ観察をすると、太陽の動きは同じでした。太陽の高さは２月より(⑤高く)なり、太陽が出ている時間は(⑥長く)なりました。

同じ	月日	高く	南中	長く	正午

(2) 一年のうち、太陽が最も高くなる日を(①夏至)といい、昼間の長さが一年で最も(②長い)です。太陽が最も低くなる日を(③冬至)といい、昼間の長さが一年で最も(④短い)です。昼間と夜間の長さが同じ日を(⑤春分)の日・(⑥秋分)の日といいます。

※⑤⑥

夏至(げし)	冬至	長い	短い	春分	秋分

月と太陽 ②
月の形の見え方

1 ボールと電灯を使って、月の見え方の実験をしました。

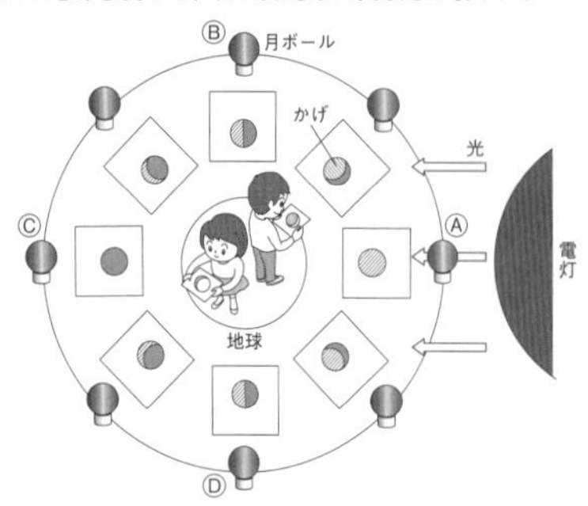

次の(　　)にあてはまる言葉を□から選んでかきましょう。

(1) 実験では、ボールを(①　月　)に、電灯を(②　太陽　)に見立てています。観察者が立っている場所が(③　地球　)です。

地球　太陽　月

(2) Ⓐに月があるとき、光のあたっている部分は地球からは(①見えません)。この月を(②　新月　)と呼びます。

Ⓒに月があるとき、地球からは(③　円形　)の月が見えます。この月を(④　満月　)と呼びます。

新月　見えません　満月　円形

月　日 名前

ポイント 太陽、地球、月の位置関係と、見え方を学習します。

2 **1**の図を使って答えましょう。

ボールの見える形を観察カードにかきました。Ⓐ～Ⓓのどの位置ですか。記号をかきましょう。また、月の名前を□から選んでかきましょう。

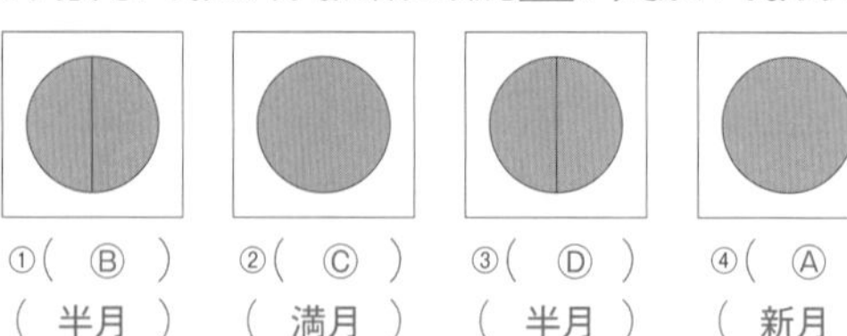

①(　Ⓑ　)(　半月　)
②(　Ⓒ　)(　満月　)
③(　Ⓓ　)(　半月　)
④(　Ⓐ　)(　新月　)

半月　半月　満月　新月

3 次の(　　)にあてはまる言葉を□から選んでかきましょう。

月は(①　球形　)をしています。(②太陽の光)に照らされている部分だけが明るく見え、(③　かげ　)の部分は暗くて見えません。

月は太陽の光を受けながら約1か月で(④　地球　)の周りを回っています。

月と太陽の(⑤位置関係)が変わるため、地球から見た月の見え方が変わって見えます。

地球　位置関係　球形　太陽の光　かげ

月と太陽 ③
月と太陽のようす

1 次の(　　)にあてはまる言葉を□から選んでかきましょう。

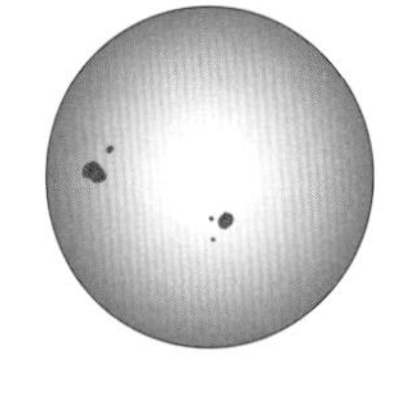

(1) 太陽は非常に(①大きく)、たえず(②強い光)を出している高温のガスのかたまりです。この光が(③　地球　)に届き、明るさや(④あたたかさ)をもたらしています。表面の温度は約(⑤6000℃)にもなり、黒く見える部分は周りより温度が(⑥　低い　)部分で(⑦　黒点　)と呼ばれています。

あたたかさ　6000℃　低い　黒点　大きく　強い光　地球

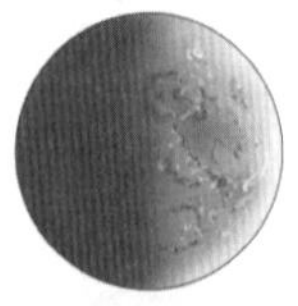

(2) 月は自分で光を出さず、(①　太陽　)の光を受けます。表面には(②　岩石　)や砂が広がっていて、(③　空気　)はありません。また、石や岩がぶつかってできたくぼみの(④クレーター)がたくさんあります。

月は、うさぎに似たもようのある半球側を常に地球に向けて回っています。

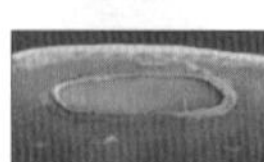

空気　クレーター　太陽　岩石

月　日 名前

ポイント 月のようすと、太陽のようすについて学びます。

2 次の(　　)にあてはまる言葉を□から選んでかきましょう。

(1) 星には、太陽のように、自分で(①　光　)や熱を出している(②こう星)や、地球のように、太陽の周りを回っている(③わく星)や、月のように、地球の周りを回っている(④　衛星　)などがあります。

わく星や衛星は自分で光や熱を出さず、こう星の光を(⑤　反射　)して光っています。

衛星　反射(はんしゃ)　光　こう星　わく星

(2) 月の直径は地球の約(①4分の1)倍です。太陽は非常に大きく、直径は地球の約(②　109　)倍もあります。

地球と月は、約(③38万km)はなれています。地球と太陽は、約(④1億5千万km)はなれています。太陽の光と熱の(⑤エネルギー)は非常に大きく、遠くはなれた地球にも届きます。太陽からもたらされた明るさやあたたかさは、(⑥　地球　)の生き物にとって欠かせないものです。

エネルギー　地球　1億5千万km　38万km　4分の1　109

月と太陽 ④
月と太陽のようす

ポイント 月、太陽、地球のようすや、日食、月食などの現象を学びます。

月　　日 名前

1 次の文は、月と太陽と地球のことについてかいています。
月のことについてかいているものには㋐を、太陽のことについてかいているものには㋑を、地球のことについてかいているものには㋒をかきましょう。

① (㋒) 太陽の周りを回っているわく星です。
② (㋐) 日によって、見える形や位置が変わります。
③ (㋑) 大きさは、地球のおよそ109倍もあります。
④ (㋐) 大きさは、地球のおよそ$\frac{1}{4}$です。
⑤ (㋑) 表面の温度は約6000℃もあり、強い光を出してかがやいています。
⑥ (㋐) 表面には、クレーターと呼ばれる円形のくぼみがあります。
⑦ (㋑) 表面には、黒点と呼ばれる周りより温度の低い部分があります。
⑧ (㋑) 目で見るときには、必ずしゃ光板を使います。
⑨ (㋐) 表面の明るい部分は約130℃にもなります。かげの部分はマイナス170℃にもなります。
⑩ (㋑) 高温の気体でできた星です。
⑪ (㋒) 空気と水、大地があり、生き物がくらしています。
⑫ (㋐) 地球の周りを回っている衛星です。

2 次の(　　)にあてはまる言葉を□から選んでかきましょう。

(1) 太陽も月も、形は(①球形)です。しかし(②月)は日によってちがった形に見えます。それは、月が(③地球)の周りを回っていて、(④太陽)の光に照らされた部分を、私たちが毎日ちがった方向から見るからです。月の見え方の変化には規則性があり、
新月→(⑤三日月)→半月→(⑥満月)→半月→二十六日月→新月
と変わります。新月から再び新月にもどるまでに、約(⑦1か月)かかります。

球形	月	太陽	地球	三日月	満月	1か月

(2) 月が太陽と地球の間に入り、一直線に並ぶと地球からは(①太陽)が欠けて見えます。これを(②日食)といいます。月が太陽の見える方向の反対になり、一直線に並ぶと地球からは(③月)が欠けて見えます。これを(④月食)といいます。

太陽	月	日食	月食

日食の起こるわけ　　月食の起こるわけ

まとめテスト
月と太陽

1 次の文で、正しいものには○、まちがっているものには×をかきましょう。 (各4点)

① (×) 月の表面温度は、どこも同じです。
② (×) 月には水のたまった海があります。
③ (○) 月の満ち欠けは、約1か月で元の形にもどります。
④ (×) 太陽は月の周りを回っています。
⑤ (×) 太陽は、地球の約10倍の大きさがあります。
⑥ (○) 太陽が東から西に動いて見えるのは、地球自身が回っているからです。
⑦ (○) 月は同じ半球側を向けて地球の周りを回っています。
⑧ (○) 新月は、昼間、東の空から西の空へ移動しますが、太陽の明るさによって、ほとんど見えません。

2 次の図は、地球、月、太陽を表しています。(　　)にあてはまる言葉をかきましょう。 (1つ4点)

(1) ㋐〜㋒の名前をかきましょう。
(㋐ 太陽) (㋑ 地球)
(㋒ 月)

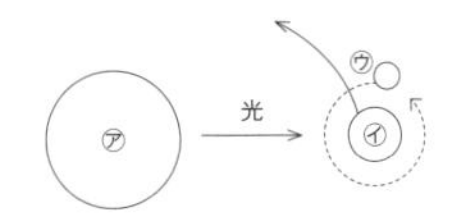

(2) 月は(①地球)の周りを回っています。自ら光を出さず、(②太陽)の光があたっている部分が明るく見えます。月のように、わく星の周りを回る星を(③衛星)と呼びます。月と太陽の位置関係が変わることで、月の形が変わって見えます。新月から再び新月にもどるまでに約(④1か月)かかります。

月　　日 名前　　/100点

3 地球から見た月の満ち欠けのようすを調べるために、図のような実験をしました。地球から①〜⑧のように見えるのは、月が図のどの位置にあるときですか。記号で答えましょう。 (1つ3点)

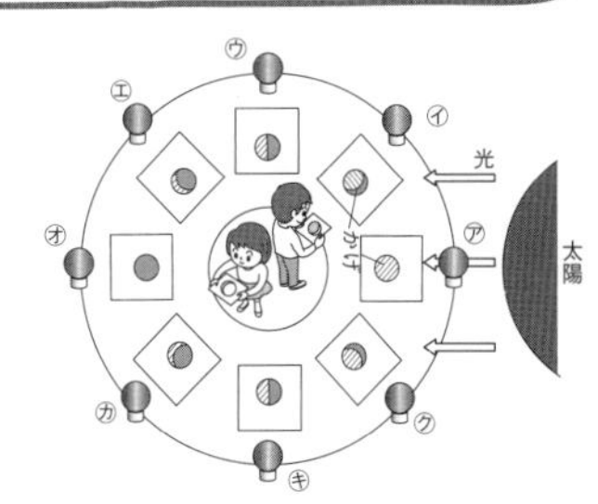

①(㋗)
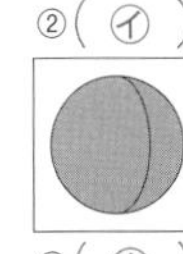
②(㋑)
③(㋖)
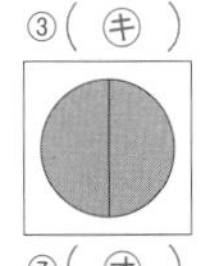
④(㋐)
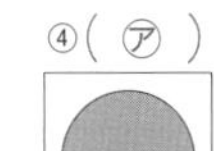
⑤(㋓)
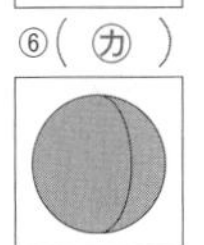
⑥(㋕)
⑦(㋔)
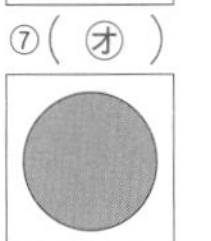
⑧(㋒)
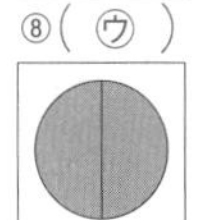

4 ある日の夕方ごろ、図の◌の位置に月が見えました。このとき月はどのような形に見えるか、図の中にかきましょう。 (16点)

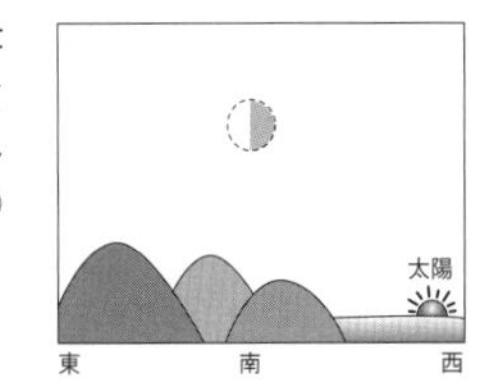

月と太陽

月　　日　名前　　　／100点

1 次の文は、月、太陽のことについてかいています。月についてかかれたものは○、太陽についてかかれたものは△、どちらにもあてはまらないものには×をつけましょう。（各４点）

①（○） 表面は岩石や砂でできています。
②（△） たえず強い光を出しています。
③（○） 表面の温度は、明るいところが130℃で、暗いところは、マイナス170℃になります。
④（○） クレーターと呼ばれる円形のくぼみがあります。
⑤（○） 地球の周りを回っています。
⑥（○） 直径は約3500kmで、地球の$\frac{1}{4}$の大きさです。
⑦（△） 表面の温度は約6000℃あります。
⑧（△） 高温の気体でできた星です。
⑨（△） こう星の仲間です。
⑩（×） わく星の仲間です。
⑪（○） 衛星の仲間です。
⑫（△） 黒点と呼ばれる部分があります。
⑬（×） 水のたまった海があります。
⑭（△） 地球の約109倍の大きさです。
⑮（×） 空気があります。

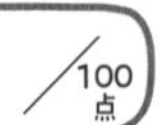

2 地球から見た月の満ち欠けのようすを調べるために、次の図のような実験をしました。あとの問いに答えましょう。

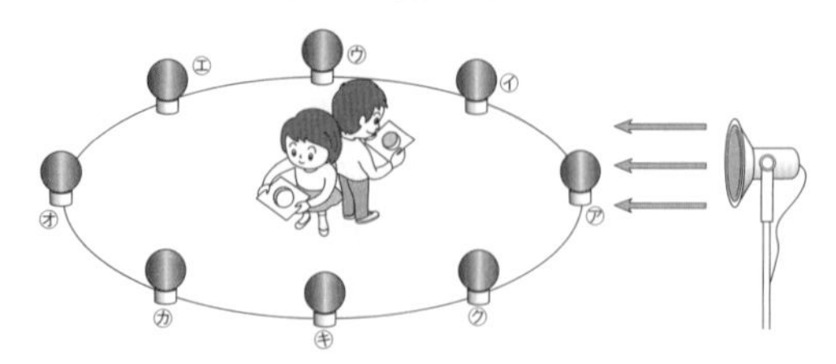

(1) 観察者の位置は、月、地球、太陽のどこを表していますか。（４点）
（ 地球 ）

(2) 電灯は、月、地球、太陽のどこを表していますか。（４点）
（ 太陽 ）

(3) 観察者から見ると㋑～㋔の位置のボールはどのように見えますか。下のカードにかきましょう。（各５点）

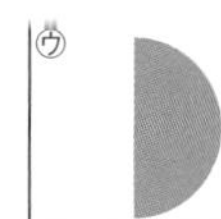

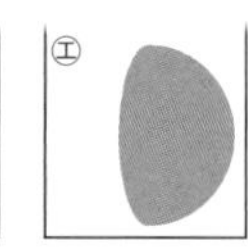

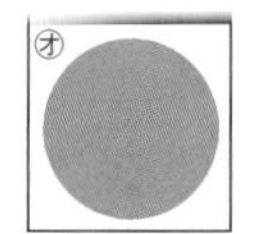

(4) 次の（　）にあてはまる言葉をかきましょう。（各４点）

月の満ち欠けが起こるのは（① 月 ）が（② 地球）の周りを回っているからで、（③ １か月）の期間で元の形にもどります。

月と太陽

月　　日　名前　　　／100点

1 図は、太陽とかげの動きを表しています。㋐～㋔は観察した時間にできた、それぞれのかげを表しています。あとの問いに答えましょう。

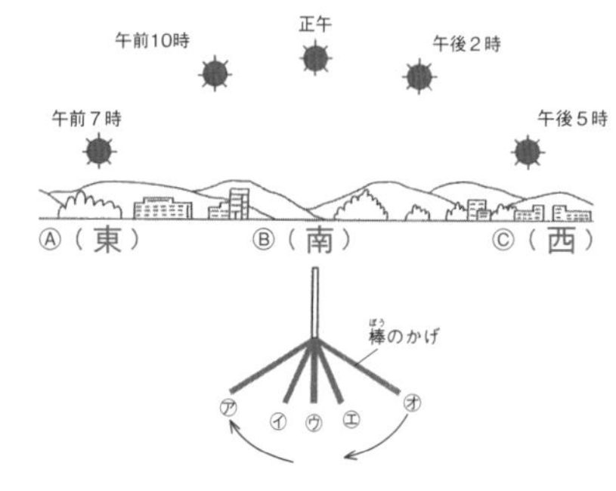

(1) Ⓐ、Ⓑ、Ⓒにあてはまる方位（東西南北）をかきましょう。（各６点）

(2) 午前７時にできたかげと、午後２時にできたかげを㋐～㋔の中からそれぞれ選んでかきましょう。（各６点）

午前７時（ ㋔ ）　午後２時（ ㋑ ）

★(3) 午後にできたかげの長さより、正午にできたかげの方が短いことがわかりました。その理由をかきましょう。（10点）

［正午に太陽は南の空の高いところにあります。真上から照らされるので、かげは短くなります。］

2 次の文章は、月と太陽、地球の特ちょうをまとめたものです。（　）にあてはまる言葉を□から選んでかきましょう。（各６点）

太陽は、光を出す（① こう星）です。周りと比べて、温度が低く、黒く見える部分を（② 黒点）と呼びます。

地球は、太陽の周りを回る（③ わく星）です。地表にはたくさんの緑や水と（④ 空気）が広がっています。それらを使って、たくさんの生き物が生活しています。

月は、地球の周りを回る（⑤ 衛星 ）です。光を出さず、（⑥ 太陽）の光を反射しているので、光って見えます。表面には、岩石や砂が広がり、（⑦ クレーター）と呼ばれるくぼみがあります。

黒点	こう星	わく星	衛星
太陽	クレーター	空気	

3 右の図は、ボール、電灯、ビデオカメラを使って月の見え方を調べたものです。ボール、電灯、ビデオカメラはそれぞれ何に見立てて使っていますか。（各６点）

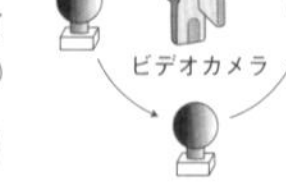

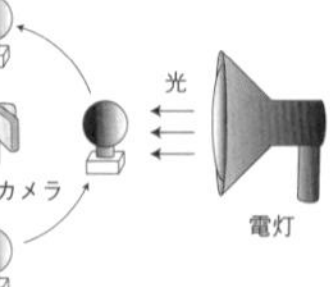

ボール（ 月 ）
電灯（ 太陽 ）
ビデオカメラ（ 地球 ）

まとめテスト

月と太陽

1 地球から見た月の満ち欠けのようすを調べるために、図のような実験をしました。観察者から見て、㋐～㋗の位置にある月はそれぞれどのように見えますか。見える部分に色えん筆でぬりましょう。

（1つ6点）

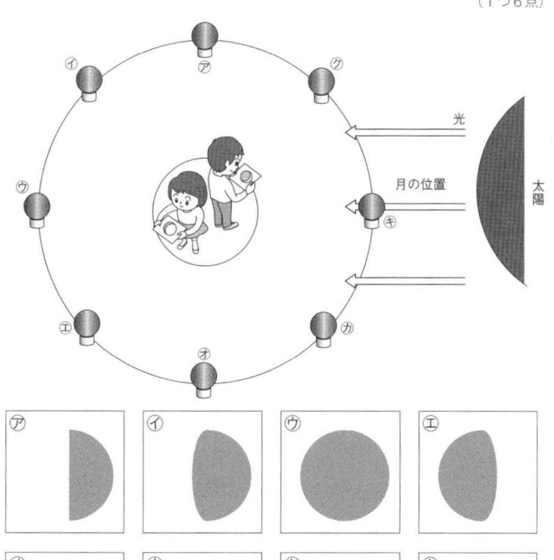

㋐ ㋑ ㋒ ㋓

㋔ ㋕ ㋖ ㋗

月　　日 名前　　　　／100点

2 ある日、図の◌の位置に月が見えました。あとの問いに答えましょう。

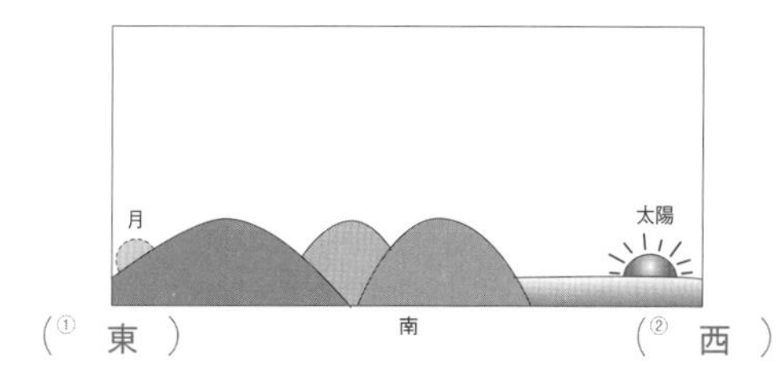

（① 東 ）　　（② 西 ）

(1) 図の①、②にあてはまる方位をかきましょう。（各10点）

(2) このとき月の形はどれでしょうか。㋐～㋒から選びましょう。（12点）

（ ㋐ ）

㋐

㋑ 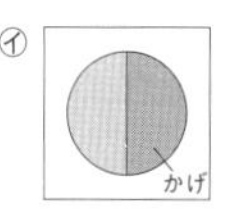

㋒ 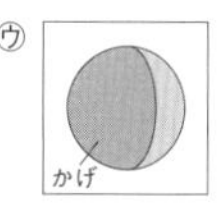

★(3) 月と太陽が図のような位置に見えました。
これは1日の中でいつごろのことで、そのあと、月と太陽はどのように動くか説明しましょう。（20点）

1日のうちの夕方のことです。
このあと太陽は西の空にしずみます。
月は、南の空にのぼっていきます。

大地のつくりと変化 ①

水のはたらきと地層

月　　日 名前

ポイント 流れる水のはたらきによって、地層ができることを学びます。

1 次の（　）にあてはまる言葉を□から選んでかきましょう。

(1) がけなどで、しまもようが見えるところがあります。よく見るとつぶの（①大きさ）や色がちがう、小石や（② 砂 ）・どろなどが積み重なって層になっていることがわかります。これを（③地層）といいます。層の中に見られる小石は（④ 丸み）のある形をしており、魚や貝などの（⑤化石）が見つかることもあります。

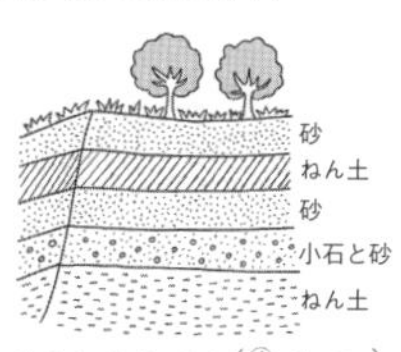

丸み	化石	大きさ	地層	砂

(2) 右の図のように流れるプールで実験をしました。
板の上に小石・砂・ねん土のまざったものをのせ、流れるプールの中に入れました。すると、小石・砂・ねん土のうち、運ばれる場所が近いものは（①小石）で、次が（② 砂 ）、そして一番遠くまで運ばれたものは（③ねん土）でした。

小石・砂・ねん土の流され方を調べる

流れる水の（④勢い）が変わると、積もる場所も変わります。

勢い	小石	砂	ねん土

2 次の（　）にあてはまる言葉を□から選んでかきましょう。

(1) 流れる水は、土を運びます。これを（①運ぱん）といいます。運ばれた土は、つぶの（②大きさ）のちがう、小石・（③ 砂 ）・ねん土に分かれ、順に（④水底）にたい積します。これが何度もくり返されて地層ができます。

砂	水底	運ぱん	大きさ

(2) 図は地層のでき方を調べる実験について表したものです。

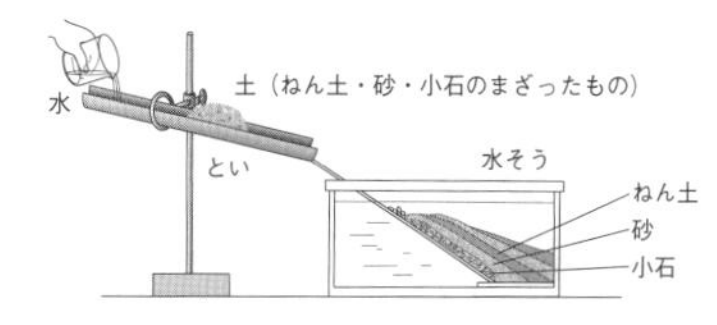

小石と砂、ねん土がまじった土を水を入れた水そうに流します。土は下から（①小石）、（② 砂 ）、（③ねん土）に分かれて積もります。これはつぶの（④大きい）重いものが、速くしずむからです。土を2度流しこむと2度目の層は、1度目の層の（⑤ 上 ）にできます。地層は（⑥流れる水）のはたらきによって小石・砂・ねん土などが（⑦ 海 ）や湖の底に積もってできたことがわかります。

小石	ねん土	砂	大きい	海	流れる水	上

大地のつくりと変化 ②
たい積岩と火成岩

1 次の(　　)にあてはまる言葉を□から選んでかきましょう。

地層の中にある小石・砂・ねん土などが、長い年月をかけて、積み重なったものの(① 重さ)で固められて岩石になることがあります。この岩石を(② たい積岩)といいます。

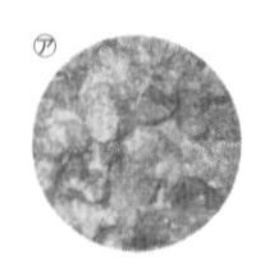

写真㋐の(③ れき岩)は、角のとれた(④ 丸み)のある小石が集まってできていて、その間には砂やねん土がつまっています。

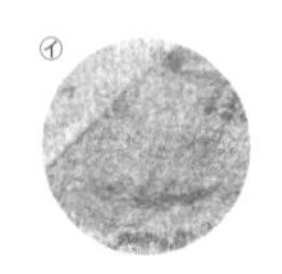

写真㋑の(⑤ 砂岩)は同じ大きさの砂が集まってできています。

たい積岩　砂岩　れき岩　重さ　丸み

2 火山活動によってできる地層について、(　　)にあてはまる言葉を□から選んでかきましょう。

火山がふん火すると、(① よう岩)が流れ出したり、(② 火山灰)がけむりとなって大量にとんだりします。それらは冷えて固まり、岩石となったり、あたり一面に降り積もって、(③ 火山灰層)となったりします。

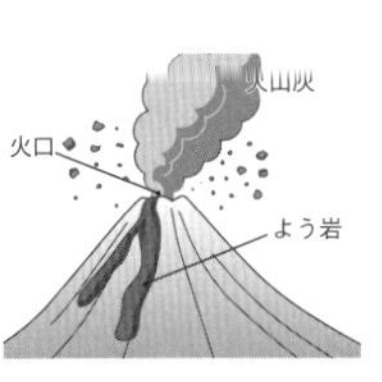

よう岩　火山灰　火山灰層

ポイント 水のはたらきによってできたたい積岩と、火山活動でできた火成岩のちがいを学びます。

3 次の(　　)にあてはまる言葉を□から選んでかきましょう。

(1) 火山活動によってできた岩石を(① 火成岩)といいます。その中には地下の(② 深い)ところでゆっくり固まった写真㋒のかこう岩や、比かく的(③ 浅い)ところで急に固まった写真㋓の安山岩と、マグマが地表に出て固まった(④ よう岩)などがあります。

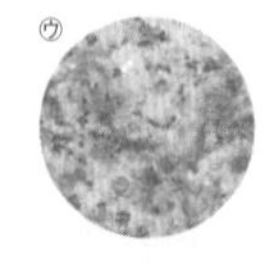

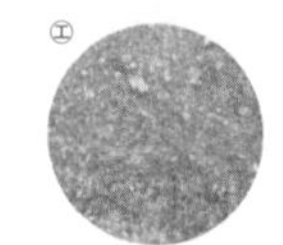

深い　よう岩　火成岩　浅い

(2) 水を入れたビーカーの中に火山灰を入れてよくかきまぜます。何回か水でゆすいで水がにごらなくなったら(① ペトリ皿)にうつします。かんそうさせた火山灰を(② スライドガラス)にのせて(③ けんび鏡)で観察します。

火山灰のつぶは、先が(④ とがった)ものや(⑤ ガラス)のようなものが、ふくまれています。

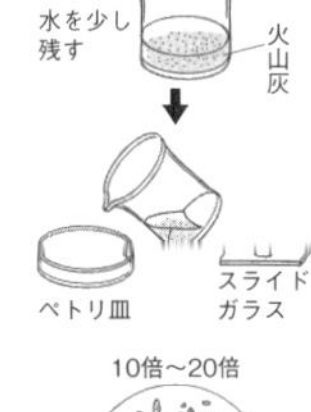

ガラス　スライドガラス　とがった　けんび鏡　ペトリ皿

大地のつくりと変化 ③
大地の変化

1 次の(　　)にあてはまる言葉を□から選んでかきましょう。

(1) 地層には、(① 流れる水)のはたらきによるものと(② 火山)のはたらきによるものがあります。水底にできた地層が陸上で見られるのは長い年月の間に(③ おし上げられた)からです。

おし上げられた　火山　流れる水

(2) 地層の中には大昔の(① 植物)や(② 動物)の体や生物がいたあとなどがあり、これを(③ 化石)といいます。(③)から当時の生き物やようすを知ることができます。

※①②

植物　化石　動物

(3) エベレスト山の山頂付近の(① 地層)の中から化石が発見されました。化石の生物は(② アンモナイト)といって、1億年以上も昔に(③ 海)の中にすんでいたものでした。このことから、エベレスト山の地層は、1億年以上の昔(④ 海底)でできて、それが(④ おし上げられて)、今のエベレスト山になったことがわかります。

地層　海　海底　アンモナイト　おし上げられて

ポイント 地層からその時代のようすや、大地の変化がわかることを学びます。

2 次の(　　)にあてはまる言葉を□から選んでかきましょう。

(1) 大地には、たえず大きな力がはたらいており、地層はおし上げられたり、へこんだり、(① 曲がっ)たりします。また、力の大きさによっては㋐のように(② 断層)になることもあります。ときには、㋑のように地層の(③ 上下)がひっくり返ることもあります。

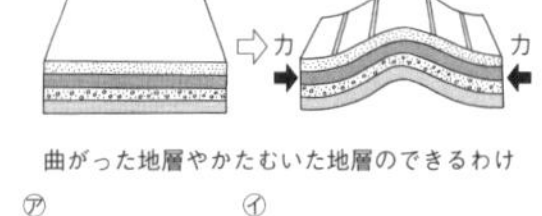

曲がった地層やかたむいた地層のできるわけ

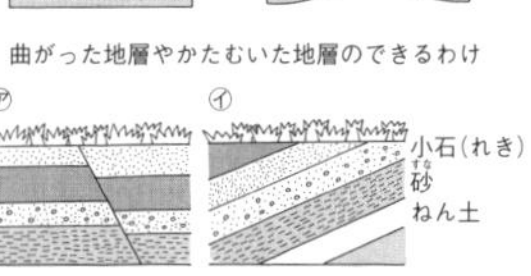

断層　曲がっ　上下

(2) 地下に大きな力がはたらき、大地に(① 断層)が生じると(② 地しん)が起こり、地割れが生じるなど、大地が変化します。

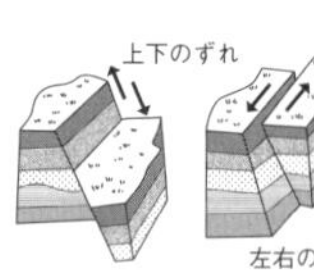

地しんによる災害で、海の水が(③ つ波)となっておしよせることがあります。また、大きなゆれで(④ 建物)がこわれたり、(⑤ 火災)が発生したりすることもあります。

つ波　建物　断層　地しん　火災

大地のつくりと変化 ④

火山と地しん

月　　日 名前

ポイント 火山活動や地しんによって、大地のつくりが変化することを学びます。

1 次の(　　)にあてはまる言葉を□から選んでかきましょう。

火山がふん火すると、熱くどろどろの(① よう岩)が流れ出たり、(② 火山だん)や(③ 火山灰)が飛びちったりして、広いはん囲に降り積もります。

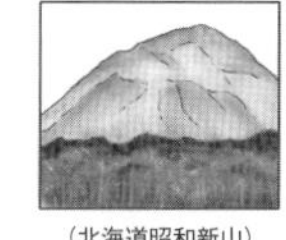
(北海道昭和新山)

北海道の(④ 昭和新山)は、1944年ふん火によってとつ然地面が盛り上がってできた山で、今でも、頂上付近からは、水蒸気がでています。

(栃木県中禅寺湖)

栃木県の(⑤ 中禅寺湖)は近くの男体山がふん火したとき、よう岩で川が(⑥ せき止め)られてできた湖です。

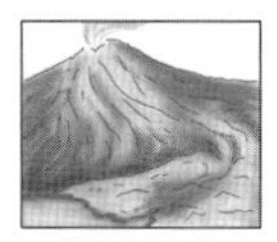
(鹿児島県桜島)

また、鹿児島県の(⑦ 桜島)は、元は鹿児島わんの中にある島でした。

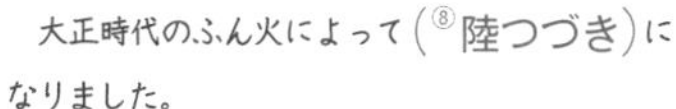

大正時代のふん火によって(⑧ 陸つづき)になりました。

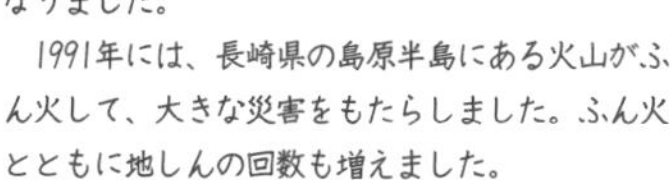

1991年には、長崎県の島原半島にある火山がふん火して、大きな災害をもたらしました。ふん火とともに地しんの回数も増えました。

※②③

せき止め	陸つづき	よう岩	火山だん
火山灰	昭和新山	中禅寺湖	桜島

2 次の(　　)にあてはまる言葉を□から選んでかきましょう。

地しんは(① 大地)が動いたときに起こるゆれです。地しんによって(①)は、上下・左右にずれたりします。このずれのことを(② 断層)といいます。

兵庫県　津名郡

1995年1月に起きた兵庫県南部地しんでは、高速道路が横だおしになるなど強いゆれでした。このときにできた(②)が兵庫県(淡路島)にあります。

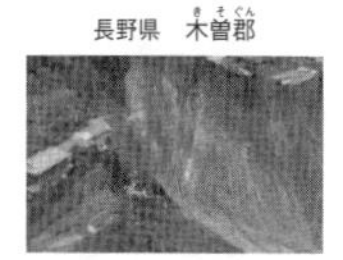
長野県　木曽郡

写真協力：王滝村役場

長野県の木曽郡では、地しんによって平らなところが左右に大きくひきさかれたり、(③ 建物)がこわれたり、(④ 火災)が発生したりしました。また、山間部では(⑤ 山くずれ)も起きました。

また、2014年12月、インドネシアのスマトラ島の近くで起こった地しんや、2011年3月に起きた東日本大しん災では、地しんによる(⑥ つ波)が大きなひ害をうみました。

断層	山くずれ	建物	火災	つ波	大地

まとめテスト

大地のつくりと変化

月　　日 名前　　　　/100点

1 図は、がけに見られるもようを調べたものです。あとの問いに答えましょう。(各8点)

(1) しまもように見えるのは、なぜですか。次の中から選びましょう。(イ)

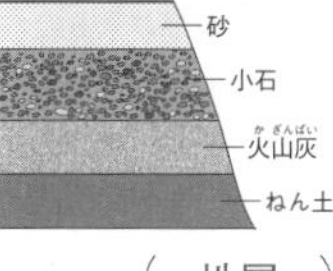

㋐ 固さのちがう小石、砂、ねん土が順に重なっているから。
㋑ 色や大きさのちがう小石・砂・ねん土が層に分かれて重なっているから。

(2) がけなどでしまもようになって見えるものを、何といいますか。(地層)

(3) 火山のふん火があったことは、どの層からわかりますか。(火山灰)

(4) 火山灰の層の土を水でよく洗い、けんび鏡で観察しました。㋐と㋑どちらのように見えますか。(イ)

㋐ 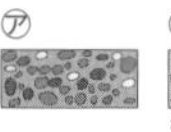 ㋑ 

かいぼうけんび鏡(約10倍)

2 図は大昔の動物や植物が石になったものを表しています。あとの問いに答えましょう。(各8点)

(1) 地層の中から見つかる、図のようなものを何といいますか。(化石)

アンモナイト　木の葉

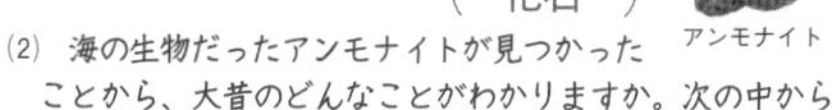

(2) 海の生物だったアンモナイトが見つかったことから、大昔のどんなことがわかりますか。次の中から選びましょう。(ア)

㋐ アンモナイトが見つかったところが大昔は海だったこと。
㋑ アンモナイトが見つかったところが大昔は陸だったこと。
㋒ アンモナイトが見つかったところが大昔は氷だったこと。

3 小石、砂、ねん土のまじった土を、水の入った水そうに流しこむと、図のように積もりました。(1つ8点)

(1) ①、②には、何が積もりましたか。
①(ねん土)　②(小石)

(2) 砂やねん土が分かれて積もるのは、どうしてですか。次の中から選びましょう。(ウ)

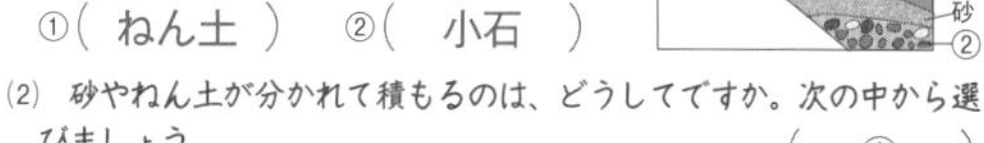

㋐ 砂とねん土のつぶの色がちがうから。
㋑ 砂とねん土のつぶの形がちがうから。
㋒ 砂とねん土のつぶの大きさがちがうから。

(3) 1回流しこんだあと、もう一度、小石と砂とねん土のまじった土を流しこむと、どのように積もりますか。次の中から選びましょう。(ア)

㋐ 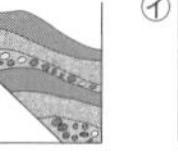 ㋑ 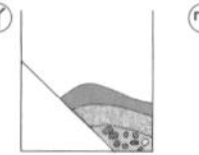 ㋒ 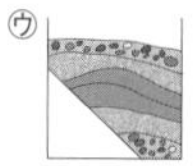

(4) この実験から、地層は何のはたらきでできることがわかりますか。(流れる水のはたらき)

4 図の㋐～㋒の岩石は、れき岩、砂岩、でい岩のどれかです。名前をかきましょう。(1つ4点)

㋐ 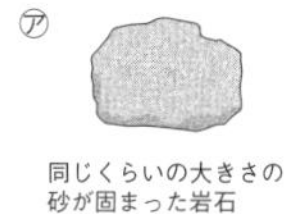
同じくらいの大きさの砂が固まった岩石
(砂岩)

㋑ 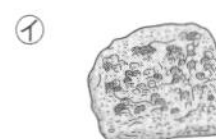
小石が砂などといっしょに固まった岩石
(れき岩)

㋒ 
ねん土などが固まった岩石
(でい岩)

まとめテスト

大地のつくりと変化

1 図は、川から海に運ばれた砂(すな)・ねん土・小石の積もり方を示しています。（1つ8点）

河口

(1) 図の㋐、㋑、㋒の3つの層(そう)は、砂・ねん土・小石のうちどれが積もったものですか。

㋐（ 小石 ）　㋑（ 砂 ）　㋒（ ねん土 ）

(2) 次の(　)にあてはまる言葉を□から選んでかきましょう。

砂・ねん土・小石の積もる場所がちがうのは、それぞれの（① 大きさ）のちがいによります。図の河口付近での水の流れが（② 速い）ときは、図の㋐、㋑、㋒の層は河口より遠くなります。

大きさ　速い

2 次の文のうち、正しいものには○、まちがっているものには×をかきましょう。（各5点）

①（ × ） 地しんは、海底や地中では起こりません。
②（ ○ ） 地しんは、火山がふん火するときに起こることがあります。
③（ × ） 地しんが起こると、必ずつ波が起こります。
④（ ○ ） 火山のふん火で、新しい山ができることがあります。
⑤（ × ） 火山のふん火で、化石ができることもあります。
⑥（ ○ ） 断層は、大地が動くことと深くつながっています。

月　　日　名前　　　／100点

3 図は、少しはなれた地点Ⓐと Ⓑのがけの層です。あとの問いに答えましょう。（1つ5点）

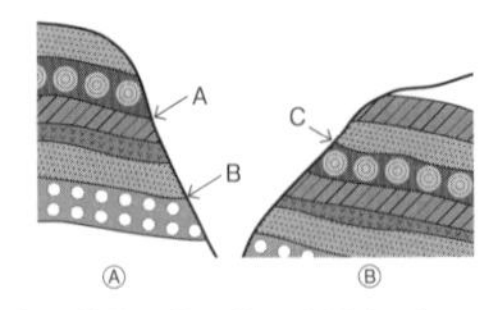

㋐ 砂　㋑ ねん土　㋒ 化石をふくむ砂　㋓ 小石（れき）　㋔ 火山灰

(1) 観察の結果、ⒶとⒷの地層はつながっていたことがわかりました。その理由として最も正しいものを1つ選びましょう。

①（ ○ ） 層の並(なら)び方が同じところがあるから。
②（　 ） ⒶもⒷも、㋓の小石の層が一番下にあるから。

(2) ㋒と㋔の層では、どちらが古い層ですか。

（ ㋔ ）

(3) ⒶとⒷの両方の地層を水平にかき直したものが右の図です。あ〜うは、㋐〜㋔のどの層になりますか。記号でかきましょう。

あ（ ㋒ ）　い（ ㋔ ）
う（ ㋐ ）

(4) Ⓐ、Ⓑのがけのうち、水のしみ出しているところがありました。上の図のA〜Cのどこですか。

（ A ）

まとめテスト

大地のつくりと変化

1 次の(　)にあてはまる言葉を□から選んでかきましょう。（各5点）

水の流れているところに、小石・砂(すな)・ねん土を流すと（① 小石）はすぐ底に積もりますが、（② 砂）はさらに流され積もります。（③ ねん土）はなかなかしずまないで、遠くまで運ばれます。

こう水などで、川の流れの（④ 速さ）や（⑤ 水量）が変化すると、小石・砂・ねん土などが水底に（⑥ しずむ場所）が変わります。このようなことがくり返されて、長い年月の間に（⑦ 地層）が、湖や（⑧ 海）の底にできます。

※④⑤

水量	小石	砂	ねん土
速さ	しずむ場所	海	地層(ちそう)

2 図を見て答えましょう。（各5点）

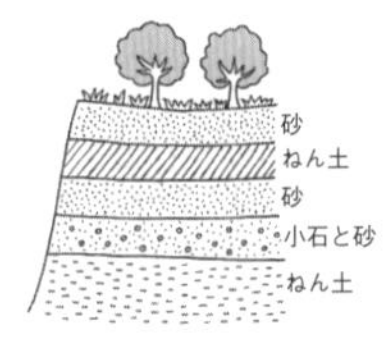

(1) 砂やねん土の層が積み重なって、しまもようをつくっています。これを何といいますか。

（ 地層 ）

(2) このがけの小石や砂は、角がとれて丸みをおびていました。これからわかることを選んで○をつけましょう。

①（ ○ ） この小石や砂は、海や湖の底に積もったもの。
②（　 ） この小石や砂は、火山のふん火でできたもの。

(3) ねん土の層から、木の葉の形が残った石が見つかりました。これを何といいますか。

（ 化石 ）

月　　日　名前　　　

3 次の文は、貝の化石ができて、それが陸上の地層で見つかるまでのことを説明しています。正しい順に並(なら)べましょう。（10点）

㋐ 周りから大きな力で地層がおし上げられ、地上に出た。
㋑ 1億年以上もの昔、貝の仲間がたくさん海の中にすんでいた。
㋒ 長い年月の間に、小石や砂が積み重なって地層ができ、貝の死がいが化石になった。
㋓ 貝の死がいの上に、水に流された砂やねん土が積もった。
㋔ 切り通しがつくられ、貝の化石が地層の中から見つかった。

㋑ → ㋓ → ㋒ → ㋐ → ㋔

4 次の文は、火山活動や地しんについてかかれたものです。正しいものには○、まちがっているものには×をかきましょう。（各5点）

①（ ○ ） 北海道の昭和新山は、ふん火によって、とつぜん地面が盛(も)り上がってできた山です。
②（ × ） 鹿児島県の桜島は、もともと陸つづきでしたが、ふん火と地しんによって、陸からはなれて島となりました。
③（ ○ ） 海底で起こった地しんのときは、つ波が発生することもあります。
④（ × ） 地しんは、なまずという魚が起こします。
⑤（ ○ ） 地しんによってできる大地のずれのことを断層といいます。
⑥（ × ） 火山のふん火で出す火山灰(かざんばい)が地層のほとんどをつくっています。
⑦（ ○ ） 中禅寺湖(ちゅうぜんじこ)は、よう岩で川がせき止められてできました。

まとめテスト

大地のつくりと変化

月　日 名前　　/100点

1 次の(　)にあてはまる言葉を□から選んでかきましょう。(各5点)

(1) 地層の中にある小石・砂・ねん土などが、長い年月をかけて積もります。積み重なったものの(①重さ)などで、固められて岩石になることがあります。このようにしてできた岩石を(②たい積岩)といいます。

右の写真㋐の(③れき岩)は、角のとれた(④丸み)のある小石が集まってできていて、その間には砂やねん土がつまっています。

写真㋑の(⑤ 砂岩)は同じ大きさの砂が集まってできています。

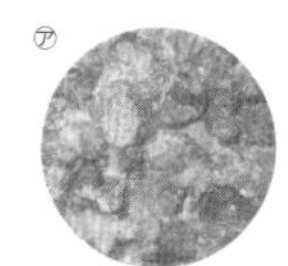
㋐
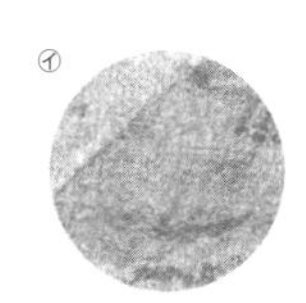
㋑

たい積岩	砂岩	れき岩	重み	丸み

(2) 火山活動でできた岩石を(①火成岩)といいます。その中には地下の深いところで、ゆっくり固まった写真㋒の(②かこう岩)、比かく的浅いところで、急に固まった写真㋓の(③安山岩)と、マグマが地表に出て固まった(④よう岩)などがあります。

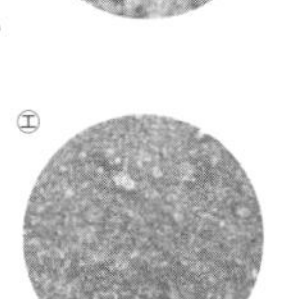
㋒
㋓

火成岩	安山岩	よう岩	かこう岩

2 次の文のうち、火山活動に関係のあるものに㋕、地しんに関係のあるものに㋛と(　)にかきましょう。(各5点)

①(㋛) 海の水がつ波となっておしよせる。
②(㋕) 火山灰がけむりのようにふき出し、空高くまいあがる。
③(㋕) 地下水があたためられ、温泉となってふきだす。
④(㋛) 地割れによって多くの道路が通れなくなる。
⑤(㋛) 断層が生じる。
⑥(㋕) 地熱を利用して発電をすることができる。

3 8848mのエベレスト山の山頂付近で、図のような(①　　)の中から化石が発見されました。

(1) (①)の中にあてはまる言葉をかきましょう。(10点)

★(2) このことからわかることを、3つ以上かきましょう。(15点)

昔、アンモナイトが海にすんでいました。
この地層は、海底でできたものでした。
1億年もの間におし上げられました。

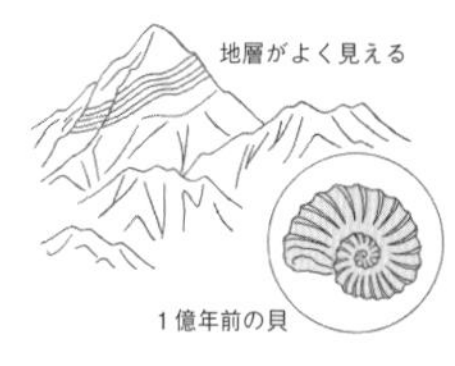

生物とかん境 ①

食べ物のつながり

月　日 名前

ポイント 地球上の生物は、すべて食物連さでつながっていることを学びます。

1 次の(　)にあてはまる言葉を□から選んでかきましょう。

(1) 植物は、(①日光)を浴びて、自分で養分を(②つくる)ことができます。ヒトや他の動物は、自分自身で養分をつくることができないので、植物や他の動物を(③食べる)ことで、養分を取り入れて生きています。例えば、私たちが食べている米や野菜は(④植物)なので、自分自身で養分をつくっています。卵のもとになるニワトリは(⑤動物)なので、とうもろこしなどの植物を食べて、養分を取り入れています。

日光	植物	動物	つくる	食べる

(2) 図はカレーライスの材料とその元を示しています。

牛肉の元になるウシは、(①動物)なので、牧草などの(②植物)を食べて養分を取り入れます。私たちの食べ物の元をたどると、どれも自分自身で養分をつくる植物に行きつきます。植物は、日光と(③ 水)、二酸化炭素を使って自分自身で(④養分)をつくっています。このはたらきを(⑤光合成)といいます。植物や動物の生命は(⑥日光)と水、空気によって支えられているといえます。

光合成	日光	水	養分	動物	植物

2 次の(　)にあてはまる言葉を□から選んでかきましょう。

(1) 図は、食べ物による生物のつながりを表したものです。

(木の実) → (リス) → (ヘビ) → (イタチ)

(イカダモ) → (ミジンコ) → (メダカ) → (ザリガニ)

(かれ葉) → (ミミズ) → (モグラ)

ヘビ	イタチ	木の実	リス	イカダモ	ミジンコ
メダカ	ミミズ	モグラ	ザリガニ	かれ葉	

(2) 植物が動物に食べられ、その動物も他の(①動物)に食べられるような「食べる・食べられるの関係」でつながっています。これを(② 食物連さ)といいます。図の矢印は(③養分)の流れを表します。矢印の元をたどると動物は(④植物)から養分を取り入れています。動物の死がいやかれ葉は(⑤び生物)に(⑥分解)されて植物の養分になります。食べ物のつながりは、自然の中で複雑にたがいに支えあうことでバランスが保たれています。

分解	び生物	動物	植物	養分	食物連さ

生物とかん境 ②

水のじゅんかん

1 次の(　)にあてはまる言葉を□から選んでかきましょう。

(1) 海や湖などの水は、(①日光)でああたためられ、(②蒸発)して水蒸気になります。水蒸気は上空で冷やされて(③　雲　)になり、地上に(④　雨　)や雪となって降ります。地上に降った雨や雪は、地面にしみこみ(⑤　川　)や地下水となって、海や湖などに流れます。このように私たちが使っている水は(⑥じゅんかん)しています。

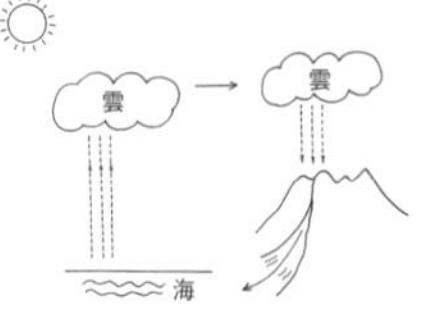

日光	雲	雨	川	じゅんかん	蒸発

(2) 植物は、水を(①　根　)から吸い上げ、葉に運び、(②養分)をつくります。不要になった水は、(③水蒸気)として体の外に出ていきます。動物は、(④飲み物)や食べ物から、体の中に水を取りこみます。水は体の中で、さまざまな役割を果たし、(⑤にょう)やあせとして体の外に出ていきます。また、(⑥呼吸)でも水は水蒸気として、体の外に出ていきます。

このように、水は生物が生きていく上で欠かせないものです。

飲み物	水蒸気	養分	根	にょう	呼吸

月　日　名前

ポイント　自然と生物のあいだで、たえず水がじゅんかんしていることを学びます。

2 次の(　)にあてはまる言葉を□から選んでかきましょう。

(1) じょう水場は、(①　川　)や湖から取り入れた水を(②ろ過)し、基準にあう(③きれいな水)にして、家庭や工場に送っています。下水処理場は、家庭や工場で使われたよごれた水を処理します。小さな生物のはたらきできれいにしたり、消毒したり(④検査)して、きれいな水に変えて川や湖、(⑤　海　)などに流しています。

検査	きれいな水	川	ろ過	海

(2) 1960年代から70年代にかけて、(①公害)が社会問題になりました。(②水また病)は、工場から海に流された水にふくまれた水銀を食べた海の小さな生物が(③　食物連さ　)によってさらに大きな生物に食べられ、それがヒトの体に入って病気を引き起こしました。

(④イタイイタイ病)は、工場から川に流された水にふくまれたカドミウムが生活用水や(⑤農業用水)に入りこみ、それがヒトの体に入って病気を引き起こしました。

近年、(⑥マイクロプラスチック)と呼ばれる小さなプラスチックのゴミが、問題になっています。海の生物がエサとまちがえて食べて、消化できずに体内に残り、死んでしまうこともあります。

食物連さ	イタイイタイ病	公害	水また病
農業用水	マイクロプラスチック		

生物とかん境 ③

空気のじゅんかん

1 次の(　)にあてはまる言葉を□から選んでかきましょう。

地球は(①大気)と呼ばれる空気の層でおおわれています。この(①)は、宇宙からくる有害な光線をさまたげたり、太陽光のあたる高温のところと、あたらない低温のところの温度差を(②毛布)のように包みやわらげています。

青く美しい地球には、(③　水　)がたくさんあります。(④植物)や(⑤動物)が(③)を体に取り入れて生きています。これら生物が生きていけるのも水や大気があるからなのです。

地上約(⑥10km)の大気の層の中では、陸上の水や海の水が蒸発して(⑦水蒸気)となります。(⑦)は上空にのぼります。そこで、冷やされて(⑧　雲　)となり、雨や雪となって地上に降ります。

この大気の層の中に、天候があるのです。

このように大気は、生物が生きていくうえで、なくてはならないものなのです。この大気がある地球だから(⑨生命)が誕生したといえるのです。

※④⑤

毛布	大気	植物	動物	水
10km	雲	生命	水蒸気	

月　日　名前

ポイント　酸素や二酸化炭素は、自然と生物のあいだで、たえずじゅんかんしていることを学びます。

2 次の(　)にあてはまる言葉を□から選んでかきましょう。

(1) ヒトや(①動物)は、空気中にある(②酸素)を取り入れて、代わりに(③二酸化炭素)を出しています。これを(④呼吸)といいます。

動物

呼吸	酸素	二酸化炭素	動物

(2) 植物の葉に(①日光)があたると、空気中の(②二酸化炭素)と、根から吸い上げた(③　水　)を使って、養分と(④酸素)をつくります。このはたらきを(⑤光合成)といいます。

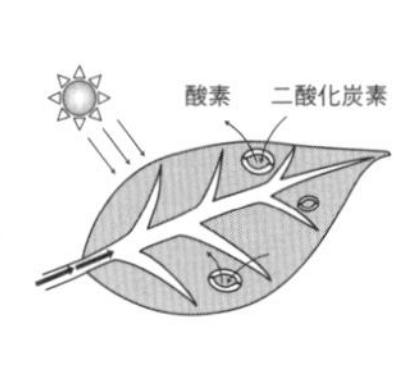

植物は酸素を取り入れて二酸化炭素を出す、(⑥　呼吸　)もしています。自然界では、植物がつくった酸素を、動物が体の中に取り入れ、二酸化炭素として出し、それを(⑦　植物　)が体の中に取り入れ、再び酸素をつくることで、酸素と二酸化炭素が生物の体を出入りしながら(⑧じゅんかん)しています。

日光	呼吸	植物	じゅんかん
二酸化炭素	水	酸素	光合成

生物とかん境 ④

空気のじゅんかん

1 次の(　　)にあてはまる言葉を□から選んでかきましょう。

約200年前から、人類が自然にはたらきかける活動が、とても激しくなりました。人口の増加、いろいろな経済活動の発達が自然かん境を大きく変化させています。

(1) 地球には、すべての陸地の3分の1をしめる(①森林)があります。毎年、日本の国土の(② 30)%にあたる熱帯林がばっ採や焼畑農業のしすぎによって消えています。日本はアジアの熱帯木材の(③ 60)%を輸入しており、乱ばっ採と深いかかわりがあります。

森林には、(④二酸化炭素)の吸収と(⑤酸素)を放出するはたらきがあり、生物の生存に大きなかかわりがあります。

30　60　森林　酸素　二酸化炭素

(2) 工業の発展にともなって、工場や火力発電所・自動車などから出される(①二酸化炭素)を多くふくむガスが増えています。

このガスが大気中に増えると、地表全体の(②温度)が上がり、(③温暖化現象)が起こります。これが進むと、「高山の氷がとけて(④海水面)が上がる」「異常気象」など、生物に大きなえいきょうをあたえます。

温度　海水面　温暖化現象　二酸化炭素

ポイント 人間の活動や暮らしが、自然かん境をはかいすることがあることを学びます。

2 次の(　　)にあてはまる言葉を□から選んでかきましょう。

(1) 木やろうそくが燃えるときは、空気中の(①酸素)が使われ、(②二酸化炭素)が出ます。酸素には、ものを燃やすはたらきがあります。ものが燃えると、(③ 熱)や光が出ます。ヒトはこのエネルギーをさまざまなものに(④変かん)して生活しています。

熱　二酸化炭素　酸素　変かん

(2) 私たちの生活に欠かせない電気は、おもに(①石油)や石炭、天然ガスなどの(②化石燃料)を燃やしてつくられています。これらの燃料を燃やすと、(③酸素)が使われて(④二酸化炭素)が出てきます。

化石燃料が大量に使われると、空気中の二酸化炭素の量が(⑤増え)続けます。二酸化炭素そのものに害はありませんが、二酸化炭素の割合の増加が(⑥地球温暖化)の原因の1つになっているのではないかと考えられています。

二酸化炭素を出さないものとして(⑦風力)発電や(⑧地熱)発電などのクリーンエネルギーの利用や、(⑨燃料電池)自動車の開発や実用化が進められています。

※⑦⑧

燃料電池　風力　二酸化炭素　酸素　増え 地球温暖化　化石燃料　地熱　石油

生物とかん境 ⑤

私たちの暮らし

1 次の(　　)にあてはまる言葉を□から選んでかきましょう。

(1) ある地域にそれまでいなかった生物が、人間によって持ちこまれ、増えて野生化した生物を(①外来種)といいます。(①)によっては、日本に元もといた(②在来種)を食べたり、その(③すみか)をうばったりします。これまで保たれてきた(④食物連さ)の関係がくずれ、在来種が(⑤絶めつ)に追いこまれることもあります。

(⑥アメリカザリガニ)や(⑦ミドリガメ)も外来種の1つです。飼っていた動物がにげたり、人間によって放されたりすることで(⑧生態系)がくずれることもあります。

※⑥⑦

在来種　外来種　食物連さ　すみか　生態系 アメリカザリガニ　ミドリガメ　絶めつ

(2) 将来生まれてくる人びとが暮らしやすいかん境を残しながら、未来にひきついでいける社会のことを(①持続可能な社会)といいます。

住宅を建てるためや(② 紙)をつくるために(③ 木)が大量に切られ、森林が減少しています。再生紙を使うことは(④森林)を守ることにつながります。私たち一人ひとりが生物どうしのつながりを守り、多様な生物が暮らす(⑤ かん境)を守ります。

かん境　紙　木　森林　持続可能な社会

ポイント 未来にわたって人間が豊かな暮らしを送るための持続可能な社会について学びます。

2 次の(　　)にあてはまる言葉を□から選んでかきましょう。

持続可能な開発目標（SDGs）

1. 貧困をなくそう	2. 飢餓をゼロに	3. すべての人に健康と福祉を
4. 質の高い教育をみんなに	5. ジェンダー平等をみんなに	6. 安全な水とトイレを世界中に
7. エネルギーをみんなにそしてクリーンに	8. 働きがいも経済成長も	9. 産業と技術革新の基礎をつくろう
10. 人や国の不平等をなくそう	11. 住み続けられるまちづくりを	12. つくる責任つかう責任
13. 気候変動に具体的な対策を	14. 海の豊かさを守ろう	15. 陸の豊かさも守ろう
16. 平和と公正をすべての人に	17. パートナーシップで目標を達成しよう	

2015年に国連で(①持続可能な開発サミット)が開かれました。そこで、2030年までの行動計画が立てられ、(② SDGs)（持続可能な開発目標）という17の目標がかかげられました。目標の中には(③理科)と関係の深いものや、小学校で学んだことを活かすことができるものもあります。将来にわたって、より多くの人が豊かな暮らしを送るために(④持続可能な社会)を目指す必要があります。

持続可能な開発サミット　持続可能な社会　SDGs　理科

まとめテスト

生物とかん境

月　日 名前　／100点

1 図は、生物と空気のつながりを表したものです。あとの問いに答えましょう。（1つ10点）

(1) 図の——→と---->の矢印は空気中の酸素と二酸化炭素の流れを表しています。それぞれどちらを表していますか。

——→（ 酸素 ）

---->（ 二酸化炭素 ）

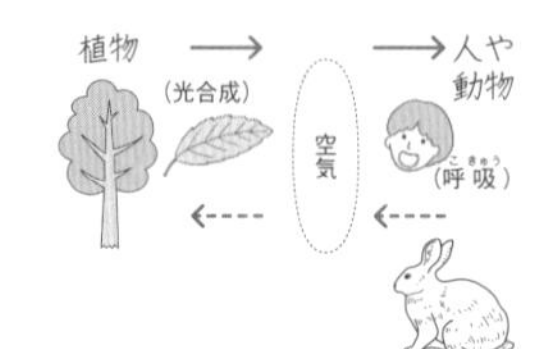

(2) ヒトや動物が空気中の酸素を取り入れ、二酸化炭素を出すはたらきを、何といいますか。（ 呼吸 ）

(3) 植物の葉に日光があたったとき、空気中の二酸化炭素を取り入れ、酸素を出すはたらきを何といいますか。（ 光合成 ）

★(4) 空気中の酸素はどのようにしてつくり出されていますか。説明しましょう。

日光にあたった植物が光合成によってつくり出しています。

2 次の生活は、水、空気のどちらにえいきょうをあたえますか。（各5点）

① 家庭で洗ざいを使って食器を洗います。（ 水 ）

② 料理などで使った油を流します。（ 水 ）

③ 石油や石炭を燃やして火力発電を行います。（ 空気 ）

④ 石油からつくるガソリンで自動車を走らせます。（ 空気 ）

3 ㋐〜㋒の中から選んで答えましょう。（各10点）

(1) 森林の木を大量に切ると、暮らしにどんなえいきょうがありますか。（ ㋑ ）

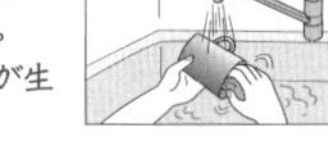

㋐ 木はどんどん成長して元にもどるので、ほとんどえいきょうはありません。

㋑ ヒトと植物はかかわりあっているので、よくないえいきょうもあります。

㋒ 生活する場所が増えるので、よいえいきょうしかありません。

(2) 家庭の台所などから出る水を、そのまま川に流すと、かん境にどんなえいきょうをあたえますか。（ ㋑ ）

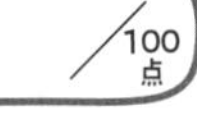

㋐ 家庭で使われた水はそれほどよごれていないので、かん境へのえいきょうはありません。

㋑ 川や海の水がよごれ、そこにすむ生き物が生きていけなくなったりします。

㋒ 洗ざいの成分がふくまれているので、川の水がきれいになります。

(3) 空気中の二酸化炭素が増えると、地球全体の気温がどうなると考えられていますか。（ ㋐ ）

㋐ 上がる　㋑ 下がる　㋒ 変わらない

まとめテスト

生物とかん境

月　日 名前　／100点

1 図は、生物と空気のつながりを表したものです。次の（　）にあてはまる言葉を□から選んでかきましょう。（各5点）

(1) ヒトや動物は空気中の（① 酸素 ）を取り入れ、（② 二酸化炭素 ）を出しています。これを（③ 呼吸 ）といいます。

呼吸	二酸化炭素	酸素

(2) 植物の葉に（① 日光 ）があたると、空気中の（② 二酸化炭素 ）と植物の中の水を利用して、養分と（③ 酸素 ）をつくります。このことを（④ 光合成 ）といいます。

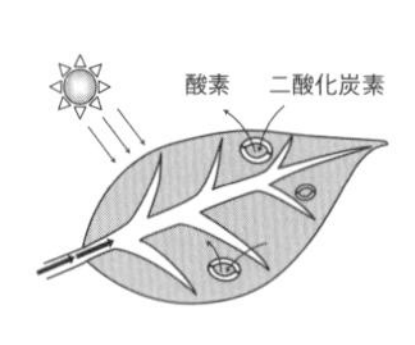

酸素	二酸化炭素	日光	光合成

(3) ヒトや動物は（① 酸素 ）を取り入れ、（② 二酸化炭素 ）を出します。植物は逆に（③ 酸素 ）をつくります。

植物がなければ、ヒトや動物は生き続けられません。

酸素	酸素	二酸化炭素

2 次の（　）にあてはまる言葉を□から選んでかきましょう。（各5点）

(1) 住宅を建てるためや（① 紙 ）をつくるために木が大量に切られたりして、森林が（② 減少 ）しています。

再生紙を使うことは（③ 森林 ）を守ることにもつながります。

森林	減少	紙

(2) （① 家庭 ）や工場で使った水が川に流され、川や（② 海 ）の水がよごれると生物が生きていけなくなります。

だから、家庭や（③ 工場 ）で使われた水を（④ 下水処理場 ）で、きれいな水にしてから川に流します。

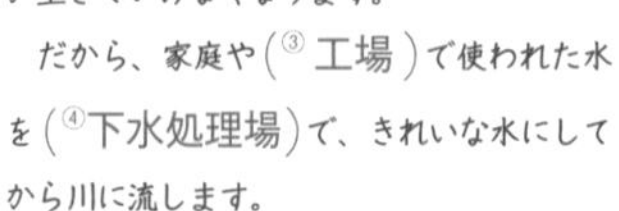

下水処理場	海	家庭	工場

(3) （① 石油 ）や石炭が燃料として燃やされ、空気中の（② 二酸化炭素 ）が増えると、地球の（③ 温暖化 ）の原因にもなります。

二酸化炭素	石油	温暖化

まとめテスト

生物とかん境

月　日　名前　　/100点

1 次の(　)にあてはまる言葉を□から選んでかきましょう。(各5点)

私たちが住んでいる地球は(①太陽)の光を浴び、(②大気)の層で包まれ、豊かな(③自然)にめぐまれています。海にも陸にもたくさんの(④生物)が、たがいにかかわりあいながら生き続けています。

これまでは、(⑤地球)以外に生物が生き続けている星は見つかっていません。このかけがえのない(⑤)で生物が生き続けるためには、自然(⑥かん境)を守らなければなりません。

地球をとりまくかん境問題の中には、森林ばっ採によって広がる(⑦砂ばく化)の問題があります。

また、工場などで石炭や石油を燃やすと二酸化炭素のはい出量が多くなり地球の温度が上がる(⑧温暖化)の問題もあります。

さらに、空気中に増えるちっ素酸化物が雨にとける(⑨酸性雨)の問題などがあります。

電気のスイッチを小まめに切ったり、(⑩石油)などの化石燃料にたよらないエネルギーを考えたり、水の使用量を減らしたりすることは、私たちにできる大切なことです。

太陽	生物	大気	地球	自然	石油
温暖化	砂ばく化	かん境	酸性雨		

2 次の文のうち、正しいものには○、まちがっているものには×をかきましょう。(各5点)

① (×) 石油やガスが燃えたときは、ちっ素ができます。

② (○) ウサギは呼吸によって、空気中の酸素を取り入れています。

③ (×) 植物の呼吸は、空気中の二酸化炭素を吸って、酸素をはき出すことをいいます。

④ (×) ヒマワリの葉では、夜でも、でんぷんをつくることができます。

酸素　二酸化炭素

⑤ (×) 植物は、おもに葉から水蒸気を取り入れています。

⑥ (○) 大気中の二酸化炭素が増えると、地球の気温は上がります。

⑦ (○) 地球には、大気の層があり、その中で水はさまざまに姿を変えてじゅんかんしています。

⑧ (×) 植物は、夜の間だけ呼吸をします。

⑨ (○) 動物の体内には、およそ70%の水分がふくまれています。

⑩ (×) 食物連さのつながりの中では、肉食動物は草食動物を食べるので、植物とはまったくつながりがありません。

電気の利用 ①

電気をつくる・ためる

月　日　名前

ポイント　電気をつくったり、たくわえたりする方法を学びます。

1 次の(　)にあてはまる言葉を□から選んでかきましょう。

(1) 図のように(①豆電球)をつないだモーターのじくに糸をまきつけます。糸を引いてモーターを(②回転)させました。すると豆電球がつきました。これを利用したものが(③手回し発電機)です。

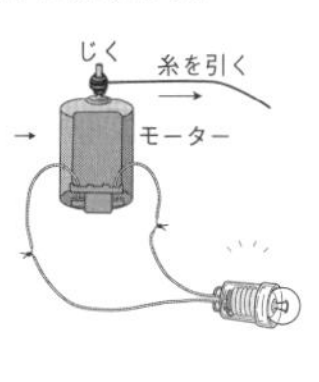

手回し発電機	豆電球	回転

(2) 手回し発電機のハンドルを回すと(①電気)がつくられて、モーターが(②回転)しました。電気をつくることを(③発電)といいます。

電気	発電	回転

(3) ハンドルを逆向きに回すとモーターも(①逆向き)に回転しました。これは(②電流)の向きが逆になったからです。ハンドルを速く回すと、モーターも(③速く)回転しました。これは電流が強くなったからです。

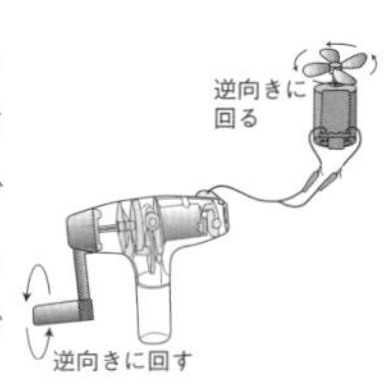

電流	速く	逆向き

2 図は、電気をためる実験のようすを表したものです。次の(　)にあてはまる言葉を□から選んでかきましょう。

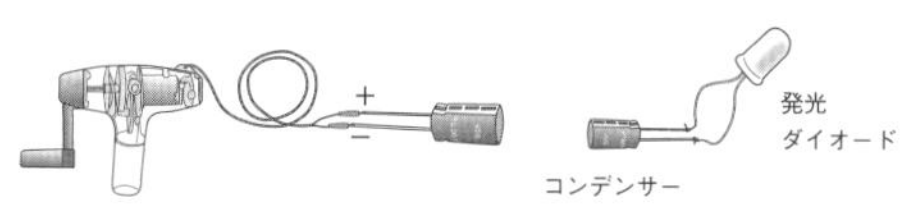

(1) 電気をためる部品の1つに(①コンデンサー)があります。(①)を使うと、手回し発電機で(②発電)した電気を(③たくわえる)ことができます。この電気は(④発光ダイオード)につないで使うことができます。

発光ダイオード	コンデンサー	たくわえる	発電

(2) ハンドルを回す回数を変えて、発光ダイオードが光る時間を調べると表のようになりました。

ハンドルを回す回数	光る時間
10回	1分20秒
20回	2分20秒
30回	2分50秒

(①コンデンサー)に電気をたくわえるとき、ハンドルを回す回数を(②多く)すると(③発光ダイオード)が光る時間は(④長く)なりました。

発光ダイオード	コンデンサー	長く	多く

電気の利用 ②
電気をつくる・ためる

1 次の（　）にあてはまる言葉を□から選んでかきましょう。

(1) 手回し発電機に豆電球をつなぎ、ハンドルを回します。すると豆電球は明かりが（①つき）ます。ハンドルを回すのをやめて、しばらくすると豆電球は（②消え）ます。手回し発電機は、電気を多く使うほどハンドルの手ごたえが（③大きく）なります。ハンドルをより速く回すと豆電球はより（④明るく）つきます。

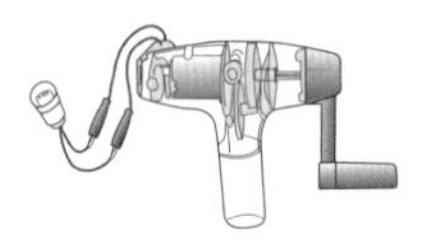

大きく　明るく　つき　消え

(2) 図のように、2台の手回し発電機をつなぎます。

片方（かたほう）のハンドルを回すと、もう一方のハンドルも（①回り）ます。

これは、ハンドルを回した手回し発電機のモーターで（②発電）された電気が、もう一方の手回し発電機に流れ、その中のモーターを回すのに（③使われた）からです。ハンドルをより速く回すと、もう一方のハンドルもより（④速く）回ります。ハンドルを逆に回すと、もう一方のハンドルも（⑤逆に）回ります。

使われた　回り　発電　速く　逆に

月　日　名前

ポイント　手回し発電機や光電池などのはたらきを学びます。

2 次の（　）にあてはまる言葉を□から選んでかきましょう。

光電池にモーターをつなぎ、（①光）をあてます。するとモーターは回ります。光電池は、光の力を（②電気）の力に変かんするはたらきがあります。

光電池を半とう明のシートでおおい、光電池にあたる光の量を（③少なく）します。すると、モーターは（④ゆっくり）回ります。

光電池にあたる光が強いほど、（⑤強い）電流が流れます。

少なく　ゆっくり　光　電気　強い

3 ㋐～㋒は、電気に関係のある器具です。あとの問いに答えましょう。

㋐
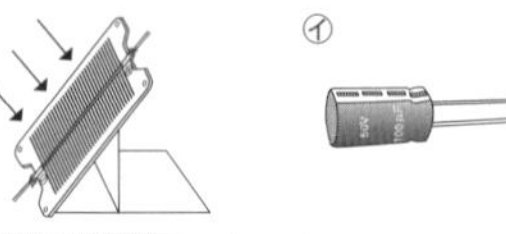
光電池

㋑
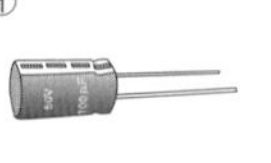
コンデンサー

㋒

発光ダイオード

(1) 器具の名前を□にかきましょう。

(2) (1)のどの器具の特ちょうをかいたものですか。記号で答えましょう。

① 電気をたくわえるはたらきがあります。（㋑）

② 電気を使って光るはたらきがあります。（㋒）

③ 電気をつくるはたらきがあります。（㋐）

電気の利用 ③
発電と電気の利用

1 次の（　）にあてはまる言葉を□から選んでかきましょう。

(1) 図は、風力発電のしくみを表したものです。

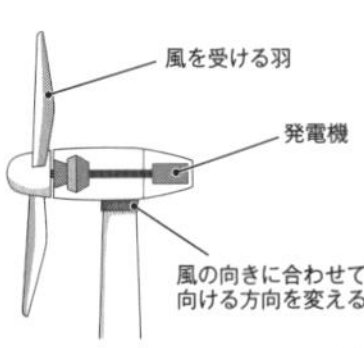

風力発電は、（①風）が風車にあたり、中の発電機が回ることで（②発電）します。

風が弱いと、発電量が（③少なく）なるため、風が強くふく海岸や（④山）などに、風車が多く建てられます。風力発電は、燃料を使わず、（⑤自然）の力を利用する発電方法です。

山　自然　風　発電　少なく

(2) 図は、火力発電のしくみを表したものです。

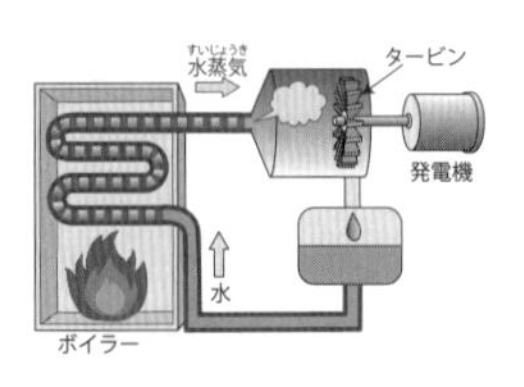

火力発電は、（①石油）や石炭などで水を熱して（②水蒸気）にし、その力で（③タービン）を回転させて、（④発電）します。

水蒸気　タービン　石油　発電

月　日　名前

ポイント　発電のしくみと、電気の利用について学びます。

2 次の（　）にあてはまる言葉を□から選んでかきましょう。

(1) 電球や（①発光ダイオード）は電気を光に変かんしています。

電気を光に変かん

ベルやスピーカーは電気を磁石（じしゃく）の力にして（②音）に変かんしています。

電気を音に変かん

アイロンや電気ストーブは、電気を（③熱）に変かんしています。このように私（わたし）たちは（④電気）をいろいろなものに変えて利用しています。

電気を熱に変かん

電気　熱　音　発光ダイオード

(2) 電熱線は、（①電流）が流れると（②発熱）するニクロムという金属でできています。

発ぼうスチロール
電熱線

電流を流した（③電熱線）に、熱でとける（④発ぼうスチロール）の棒（ぼう）をあてます。電熱線につなぐ電池の数を（⑤増やす）と、棒は速くとけます。

電熱線の太さを（⑥太く）した方が、棒は速くとけます。

発ぼうスチロール　増やす　太く　電流　発熱　電熱線

電気の利用 ④
発電と電気の利用

1 次の器具は、電気をどのはたらきに変かんしたものですか。(　　)に記号をかきましょう。

㋐

モーター

㋑

アイロン

㋒
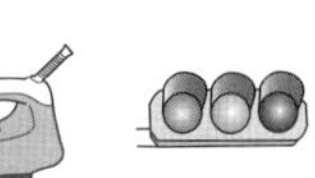
信号機

㋓

スピーカー

㋔

電熱器

㋕

せん風機

㋖
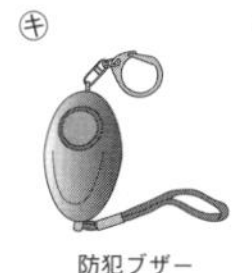
防犯ブザー

㋗
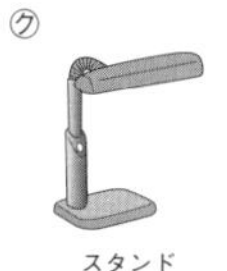
スタンド

㋘

電球

㋙
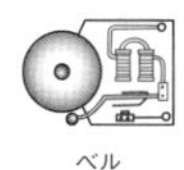
ベル

㋚

電気ストーブ

㋛
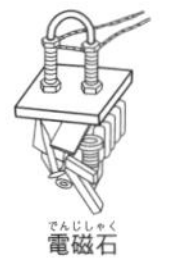
電磁石(でんじしゃく)

① 光に変かんして利用　(㋒　㋗　㋘)

② 運動に変かんして利用　(㋐　㋕　㋛)

③ 音に変かんして利用　(㋓　㋖　㋙)

④ 熱に変かんして利用　(㋑　㋔　㋚)

月　　日 名前

ポイント　身近な器具で電気がどのように利用されているのか学びます。

2 次の発電方法について、正しいものを選んで番号をかきましょう。

㋐ 水力発電　(⑤)　㋑ 風力発電　(③)

㋒ 太陽光発電　(①)　㋓ 火力発電　(②)

㋔ 地熱発電　(⑥)　㋕ 原子力発電　(④)

① 太陽の光が光電池にあたることで発電します。

② 石油や石炭などを燃焼させた熱が水をあたため、できた水蒸気(すいじょうき)でタービンを回して発電します。

③ 風の力で風車を回して発電します。

④ ウラン燃料のかく分れつの熱で水をあたため、できた水蒸気でタービンを回して発電します。

⑤ ダムにたくわえた水を勢いよく低いところに落とし、その力で水車を回して発電します。

⑥ 火山の近くで、地熱が地上から送りこんだ水をあたため、できた水蒸気でタービンを回して発電します。

3 **2**の6つの発電方法について㋐～㋕の記号で答えましょう。

(1) 自然の力を使って発電するものをすべて選びましょう。
(㋐㋑㋒㋔)

(2) 発電量が天候に左右されるものを2つ選びましょう。
(㋑㋒)

まとめテスト
電気の利用

1 次の器具の名前を□から選んでかきましょう。(各5点)

①
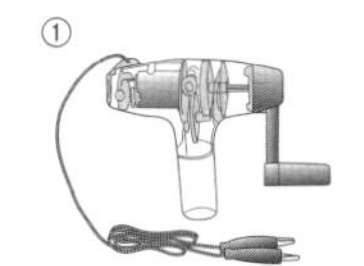
(手回し発電機)

②

(コンデンサー)

③

(電熱器)

④
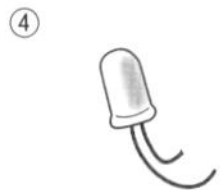
(発光ダイオード)

⑤
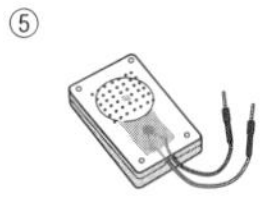
(電子オルゴール)

⑥

(電球)

発光ダイオード	手回し発電機	電球
コンデンサー	電子オルゴール	電熱器

2 **1**の①～⑥について、あとの問いに答えましょう。(1つ5点)

(1) 運動の力を電気に変える器具はどれですか。　(①)

(2) 電気をためる器具はどれですか。　(②)

(3) 電気を音に変える器具はどれですか。　(⑤)

(4) 電気を光に変える器具はどれですか。　(④)(⑥)

(5) 電気を熱に変える器具はどれですか。　(③)

月　　日 名前

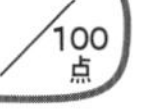

3 次の(　　)にあてはまる言葉を□から選んでかきましょう。また、道具名を線で結びましょう。(言葉全部で10点、線全部で10点)

コンデンサー
手回し発電機
発光ダイオード

手でハンドルを回して、(① 発電)することができる。

発電された電気を(② たくわえる)ことができる。

豆電球に比べて(③ 少量)の電気でも光る。

少量	発電	たくわえる

4 次の(　　)にあてはまる言葉を□から選んでかきましょう。(各5点)

図1

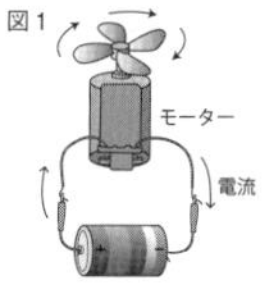

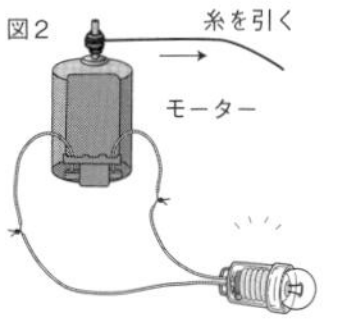

図1は(① 電流)を流して、永久磁石(えいきゅうじしゃく)と電磁石の(② 引きあっ)たり、しりぞけあったりする力を利用して(③ 回転)するモーターのようすです。

図2

図2は、豆電球をつないだモーターの回転じくに糸をまきつけ、その糸を引っぱって(③)させます。すると(④ 電流)が流れて豆電球が光りました。

これが発電のしくみです。

引きあっ	電流	電流	回転

まとめテスト

電気の利用

月　　日　名前　　　／100点

1 次の(　)にあてはまる言葉を□から選んでかきましょう。(各5点)

(1) 図のように(①コンデンサー)を、手回し発電機につなぎ、ハンドルを回しました。

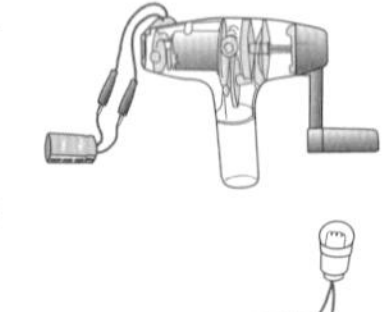

そのあと(①)に(②豆電球)をつなぎました。しばらく(③点灯)し、やがて消えました。

これより(①)には(④電気)をたくわえるはたらきがあることがわかります。また、(①)は(⑤ちく電器)ともいいます。

豆電球　点灯　ちく電器　電気　コンデンサー

(2) コンデンサー2個を、手回し発電機につないで電気をたくわえました。

そのあと(①豆電球)につないだところ、コンデンサーが(②1個)のときよりも(③長い)時間、点灯しました。

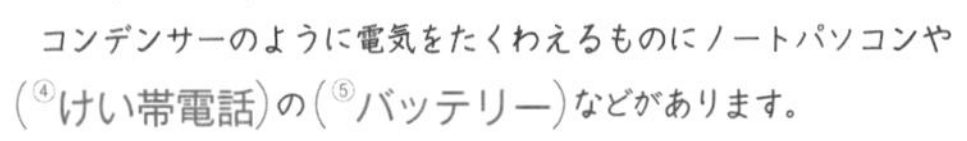

コンデンサーのように電気をたくわえるものにノートパソコンや(④けい帯電話)の(⑤バッテリー)などがあります。

けい帯電話　バッテリー　長い　1個　豆電球

2 次の(　)にあてはまる言葉を□から選んでかきましょう。(各5点)

(①電子オルゴール)という音楽が流れるおもちゃがあります。これは、電気を(②音)に変えるはたらきを利用したものです。家庭にある(③インターホン)や、車のクラクションなどもスピーカーを通して(④電気)を声や音に変えています。

ブザーは、スイッチをおすと鳴り続けます。(⑤電磁石)のはたらきで、鉄のしん動板をつけたり、はなしたりして、音を出します。

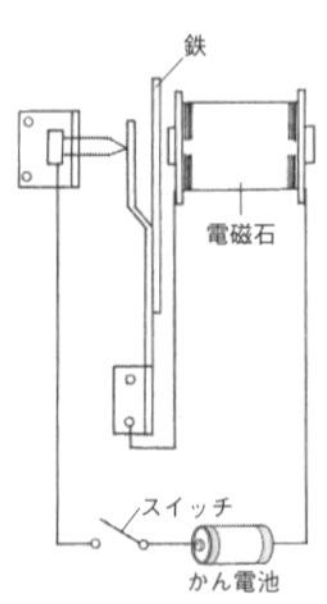

電気　音　電子オルゴール　インターホン　電磁石

3 次の(　)にあてはまる言葉を□から選んでかきましょう。(各5点)

電気のはたらきには、光や(①音)、電磁石のはたらきの他に、(②熱)を出すはたらきがあります。このはたらきをする器具には、洗たく物のしわをのばす(③アイロン)やパンを焼く(④トースター)などがあります。これらは、電流を流すと発熱する(⑤ニクロム)という金属が使われています。

トースター　アイロン　熱　音　ニクロム

まとめテスト

電気の利用

月　　日　名前　　　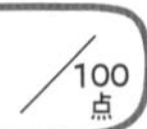

1 次の(　)にあてはまる言葉を□から選んでかきましょう。(各5点)

(1) 水力発電や風力発電は、流れる水の力や、(①風の力)で、回転じくにつけられた羽を回し、(②発電)します。発電機のじくの回転を多くすると、発電量も(③多く)なり、発電機の中の電磁石のコイルの巻き数を多くすると(④発電量)も多くなります。

風の力　発電　発電量　多く

(2) 火力発電や原子力発電は、水を熱して(①水蒸気)にし、その力で(②タービン)を回転させて(③発電)します。

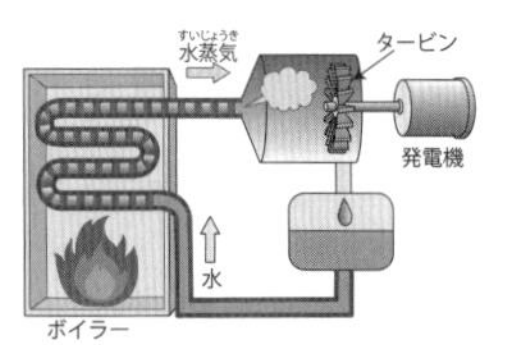

太陽光発電は(④日光)のエネルギーを電気に変えるもので、住宅の屋根上に見られます。

発電　水蒸気　タービン　日光

(3) 電気をたくわえるものにコンデンサーがありますが、その他に(①じゅう電式)のかん電池や、けい帯電話などに使われている(②バッテリー)があります。たくわえた電気が少なくなると、またじゅう電して使うことができます。

バッテリー　じゅう電式

2 図や表を見て、次の(　)にあてはまる言葉を□から選んでかきましょう。(各5点)

(1) コイルに(①電流)を流すと、導線が(②熱く)なることがあります。これは電流には(③導線)を発熱させるはたらきがあるからです。

導線　熱く　電流

(2) 太さのちがう(①電熱線)に電流を流して発ぽうスチロールが切れるまでの時間を調べました。このとき電熱線の(②長さ)、発ぽうスチロールの(③太さ)、電池の(④数)は同じにしておきます。

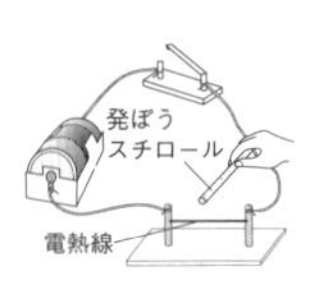

太さ　長さ　数　電熱線

(3) 発ぽうスチロールが切れるまでの時間は太い電熱線を使ったときは(①約2秒)かかり、(②細い)電熱線を使ったときは約4秒かかりました。電熱線の(③太い)方が発熱が大きいとわかりました。

電熱線の太さ	切れるまでの時間
太い直径0.4mm	約2秒
細い直径0.2mm	約4秒

約2秒　太い　細い

電気の利用

月　日 名前　　/100点

1 右の装置で電流を流し、車を走らせました。あとの問いに答えましょう。（1つ5点）

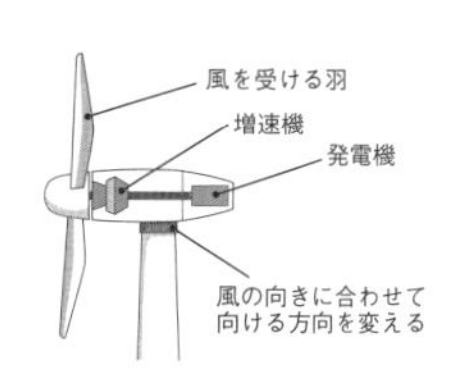

(1) A、Bの器具の名前をかきましょう。

A（ 光電池 ） B（ モーター ）

(2) 次の文は、A、Bどちらの説明ですか。記号で答えましょう。

① 光の力を電気の力に変かんしています。（ A ）

② 電気の力を運動の力に変かんしています。（ B ）

(3) Aの面を半分おおいでかくしました。車はどうなりますか。次の中から選びましょう。（ ② ）

① 速く走る　② ゆっくり走る　③ 止まる

(4) この装置と同じしくみを利用した発電方法をかきましょう。

（ 太陽光発電 ）

(5) 次の文は、(4)の発電方法についてかいています。正しいものには○、まちがっているものには×をかきましょう。

①（ × ） パネルを北の空に向けるとたくさん発電します。

②（ ○ ） くもった日は、発電量が減ります。

③（ × ） 地面の熱を利用しています。

④（ × ） 発電するとき、二酸化炭素を出します。

2 次の文のうち、正しいものには○、まちがっているものには×をかきましょう。（各5点）

①（ × ） 電熱線は、細い方がよく発熱します。

②（ ○ ） 電熱線は、太い方がよく発熱します。

③（ ○ ） 地熱発電は、火山の力を利用します。

④（ × ） コンデンサーの電気は、いつまでも使えます。

⑤（ ○ ） 発光ダイオードは豆電球より少ない電気で点灯します。

⑥（ × ） かん電池の向きを変えてもモーターの回転する向きは変わりません。

⑦（ ○ ） 電子オルゴールは、電気を音に変かんしています。

⑧（ ○ ） 水力発電は、ダムにたくわえた水を勢いよく低いところへ落とし、その力で水車を回して発電します。

3 図は風力発電のしくみを簡単に表しています。次の言葉を使って説明しましょう。（10点）

① ブレード（羽）　② 増速機（回転を速くする）　③ 発電機
④ 方位制ぎょ器（風の向きにあわせる）

風を受ける羽
増速機
発電機
風の向きに合わせて向ける方向を変える

方位制ぎょ器で風の向きにあわせて、ブレードを向けます。風でブレードを回し、増速機で回転を速くして、発電機で発電します。

てこのはたらき ①
てこの３つの点

月　日 名前

ポイント てこには、支点・力点・作用点の３つの点があることを学びます。

1 図は、てこのようすを表したものです。あとの問いに答えましょう。

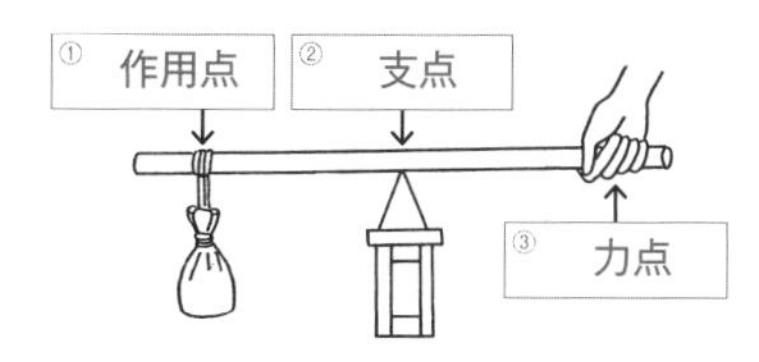

(1) てこには、支点・力点・作用点の３つがあります。支点・力点・作用点はそれぞれどこですか。図の□にかきましょう。

(2) 次の（　）にあてはまる言葉を□から選んでかきましょう。

支点とは、棒を（① 支えている）ところです。図の台の上の三角形の先です。

（② 力点）とは、棒に力を加えているところです。図の手で棒をにぎっているところです。

作用点とは、ものに（③ 力をはたらかせる）ところです。図の荷物をおし上げているところです。

てこを使うと、より（④ 小さい）力でものを動かすことができます。

力をはたらかせる	支えている	小さい	力点

2 重いものをらくに持ち上げるためには、てこをどのように使えばよいですか。あとの問いに答えましょう。

(1) 作用点と支点が決まっているとき、力点をA、Bのどちらにすれば、らくに持ち上がりますか。（ A ）

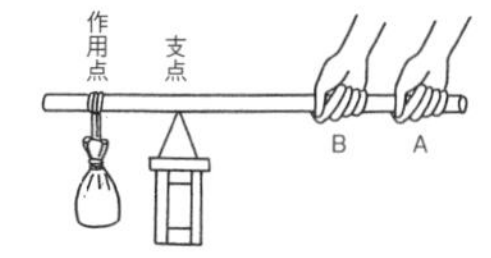

(2) 支点と力点が決まっているとき、作用点をA、Bのどちらにすれば、らくに持ち上がりますか。（ B ）

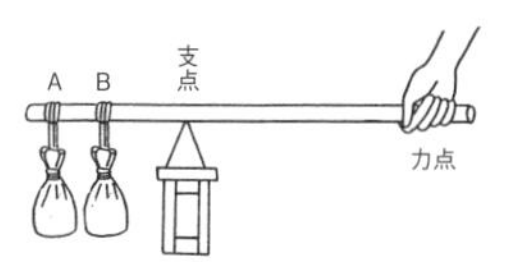

(3) 力点と作用点が決まっているとき、支点をA、Bのどちらにすれば、らくに持ち上がりますか。（ A ）

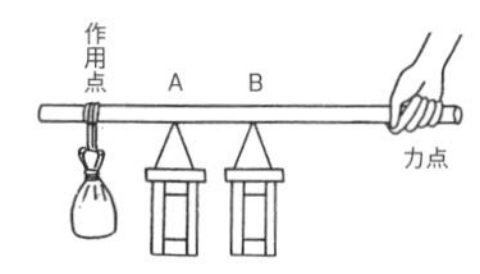

(4) 次の（　）の言葉のうち、正しい方に○をつけましょう。

棒をてことして使うときのことを考えます。

支点から力点までのきょりが（① (長い)・短い ）ほど、らくにものが持ち上がります。

また、支点から作用点までのきょりが（② 長い・(短い) ）ほど、らくにものが持ち上がります。

てこのはたらき ②
てこのつりあい

1 実験用てこを使って、てこのつりあいを調べます。次の(　　)にあてはまる言葉を□から選んでかきましょう。

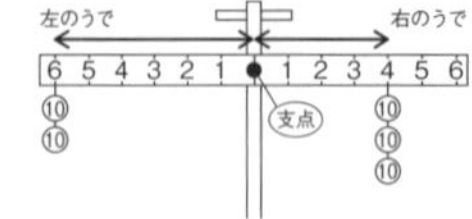

(1) てこは、支点の左右で、うでをかたむけるはたらきが等しいとき、水平になって(①つりあい)ます。てこのうでをかたむける力は

おもりの(②重さ)× 支点からの(③きょり)

で表すことができます。

重さ　　きょり　　つりあい

(2) 左のうでをかたむけるはたらきは、(①支点からのきょり)が6のところに(②20g)のおもりをつるしています。左にかたむける力は

20×(③ 6) で表すことができます。

右のうでをかたむけるはたらきは、支点からのきょりが(④ 4)のところに30gのおもりをつるしています。右にかたむける力は

(⑤ 30)×4 で表すことができます。

計算すると、支点の左右で(⑥うでをかたむける力)が等しくなるので、てこがつりあうことがわかります。

うでをかたむける力　20g　30　4　6　支点からのきょり

月　　日 名前

ポイント てこのうでをかたむける力の大きさと、実験用てこが、つりあうときの条件を学びます。

2 実験用てこを使って、てこのつりあいを調べます。

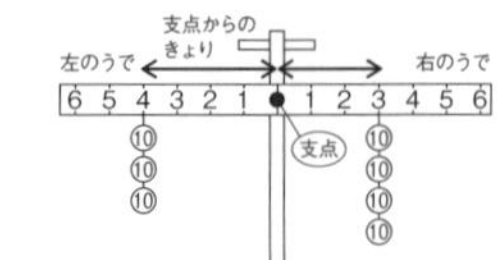

(1) 左うでをかたむける力を計算しましょう。

重さ　　　きょり
(30)×(4)=(120)

(2) 右うでをかたむける力を計算しましょう。

重さ　　　きょり
(40)×(3)=(120)

(3) てこはつりあいますか。　(つりあう)

3 図のように、てこにおもりをつるしました。かたむける力を計算しましょう。

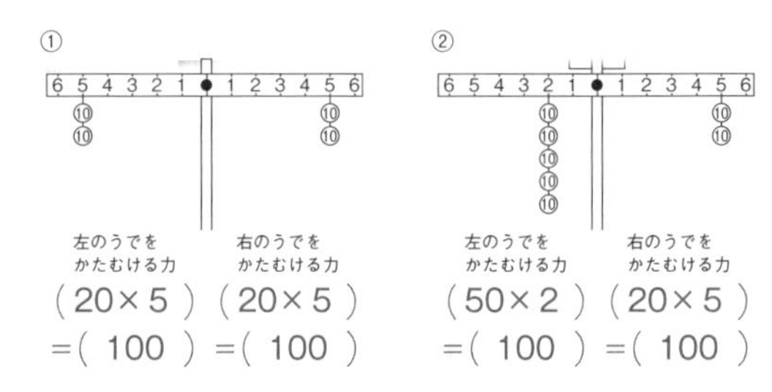

	左のうでをかたむける力	右のうでをかたむける力
①	(20×5)=(100)	(20×5)=(100)
②	(50×2)=(100)	(20×5)=(100)

てこのはたらき ③
てこのつりあい

1 左右にかたむける力を計算しましょう。おもりはすべて10gです。つりあうものには○、つりあわないものに×をかきましょう。

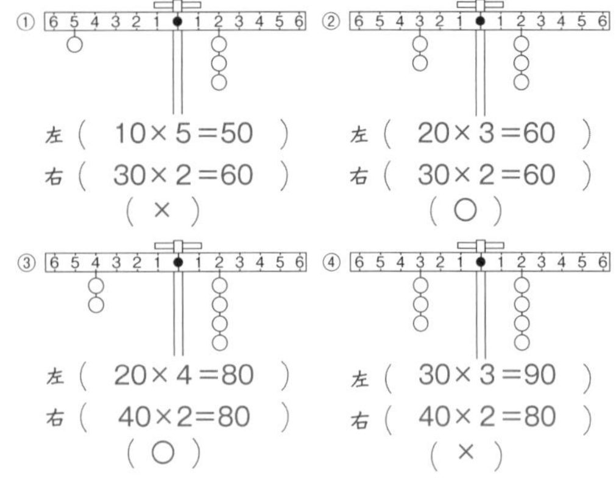

① 左(10×5=50)　右(30×2=60)　(×)

② 左(20×3=60)　右(30×2=60)　(○)

③ 左(20×4=80)　右(40×2=80)　(○)

④ 左(30×3=90)　右(40×2=80)　(×)

2 次のてこは、何gのおもりをつるすとつりあいますか。

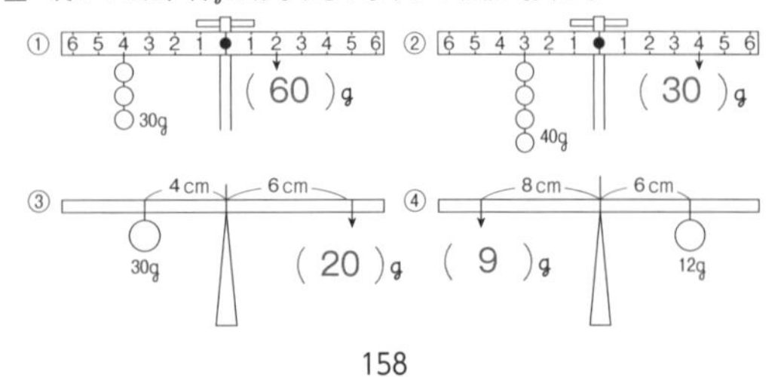

① (60)g　② (30)g　③ (20)g　④ (9)g

月　　日 名前

ポイント てこを左右にかたむける力の大きさの計算を学びます。

3 次の場合、支点から何cmのきょりにおもりをつるすとつりあいますか。

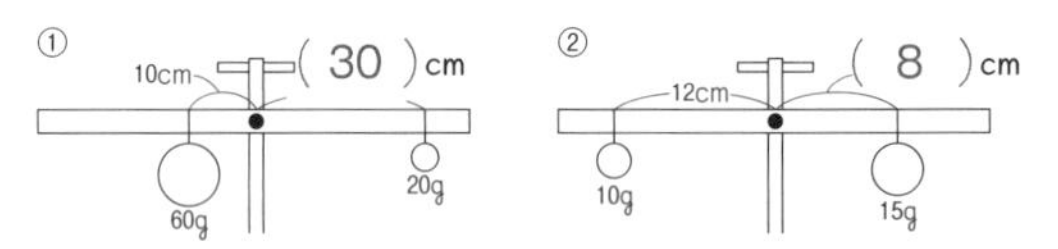

① (30)cm　② (8)cm

4 次の図のてんびんがつりあっているか調べています。

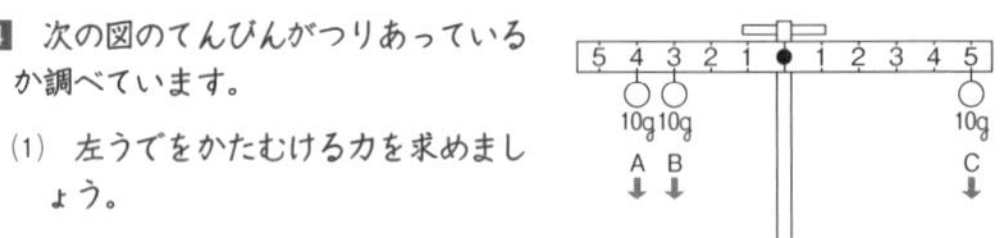

(1) 左うでをかたむける力を求めましょう。

① 左うでをかたむける力は2つあります。それぞれを計算します。

Aの力 (10)×(4)= 40

Bの力 (10)×(3)= 30

② 2つの点にはたらく力をあわせます。

40 (A) + 30 (B) = 70 (あわせた力)

(2) 右うでをかたむける力を計算します。

Cの力 (10)×(5)= 50

(3) てんびんはどうなりますか。記号で答えましょう。　(㋐)

㋐ 左へかたむく　㋑ 右へかたむく　㋒ つりあう

てこのはたらき ④

てこを使った道具

ポイント　てこを使ったいろいろな道具について学びます。

1 次の(　　)にあてはまる言葉を□から選んでかきましょう。

(1) 私(わたし)たちの身の周りには、(① てこ)を利用した道具がたくさんあります。

くぎぬきのように(② 支点)が中にある道具では、支点と力点のきょりを長く、支点と作用点のきょりを(③ 短く)することで、より(④ 小さい力)で作業をすることができます。

短く　支点　てこ　小さい力

(2) せんぬきのように(① 作用点)が中にある道具では、支点と作用点のきょりを(② 短く)、支点と(③ 力点)のきょりを長くすることで、より(④ 小さい力)で作業をすることができます。

力点　小さい力　作用点　短く

(3) ピンセットのように(① 力点)が中にある道具では、力点が支点のすぐ近くにあるため、(② 力)を調整してものをはさむことができます。力点が中にある道具は、(③ 細かい作業)に利用されます。

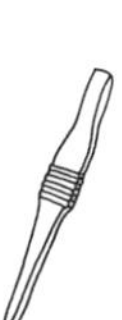

力　力点　細かい作業

2 図は、てこのはたらきを利用した道具です。図の□に支点、力点、作用点をかきましょう。

(1) ペンチ　　(2) はさみ

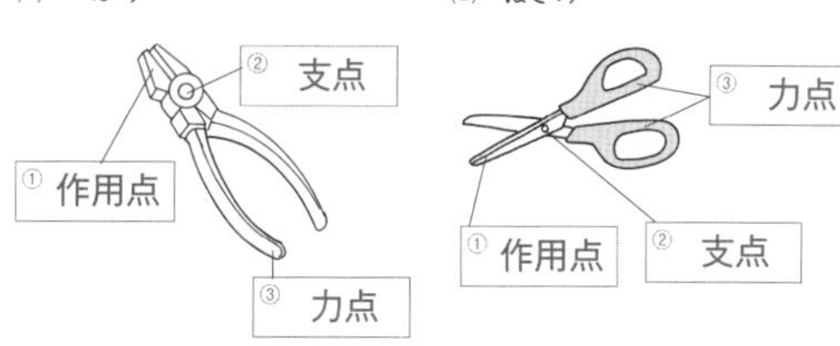

(3) トング　　(4) くるみ割(わ)り

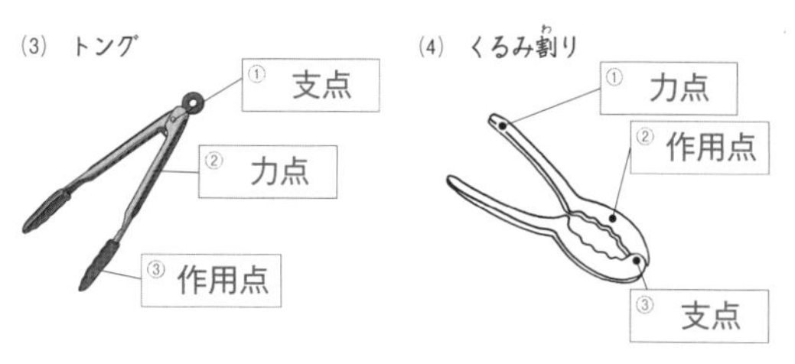

3 図の㋐～㋒のどこを持つと一番らくに作業ができますか。

(1)　　(2)

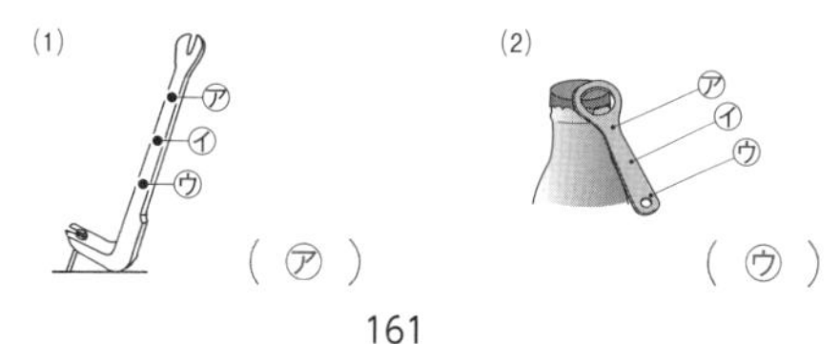

(1) (㋐)　　(2) (㋒)

まとめテスト

てこのはたらき

1 図は、砂(すな)ぶくろを持ち上げるときの棒(ぼう)と、くぎぬきを表しています。（1つ5点）

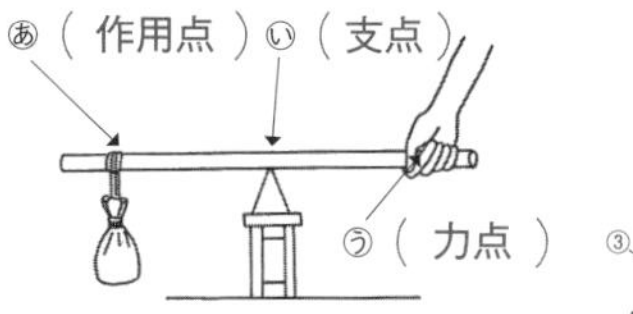

(1) ㋐～㋒の(　　)に支点、力点、作用点をかきましょう。

(2) くぎぬきで、㋐～㋒の点と同じはたらきをしているのは、①～③のどこですか。番号で答えましょう。

㋐ (③)　　㋑ (②)　　㋒ (①)

2 てこの力点や作用点の位置を変えて、手ごたえを調べたものです。（各5点）

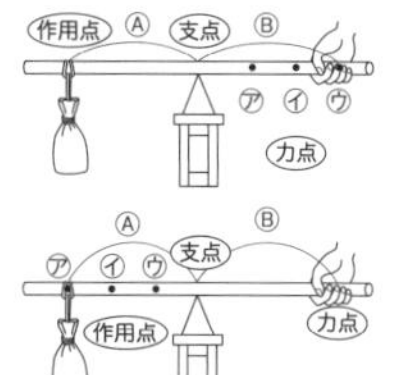

(1) 手ごたえが一番小さくなるのは、㋐、㋑、㋒のどこを持ったときですか。

(㋒)

(2) 手ごたえが一番小さくなるのは、㋐、㋑、㋒のどこに荷物をつるしたときですか。

(㋒)

3 右の例のように、てこの支点からのきょりが3のところに、20gのおもりをつるしました。うでをかたむける力は、20×3＝60とかき表すことができます。

それぞれのおもりがうでをかたむける力を、(　　)に計算しましょう。おもりはすべて10gです。また、つりあうものに○、つりあわないものに×を□にかきましょう。

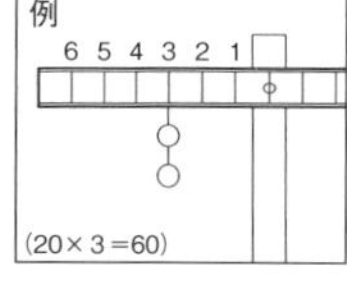

（式1つ5点、□1つ5点）

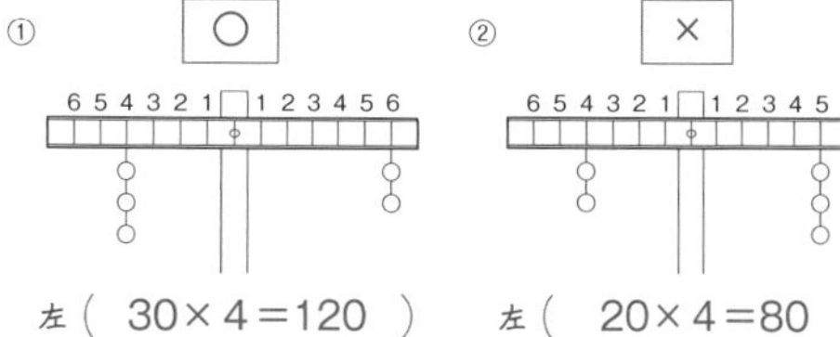

① ○
左 (30×4＝120)
右 (20×6＝120)

② ×
左 (20×4＝80)
右 (30×5＝150)

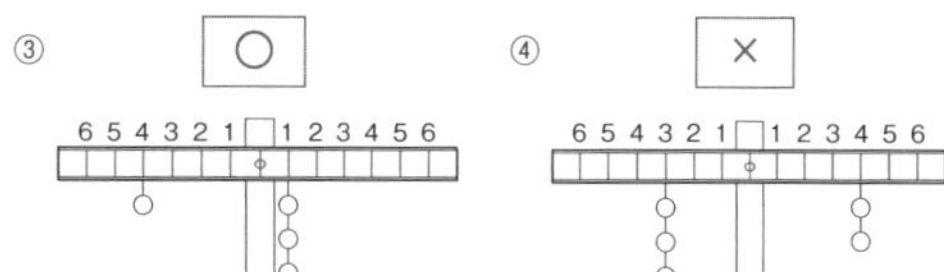

③ ○
左 (10×4＝40)
右 (40×1＝40)

④ ×
左 (30×3＝90)
右 (20×4＝80)

まとめテスト

てこのはたらき

月　日　名前　／100点

1 図のように、長い棒（ぼう）を使って重い石を動かします。

(1) ア、イ、ウの点の名前をかきましょう。（1つ5点）

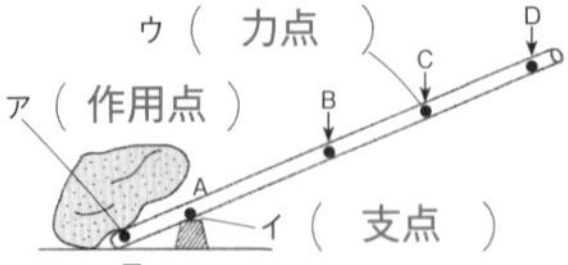

(2) A～Dのうちどこをおすと、一番小さい力で石を動かせますか。（5点）

（ D ）

★(3) (2)で答えた理由をかきましょう。（5点）

（支点から力点までのきょりを長くした方が小さい力ですむからです。）

2 点の位置を変えたとき、手ごたえのちがいを調べるには、図の㋐～㋓のどれとどれを比べますか。（各5点）

㋐ 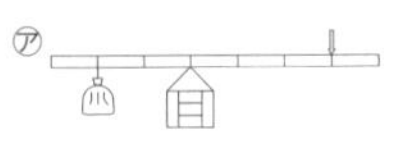

㋑ 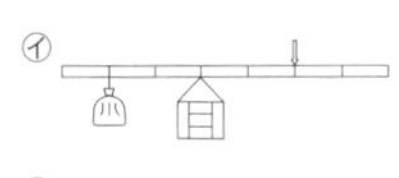

㋒ 

㋓ 

① 支点を変えたとき　（ ㋐ と ㋒ ）

② 力点を変えたとき　（ ㋐ と ㋑ ）

③ 作用点を変えたとき　（ ㋑ と ㋓ ）

3 図のように、実験用てこがつりあっているとき、（　）は何gになりますか。（各5点）

① (15)g　10g
② 20g　(30)g

③ 60g　(50)g
④ 30g　(20)g

⑤ 80g　(60)g
⑥ (10)g　10g10g

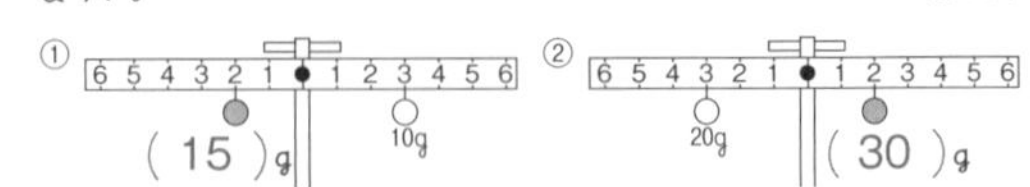

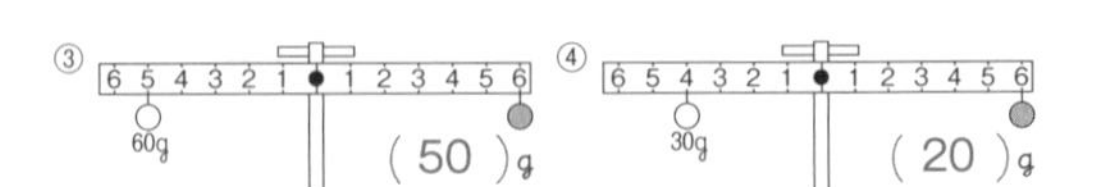

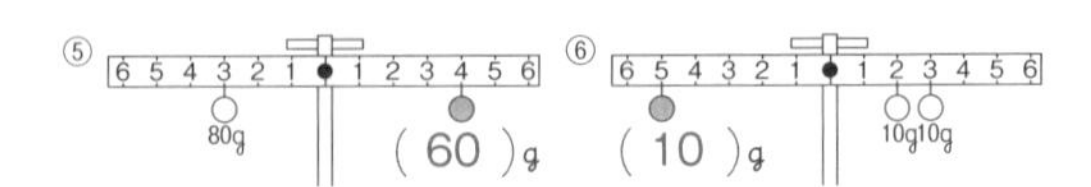

4 てこを利用している道具について調べました。支点には支、力点には力、作用点には作を○の中にかきましょう。（1つ5点）

① 和ばさみ　② ペンチ

ア 作　イ 支　ウ 力

イ 支　ウ 力　ア 作

165

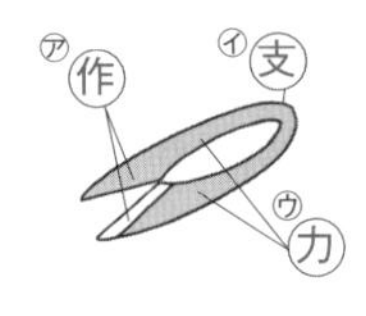

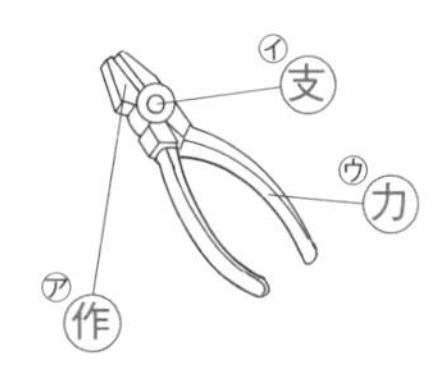

まとめテスト

てこのはたらき

月　日　名前　／100点

1 次の文のうち、正しいものには○、まちがっているものには×をかきましょう。（各5点）

①（ ○ ） てこにはピンセットのように、力を調整してはさむ道具もあります。

②（ ○ ） 左へかたむける力と右にかたむける力が等しいとき、てこは、つりあいます。

③（ × ） 支点のないてこもあります。

④（ × ） 上皿てんびんが右にかたむいたとき、右の皿の上に乗っているものの方が軽いです。

⑤（ ○ ） つめきりは、てこを利用した道具です。

2 図のように、棒（ぼう）で石を動かしています。あとの問いに答えましょう。（1つ5点）

(1) 図のてこの使い方は、下の㋐～㋒のどれですか。（ ㋑ ）

㋐ 作用点 支点 力点　㋑ 支点 作用点 力点　㋒ 支点 力点 作用点

(2) らくに石を動かすには、Ⓐ、Ⓑどちらをおせばよいですか。

（ Ⓑ ）

(3) 次の道具は、㋐～㋒のどの使い方になりますか。記号で答えましょう。

① ピンセット（ ㋒ ）　② せんぬき（ ㋑ ）　③ はさみ（ ㋐ ）

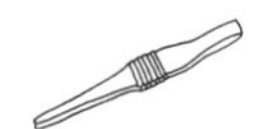　　

3 図のように実験用てこにおもりをつるしました。おもりはすべて10gです。左にかたむける力と右にかたむける力を（　）に計算した上、□につりあうものは○、つりあわないものは×をかきましょう。（すべて正解で各10点）

① ［×］

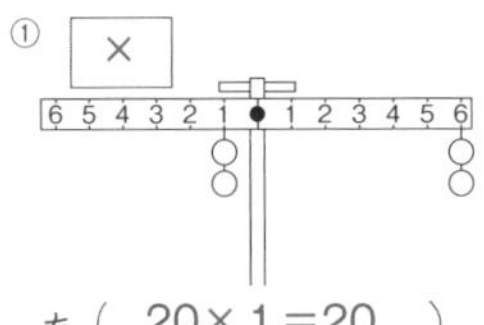

左（ 20×1＝20 ）
右（ 20×6＝120 ）

② ［×］

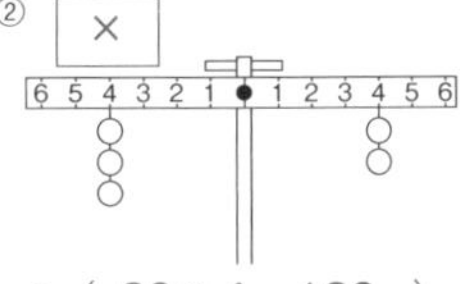

左（ 30×4＝120 ）
右（ 20×4＝80 ）

③ ［×］

左（ 10×6＝60 ）
右（ 30×5＝150 ）

④ ［○］

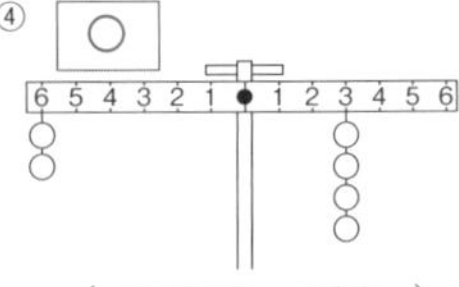

左（ 20×6＝120 ）
右（ 40×3＝120 ）

4 図のてこはつりあっています。（　）にあてはまる数をかきましょう。（各5点）

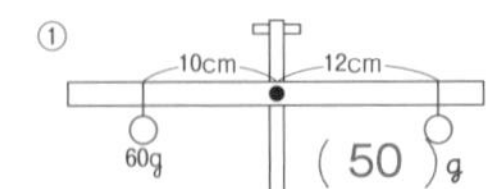

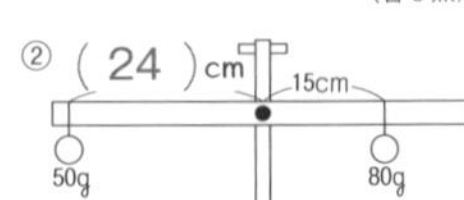

まとめテスト

てこのはたらき

1 ①～③の道具をてこのしくみ別に㋐～㋒に分け、□にその記号をかきましょう。（各5点）

① ピンセット ㋒　② せんぬき ㋑　③ くぎぬき ㋐

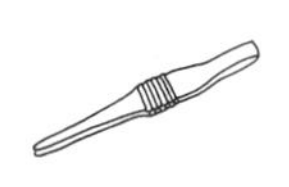

2 2000年もの昔、エジプトの商人は、てんびんを使って貝を売っていました。ところが、4kgだとはかって買ったものが、あとではかると4kgより少ないことがあったのです。さて、どのようにして、インチキをしていたのでしょう。

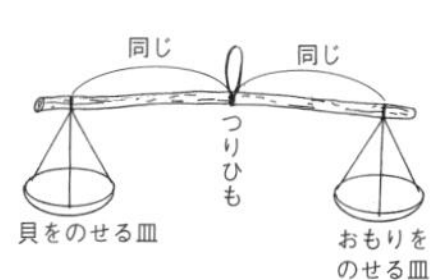

（インチキてんびん）

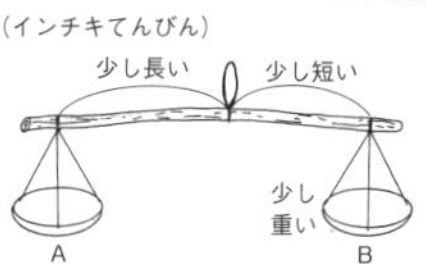

(1) インチキてんびんのどちらの皿に貝をのせてはかりますか。（5点）

（ A ）

★(2) なぜ買った貝は少ないのでしょう。理由をかきましょう。（20点）

支点からのきょりが長い方に貝をのせると、少し軽くてもつりあうからです。

月　日　名前　／100点

3 次の（　）にあてはまる重さや長さを計算しましょう。（各5点）

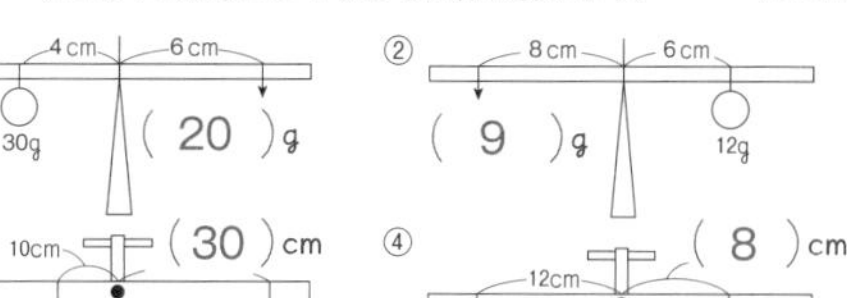

4 図のてんびんがつりあっているか調べます。（①～⑤各8点）

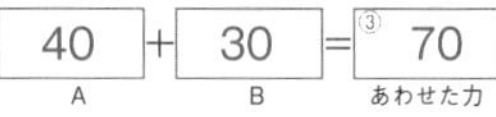

(1) 左うでをかたむける力の計算

① 左うでをかたむける力は2つあります。それぞれ計算します。

Aの力 （ 10 ）×（ 4 ）= ① 40

Bの力 （ 10 ）×（ 3 ）= ② 30

② 2つの点にはたらく力をあわせます。

40（A）＋ 30（B）＝ ③ 70（あわせた力）

(2) 右うでをかたむける力を計算します。

Cの力 （ 10 ）×（ 5 ）= ④ 50

(3) てんびんはどうなりますか。㋐～㋒で答えましょう。（⑤ ㋐ ）

㋐ 左へかたむく　㋑ 右へかたむく　㋒ つりあう

理科ゲーム

クロスワードクイズ

クロスワードにちょう戦しましょう。カ・ガ、キ・ギ、ユ・ュは同じとします。

①❶ホ	ク	ト	②シ	③チ	セ	イ	■
ウ	■	■	モ	ソ	■	■	④ア
❺セ	イ	⑥シ	■	❼ウ	⑧ミ	ガ	メ
ン	■	ヨ	■	■	ツ	■	ダ
❾カ	⑩コ	ウ	⑪ガ	ン	■	⑫⓬ガ	ス
■	キ	■	イ	■	⓭サ	ン	■
⓮ツ	ユ	■	コ	■	■	⓯セ	ミ
■	ウ	■	■	⓰サ	ナ	キ	■

タテのかぎ

① 実がはじけて、種が飛び出します。

② 空気中の水蒸気が冷やされて、地面に雪のようにうっすら白く積もります。

③ どろ、砂、小石などの層が積み重なって見えます。

④ 全国に1300か所ある気象観測システムです。

⑥ 種が発芽して〇〇〇が開きます。

⑧ 花のおくに〇〇があり、ハチやチョウが吸いにきます。

⑩ 肺で空気を吸ったり、はいたりします。

⑪ 〇〇〇がつくるまゆから糸をとり、上等な布をつくります。

⑫ たい積岩や火成岩があります。

ヨコのかぎ

❶ 北の空に見える星座です。ひしゃく星とも呼ばれています。

❺ おすがつくる〇〇〇とめすがつくる卵子が結びついて受精卵ができます。

❼ 海にいる大きなカメの仲間です。

❾ 火成岩の1つで、地下深くにできます。みかげ石とも呼ばれています。

⓬ 気体のことです。

⓭ 水よう液には、〇〇性、中性、アルカリ性があります。

⓮ 空気中の水蒸気が冷やされて、植物の葉などに水てきとなってつくものです。

⓯ このこん虫は、土の中によう虫として8年もすみ、あたたかな夏に成虫になります。成虫は短い命といわれています。

⓰ こん虫によっては、〇〇〇にならないものもいます。このあと、成虫になります。

理科ゲーム

答えは、どっち？

月　日 名前

正しいものを選んでね。

1 空気中に多くふくむ気体に、ちっ素と酸素があります。量が多いのは、どっち？

（　ちっ素　）

2 ヒトの消化管の中には、小腸（しょうちょう）と大腸があります。養分を吸収（きゅうしゅう）するのは、どっち？

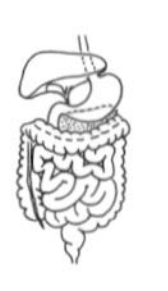

（　小腸　）

3 植物は、空気中の酸素か二酸化炭素を取り入れて、日光の力で養分をつくります。取り入れる気体は、どっち？

（　二酸化炭素　）

4 リトマス紙には、赤色と青色があります。青色リトマス紙に炭酸水をつけると、赤く変わりました。

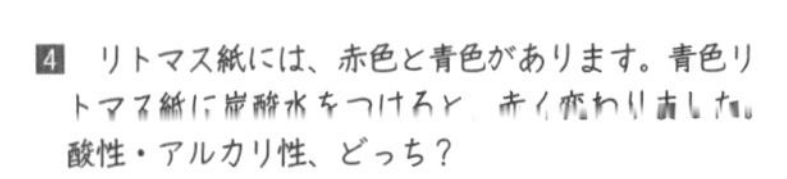

酸性・アルカリ性、どっち？

（　酸性　）

5 赤色リトマス紙に、ある水よう液をつけました。青く変わりました。ある水よう液は、酸性・アルカリ性、どっち？

（　アルカリ性　）

6 地球の4分の1の大きさで、クレーターと呼（よ）ばれるくぼみがあるのは、月、太陽のどっち？

（　月　）

7 太陽・月・地球がこの順で一直線に並（なら）びます。日食、月食のどっち？

（　日食　）

8 地層（ちそう）は、流れる水のはたらきや火山活動によってつくられます。地層の多くは、どっち？

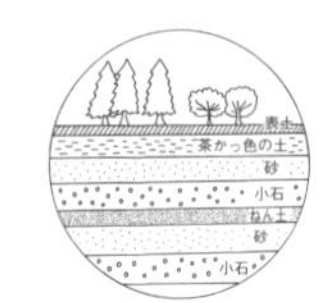

（　流れる水のはたらき　）

9 火山灰（かざんばい）をかいぼうけんび鏡で見ました。㋐と㋑のどっち？

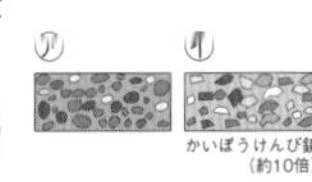

（　㋑　）

10 火力発電と風力発電があります。自然の力を利用しているのは、どっち？

（　風力発電　）

理科ゲーム

まちがいを直せ！

月　日 名前

次の文の＿＿部分には、正しいものとまちがったものがあります。正しいものは○、まちがいは正しく直しましょう。

1 酸素には、ものを燃やすはたらきがあります。ろうそくを燃やすと、酸素が使われ、ちっ素が発生します。

（　○　）（二酸化炭素）

2 はき出した息をビニールぶくろにつめて、ヨウ素液を入れてふると、白くにごります。

（　石灰水　）（　○　）

3 ヒトの血液は、肺（はい）で取り入れた酸素をまずヒトのかん臓に送ります。

（　○　）（　心臓　）

4 でんぷんにヨウ素液を加えると、茶かっ色になります。

（　○　）（青むらさき色）

5 植物の根から運ばれた水は、葉の気こうから水蒸気（すいじょうき）となって外に出ます。これを蒸発といいます。

（　○　）（　蒸散　）

6 太陽・地球・月がこの順に一直線上に並（なら）ぶと日食が起こります。

（　○　）（　月食　）

7 エベレスト山の山頂（さんちょう）付近の地層（ちそう）からアンコロナイトの化石が発見されました。

（アンモナイト）（　○　）

8 ねん土が固まってできた岩石をれき岩といい、砂（すな）が固まった岩石を砂岩（さがん）といいます。

（　でい岩　）（　○　）

9 植物は、光合成によって、二酸化炭素を取り入れ、酸素をつくります。植物は呼吸（こきゅう）はしません。

（　○　）（　します　）

10 電気をたくわえるものに手回し発電機があります。たくわえた電気を発光ダイオードにつなぎ、明かりをつけます。

（コンデンサー）（　○　）